SCP

中国腐蚀与防护学会
著作出版基金

材料延寿与可持续发展

绿色清洗与防锈技术

↗《材料延寿与可持续发展》丛书总编委会　组织编写

李金桂　　袁训华　　编　著

化学工业出版社

·北京·

金属产品的清洗除锈、金属设备的清洗防锈是腐蚀控制系统工程的重要环节。

本书全面介绍了多年来在我国形成的清洗剂、除锈剂、防锈剂及其所用的缓蚀剂，内容包括作用机理、选定原则、实施要点、注意事项等。结合绿色清洗与环保工艺，重点介绍了除锈、清洗和防锈工作中的关键技术，列举了部分典型的工艺配方。

本书可供金属产品的生产、机械设备的维修、专业清洗技术人员、工人、管理人员阅读参考。

图书在版编目（CIP）数据

绿色清洗与防锈技术/李金桂，袁训华编著. —北京：化学
工业出版社，2017.12
（材料延寿与可持续发展）
ISBN 978-7-122-30864-1

Ⅰ. ①绿… Ⅱ. ①李…②袁… Ⅲ. ①除锈剂-无污染技术
②防锈剂-无污染技术 Ⅳ. ①TG174.42②TQ047.9

中国版本图书馆 CIP 数据核字（2017）第 263516 号

责任编辑：刘丽宏　段志兵　卢萌萌　　　　文字编辑：孙凤英
责任校对：边　涛　　　　　　　　　　　　装帧设计：王晓宇

出版发行：化学工业出版社（北京市东城区青年湖南街 13 号　邮政编码 100011）
印　　刷：三河市延风印装有限公司
装　　订：三河市宇新装订厂
710mm×1000mm　1/16　印张 15¾　字数 296 千字　2017 年 12 月北京第 1 版第 1 次印刷

购书咨询：010-64518888（传真：010-64519686）　售后服务：010-64518899
网　　址：http://www.cip.com.cn
凡购买本书，如有缺损质量问题，本社销售中心负责调换。

定　　价：69.00 元　　　　　　　　　　　　　　　版权所有　违者必究

《材料延寿与可持续发展》丛书指导单位

中国工程院
中国科学技术协会

《材料延寿与可持续发展》丛书合作单位

中国腐蚀与防护学会
中国钢研科技集团有限公司
中国航发北京航空材料研究院
化学工业出版社

▎总序言 ▎

在远古人类处于采猎时代，依赖自然，听天由命；公元前一万年开始，人类经历了漫长的石器时代，五千多年前进入青铜器时代，三千多年前进入铁器时代，出现了农业文明，他们砍伐森林、种植稻麦、驯养猪狗，改造自然，进入农牧经济时代。18世纪，发明蒸汽机车、轮船、汽车、飞机，先进的人类追求奢侈的生活、贪婪地挖掘地球、疯狂地掠夺资源、严重地污染环境，美其名曰人类征服自然，而实际是破坏自然，从地区性的伤害发展到全球性的灾难，人类发现在无休止、不理智、不文明地追求享受的同时在给自己挖掘坟墓。

人类终于惊醒了，1987年世界环境及发展委员会发表的《布特兰报告书》确定人类应该保护环境、善待自然，提出了"可持续发展战略"，表达了人类应该清醒地、理智地、文明地处理好人与自然关系的大问题，指出"既满足当代人的需求，又不对后代人满足其需求的能力构成危害的发展"，称之为可持续发展。其核心思想是"人类应协调人口、资源、环境与发展之间的相互关系，在不损害他人和后代利益的前提下追求发展"。

这实际上是涉及到我们人类所赖以生存的地球如何既满足人类不断发展的需求，又不被破坏、不被毁灭这样的大问题；涉及到人口的不断增长、生活水平的不断提高、资源的不断消耗、环境的不断恶化；涉及矿产资源的不断耗竭、不可再生能源资源的不断耗费、水力资源的污染、土地资源的破坏、空气质量的不断恶化等重大问题。

在"可持续发展"战略中，材料是关键，材料是人类赖以生存和发展的物质基础，是人类社会进步的标志和里程碑，是社会不断进步的先导、是可持续发展的支柱。如果不断发现新矿藏，不断研究出新材料，不断延长材料的使用寿命，不断实施材料的再制造、再循环、再利用，那么这根支柱是牢靠的、坚强的，是能够维护人类可持续发展的！

在我国，已经积累了许许多多预防和控制材料提前失效（其因素主要是腐蚀、摩擦磨损磨蚀、疲劳与腐蚀疲劳）的理论、原则、技术和措施，需要汇总和提供应用，《材料延寿与可持续发展》丛书以多个专题力求解决这一课题项目。有一部分专题阐述了材料失效原理和过程，另一部分涉及工程领域，结合我国已积累的材料失效的案例和经验，更深入系统地阐述预防和控制材料提前失效的理论、原则、技术和措施。丛书总编辑委员会前后花费五年的时间，将分散在全国各个研究院所、工厂、院校的研究成果经过精心分析研究、汇聚成一套系列丛书，这是一项研究成果、是一套高级科普丛书、是一套继续教育实用教材。希望对我国各个工业部门的设计、制造、使用、维护、维修和管理人员会有所启示、有所参考、有所贡献；希望对提高全民素质有所裨益、对国家各级公务员有所参考。

我国正处于高速发展阶段，制造业由大变强，材料的合理选择和使用，以达到装备的高精度、长寿命、低成本的目的，这一趋势应该受到广泛的关注。

中国科学院院士　师昌绪
中国工程院院士

▎总前言▎

  材料是人类赖以生存和发展的物质基础,是人类社会进步的标志和里程碑,是社会不断进步的先导,是国家实现可持续发展的支柱。然而,地球上的矿藏是有限的,而且需要投入大量的能源,进行复杂的提炼、处理,产生大量污染,才能生产成为人类有用的材料,所以,材料是宝贵的,需要科学利用和认真保护。

  半个多世纪特别是改革开放三十多年来,我国材料的研究、开发、应用有了快速的发展,水泥、钢铁、有色金属、稀土材料、织物等许多材料的产量多年居世界第一。我国已经成为世界上材料的生产、销售和消费大国。"中国材料"伴随着"中国制造"的产品,遍布全球;伴随着"中国建造"的工程项目,遍布全国乃至世界上很多国家。材料支撑我国国民经济连续 30 多年 GDP 年均 10% 左右的高速发展,使我国成为全球第二大经济体。但是,我国还不是材料强国,还存在诸多问题需要改进。例如,在制造环境、运行环境和自然环境的作用下,出现过早腐蚀、老化、磨损、断裂(疲劳),材料及其制品在使用可靠性、安全性、经济性和耐久性(简称"四性")方面都还有大量的工作要做。

  "材料延寿"是指对材料及其制品在服役环境作用下出现腐蚀、老化、磨损和断裂而导致的过早失效进行预防与控制,以尽可能地提高其"四性",也就是提高水平,提高质量,延长寿命。目标是节约资源、能源,减少对环境的污染,支持国家可持续发展。

  材料及制品的"四性"实质上是材料及制品水平高低和质量好坏的最终表征和判断标准。追求"四性",就是追求全寿命周期使用的高水平、高质量,追求"质量第一",追求"质量立国",追求"材料强国"、"制造强国"、"民富、国强、美丽国家"。

  我国在"材料延寿与可持续发展"方面,做过大量的研究,取得了显著的成绩,积累了丰富的实践经验,凝练出了一系列在材料全寿命周期中提高"四性"的重要理论、原则、技术和措施,可以总结,服务于社会。

  "材料延寿与可持续发展"丛书的目的就在于:总结过去,总结已有的系统控制材料提前损伤、破坏和失效的因素,即腐蚀、老化、磨损和断裂(主要是疲劳与腐蚀疲劳)的理论、原则、技术和措施,使各行业产品设计师,制造、使用和管理工程师有所启示、有所参考、有所作为、有所贡献,以尽可能地提高产品的"四性",

延长使用寿命。丛书的目的还在于：面对未来、研究未来，推进材料的优质化、高性能化、高强化、长寿命化，多品质、多规格化、标准化，传统材料的综合优化，材料的不断创新，并为国家长远发展，提出成套成熟可靠的理论、原则、政策和建议，推进国家"节约资源、节能减排"、"可持续发展"和"保卫地球、科学、和谐"发展战略的实施，加速创建我国"材料强国"、"制造强国"。

在中国科协和中国工程院的领导与支持下，一批材料科学工作者不懈努力，不断地编写和出版系列图书。衷心希望通过我们的努力，既能对设计师，制造、使用和管理工程师"材料延寿与可持续发展"的创新有所帮助，又能为国家成功实施"可持续发展"、"材料强国"、"制造强国"的发展战略有所贡献。

中国工程院院士
中国工程院副院长

▌前 言▐

金属材料及其制品制造过程中需要清除污垢和锈蚀产物，进行工序间的防锈；制成成品之后，在交货、待命或使用过程中要防锈，进行清洗、除锈，再进行防锈。唯如此，才能达到延长制品使用寿命、减少维修、减少污染、节约经费的目的。

绿色清洗就是在圆满完成清洗任务的同时不危害环境，就是将物体表面受到的物理、化学或生物作用而形成的污染物或覆盖物（称为污染）去除干净，而使其恢复原表面状况的过程中符合环保要求。

清洗（污垢的去除）、除锈（锈蚀产物的清洗去除）、防锈（防锈材料的施加）的过程是一个复杂的物理、化学、电化学过程。清洗，需要彻底去除污垢和锈蚀产物，但又不能损伤金属零部件本身，要达到这个目的，需要研究清洗液和除锈剂，使其能清洗污垢去除锈蚀产物，遇到洁净的金属表面时这个化学或电化学过程就应该停止。办法就是在清洗剂或除锈剂中加入适量的缓蚀剂，根据清洗液或除锈剂的酸性或碱性，选用不同成分和用量的缓蚀剂。

清洗、除锈、防锈的环保既包括生产全过程的控制，又包括最终产品的控制，还包括清洗剂、除锈剂和防锈剂本身的绿色行动和"绿色工艺"的应用，排除重金属和挥发性物质的排放，以求实现清洗、除锈和防锈全过程"绿色行动"。

一百多年来，人们研究了成千上万种清洗污垢缓蚀剂、清洗除锈缓蚀剂，以及为了防止进一步生锈的防锈缓蚀剂，已经广泛应用的也达到了成百上千种。本书主要介绍多年来形成的这些清洗剂、除锈剂、防锈剂及其所用的缓蚀剂，其中许多还是目前行业标准所推荐的内容。

在清洗、除锈、防锈领域及其相应的缓蚀剂的研究中，许许多多科学家做出了巨大贡献，其中我国有华保定、彭道儒、叶康民、杨文治、司徒振民、曾兆民、肖怀斌、张康夫、郑家燊等。譬如彭道儒教授五十多年来研究成功了"02-钢铁酸蚀缓蚀剂"、"锅炉酸洗除垢剂"、"BY-2 电接触固体薄膜润滑剂（简称 BY-2）"、"DJB-823 电接触固体薄膜保护剂（简称 DJB-823）"、"PF 钢铁纳米防蚀剂"、"PF 钢铁防锈润滑剂"、"PDR-纳米抗磨剂"、"MA-铝合金防蚀剂"等，其中"BY-2"、"DJB-823"荣获国家发明二等奖，为国家多个五年计划推广的重点项目，为国家创造了百亿元计的经济效益，彭教授成为国内外著名的发明创新之星、全国政协委员、国务院突出贡献专家。借此机会，向防锈战线上为国家做出了贡献的著名专家和默默无闻的专家和科技工作者表示崇高的敬意！

本书主要内容曾于 2010 年 1 月以《清洗剂、除锈剂与防锈剂》出版，颇受欢迎，2011 年 1 月第二次印刷，仍供不应求。修订再版过程中，适逢我们正进行中国工程院《材料延寿与可持续发展战略研究》重大咨询项目的研究，课题组办公室主任袁训华博士在导师张启富教授的指导下，对涂镀层钢板工程化过程中钢板的清洗、除锈和防锈技术进行了深入的研究，并有许多的资料积累，欣然同意参加修订。为此补充了许多新的内容，以此敬献给对这个领域有兴趣、并愿使用这些知识延长材料及其制品使用寿命的读者。

在中国工程院和中国科协指导和帮助下，由中国腐蚀与防护学会、中国航发北京航空材料研究院、中国钢研科技集团有限公司和化学工业出版社联合组织了几十位科学家和工程技术人员共同编著《材料延寿与可持续发展》丛书，计划编著出版 30 册。作为国家出版基金项目，2014 年出版了 19 册专著，其余部分拟近年出版，经商，将本书纳入该丛书。

由于编著者水平有限，书中难免存在不足之处，敬请批评、指正。

李金桂

目录

第3章　清洗剂

第6章 防锈包装

附录

第1章
概　论

1.1　腐蚀与防护

起初，人们认识金属腐蚀是从腐蚀产物开始的，从棕黄色"铁锈"[FeO(OH)或 $Fe_2O_3 \cdot H_2O$]及"铜锈"[$CuSO_4 \cdot 3Cu(OH)_2$]分别地认识了铁和铜的腐蚀。1960 年艾文思在他的专著《The Corrosion And Oxidation of Metals》中对腐蚀下的定义为：

"金属腐蚀是金属从元素态转变为化合态的化学变化及电化学变化。"　　(1-1)

中国国家科学技术委员会组建成立的"腐蚀科学"学科组 1978 年 10 月第一次学科组会议上，将"腐蚀"定义为：

"腐蚀是材料在环境作用下引起的破坏和变质。"　　(1-2)

腐蚀科学在发展，腐蚀科学的应用也在发展，到 20 世纪 80 年代，我国和世界先进国家一样，已进入到从设计开始，贯穿于生产制造、使用维护全过程、全员参与的效益管理的腐蚀控制系统工程新阶段，叫做"腐蚀科学"与工业建设紧密结合形成了"腐蚀控制系统工程学"之后的新阶段，按照"腐蚀控制系统工程学"的观点来认识这个定义似乎有不适应之感觉，因为：①单纯材料受环境的腐蚀只是腐蚀的一个方面，就大多数金属状态而言，需要强调的是加工成"制件"之后的材料，而不单是原材料的腐蚀；②是使用过程中的环境和制件周围环境的协同作用，而不只是材料周围环境引发的腐蚀破坏和变质；③材料制造成零件、装配成组合件、最终组合成产品过程中，也存在制造过程环境和周围环境协同作用所可能引发的腐蚀破坏和变质；④制成的产品，包括工作母机（冶炼炉、真气炉、机床、冲床等制造、装配零件的设备）、日用设备（电视机、家用电器、摩托车、汽车、轮船等日常所用设备）、军用装备（枪炮、坦克、装甲车、运输飞机、战斗飞机等保卫国防所用的设备）和工程项目（建筑物、钢结构桥梁、西气东输埋地管线、三峡水利枢纽、南水北调等大型工程所需的种种设施），我们将这些由材料制造的成品暂且统一称之为制件或制品，这些制品在储存、运输过程中受到环境的腐蚀破坏和变质；⑤最为重要的是上述制件都要使用、运行，它们将受到使用运行工况环境和周围自然环境（典型的是工业环境和海洋环境）的协同作用而发生的腐蚀破坏和变质。要让非专业人员也能充分理解定义（1-2）的实际含义，建议将"腐蚀"诠释为：

"腐蚀是材料在加工、制造、装配、储存、运输、使用、维护过程中受使用工作环境和周围环境协同作用所发生的破坏和变质。" (1-3)

或是：

"腐蚀是材料在加工、制造、装配、储存、运输、使用、维护过程中受使用工作环境和周围环境协同作用发生化学、电化学和物理作用的破坏的现象。" (1-4)

"腐蚀控制系统工程"可定义为：

"腐蚀控制系统工程是从制件的设计开始，贯穿于加工、制造、装配、储存、运输、使用、维护、维修全过程，进行全员、全方位的控制，研究每一个环节的运行环境和周围环境及其协同作用，提出控制大纲和实施细节，以获得最大的经济效益和社会效益的系统工程。" (1-5)

在"腐蚀与防护科学"内有一个防锈技术领域，在这个领域内的学者、工程师、工人对处于自然环境条件作用之下钢铁材料及其制件发生腐蚀的过程，习惯上称为生锈，又习惯地将所有金属在自然环境条件下的腐蚀过程都称为生锈。钢铁在自然环境条件下的腐蚀产物多是黄褐色的，而其他金属的腐蚀产物则随金属不同、腐蚀条件不同颜色也是不同的，习惯上都称为锈或锈层，而防止自然环境条件下金属的腐蚀称为防锈。本书所要讲的防锈包装，也就是防腐蚀包装。讲的就是从金属材料诞生之后，历经储存、运输，送往工厂进行加工制造，成为零件、部件、组装件，成为产品、设备或工程建设项目，又经历储存、运输，送到用户使用，一直到该产品、设备或工程建设项目退役或报废的整个过程之中的防锈与防锈包装问题，实际上，这是按照腐蚀控制系统工程学在全过程进行应用的重要的一个过程。

在自然环境条件下防止金属腐蚀的防护技术很多，最常见的就是电镀、涂装、热喷涂、热浸镀、金属表面转化等，这些技术在金属表面上形成的涂层、镀层、漆层、膜层在制件使用时是不需要去除的，是需要作为整体使用的，例如，钢铁制成的制品如果始终具有良好的油漆保护层，则该制件能长期地使用下去，所以对这些防护层可理解为是长期的、非暂时性的。而在防锈技术领域，所用的防锈材料，例如防锈油、防锈脂、气相防锈剂等，却仅用于制品在生产、运输、储存过程中的，暂时性保护防腐蚀用，这"暂时"不是指这类方法防锈期的长短，而是指经过一段时间后，即可方便去除，需要时，又可以方便地涂敷防锈。

ISO 6743/8 R 组即名为"暂时保护防腐蚀"，其中主要的材料是防锈油品。防锈包装标准最早见于美军 1945 年制定的 MIL-P-116。我国 GB 4879 与 GJB

145 防锈包装颁布于 1985 年，在 2000 年作了修订，照顾了国内 20 世纪 80 年代的水平。石化行业标准 SH/T 0692—2000 防锈油品已等效于国外相关标准，作为暂时性保护防锈的主体的防锈油品与国际接轨了。

　　自然环境条件包括大气（工业大气、海洋大气和乡村大气等）、土壤（沙土、腐殖土、黏土等）、水（海水、河水、冷却水等）等，暂时性保护用的防锈材料绝大多数是在大气环境条件下使用的，是进行大气腐蚀的预防与控制，遵循大气腐蚀原理及其相关的控制原则。

1.2　溶液腐蚀及其缓蚀理论

　　在酸、碱、盐溶液、江、河、湖、海水介质，甚至饮用水介质中，或潮湿大气金属表面的水膜中，金属都会发生腐蚀，而且金属的这类腐蚀都是遵循电化学理论。根据腐蚀电化学理论，其腐蚀电化学过程都是由金属溶解的阳极过程以及去极化接受电子的阴极过程组成的，如果能寻找到一种物质破坏其阳极过程或阴极过程的进行，实际上就是减缓了金属的腐蚀，缓蚀剂就是这样一种物质，人们将在上述介质中添加少量的、能破坏腐蚀进程中的阳极过程或阴极过程、从而降低介质的侵蚀性、防止金属腐蚀的这类物质，称之为缓蚀剂，又称抑制剂。这类能抑制金属在腐蚀介质中的破坏过程的物质的研究和应用，有历史记载的是 1845 年开始的，至今已经有数千种之多，在防腐蚀的技术中，缓蚀剂具有方法简便、效果较好、成本低廉、适用性强的特点，已经广泛应用于石油、化工、冶金、机械电力、交通、武器装备、航空航天等部门，发挥了应有的作用。

　　一百多年来，在不同介质中使用的缓蚀剂的少量的加入，取得了极其显著的减缓腐蚀的作用，人们在进行研究时发现，并不能用一种理论加以解释，而是必须根据金属材料特性、腐蚀介质特点以及添加微量的缓蚀剂后，可能形成的表面膜层的性能与结构，提出复合缓蚀特征的解释，才是可能接受的。

　　对于无机缓蚀剂，缓蚀理论有：

　　（1）阳极型缓蚀剂钝化（氧化）膜理论；

　　（2）阴极去极化型钝化剂的成膜理论；

　　（3）阴极型缓蚀剂在金属表面形成沉淀膜理论；

　　（4）混合型缓蚀剂阻滞阳极、阴极过程理论等。

　　无机缓蚀剂大多是用于中性介质体系，主要是影响金属的阳极过程和钝化状态，近年来也有在酸性介质中采用无机缓蚀剂，尤其是开辟了无机和有机缓蚀剂协同作用而联合使用的前景。对于复杂的侵蚀环境，这种联合作用具有很好的研究和应用前景。

　　对于有机缓蚀剂，缓蚀理论有：

　　（1）有机缓蚀剂极性基团的物理吸附理论；

（2）有机缓蚀剂极性基团的化学吸附理论；

（3）有机缓蚀剂吸附和络合（螯合）作用理论；

（4）有机缓蚀剂分子 π 键吸附理论。

有机缓蚀剂主要用于酸性介质体系，当它在金属表面吸附成膜时，就会影响腐蚀过程动力学，从而达到减缓金属腐蚀速率的目的，近年来，有机缓蚀剂在中性介质中也获得了广泛的应用。

溶液缓蚀的基本原理就是研究、制造和充分利用缓蚀剂在该溶液中的加入，能较好地减缓该溶液对金属的腐蚀，又不影响该溶液进行除垢、除锈的作用，在这个前提下充分利用缓蚀剂的具体特性和缓蚀理论，进行缓蚀剂的选用和成分调整。

1.3 大气腐蚀及其缓蚀原理

1.3.1 大气腐蚀

大气腐蚀是指暴露在空气中的金属的腐蚀，影响因素包括大气的湿度、温度、氧和大气中的污染；金属本身的耐蚀特性、表面状态等。

（1）湿度 实际上是相对湿度影响金属的腐蚀，因为空气中的相对湿度大小关系着金属表面上是否形成水膜和形成水膜的厚度。

纯净空气的相对湿度达到100％时，在金属表面上会凝结水分，成为水膜或水滴，实际上，由于金属表面对水的吸附，金属表面的不平整、粗糙、存在污染物等状况，在相对湿度还相当低时，金属表面就已经吸附了水膜，但是当水膜厚度很薄，还难以形成有效的离子通道，不能进行离子传递时，这水膜还不足以使金属表面腐蚀的电化学过程顺利进行，腐蚀难以进行。当空气中的相对湿度达到一定程度，金属表面上能形成一定厚度的水膜时，电化学腐蚀速度突然上升，这时的相对湿度对某种金属而言，叫做临界相对湿度。钢的临界相对湿度为70％左右。按水膜厚度与金属腐蚀速度之间形成的关系，大多数金属符合图1-1所表达的关系，可分为三类。

① 干大气腐蚀 金属表面无水膜生成情况下的腐蚀。这时，大气中基本上没有水汽，或者即使有，在反应中不起作用。

② 潮大气腐蚀 需要有水汽存在，而且水汽的浓度必须超过某一最小值（临界湿度），这时，氧是过剩的，因此金属腐蚀的速率通常决定于空气中的湿度，空气中污染物的存在会大大加速腐蚀速率。

③ 湿大气腐蚀 是指金属暴露在雨中或其他（液体）水源中发生的腐蚀，这是浸在水中的腐蚀，水是过剩的，因此腐蚀速率常受氧的补给速率所控制。大气腐蚀遵守电化学原理，符合电化学腐蚀规律。

图1-1就是金属表面凝聚的水膜厚度与大气腐蚀速度关系，当表面水膜厚度

小于 10nm 时，属于干的氧化阶段（图 1-1 中 Ⅰ区），发生的腐蚀极其轻微；湿度增加，出现可见水膜。进入Ⅱ区，当水膜达到 1μm 左右的时候，表面已经形成完整的水膜，而且氧气的进入充分，腐蚀显著加速，当水膜很厚，有如浸在水中，腐蚀进入Ⅲ区，会由于氧的消耗而补充不及，腐蚀速率降低，发生了极化，这时，如果能补充氧分，出现氧的去极化，腐蚀才能继续维持下去，否则，腐蚀将受阻，就如深海浸泡的铁钉，因为没有氧的供给，历经数十年，还是没有被腐蚀掉。

（2）氧气　中性介质中金属腐蚀主要是氧的去极化过程，水膜下的大气腐蚀，如果大气中的氧能源源不断地溶解、扩散到金属表面的水膜之中（这是相当容易的），氧的去极化过程十分顺利，腐蚀将不断地进行。所以说大气腐蚀，氧起着主要作用。

（3）污染　大气中还含有工业生产的排泄物，如固体灰尘、SO_2、SO_3，海洋环境的 Cl^-，包括具有腐蚀活性的污染物、具有吸附特性的污染物以及钝性颗粒等，都在不同程度上加速大气腐蚀，酸性污染物尤其明显。可见图 1-2～图 1-4。

（4）温度　金属的大气腐蚀在相对湿度大于临界相对湿度以上时，温度明显地加速腐蚀速度，和一般化学反应相似，每升高 10℃，腐蚀速度增加 1 倍。

（5）金属本身的耐蚀特性　各种金属在大气中的耐蚀特性是不同的，一般，较贵的金属如铂、钯、金等在大气中是稳定的、耐蚀的；易于生成耐腐蚀膜层的，如钛、铬、铝等金属表面很快形成氧化膜，也具有良好的耐蚀性；钢铁在大气中容易发生腐蚀，但是如果在钢中加入了 13% 以上的铬，成为不锈钢，也具有相当好的耐蚀性。

（6）金属表面的状况　例如钢表面通过热扩散渗入铝、铬元素，表面喷涂有机涂层等都可以提高钢的耐蚀性能。

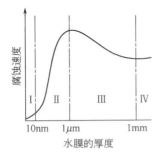

图 1-1　金属表面凝聚的水膜
厚度与大气腐蚀速度关系
Ⅰ—干大气腐蚀；Ⅱ—潮大气
腐蚀；Ⅲ—湿大气腐蚀；
Ⅳ—水溶液全浸腐蚀

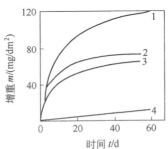

图 1-2　空气相对湿度和二氧
化硫对铁的腐蚀的影响
1—0.01% SO_2，RH 99%；
2—0.01% SO_2，RH 75%；
3—0.01% SO_2，RH 70%；
4—纯净大气，RH 99%

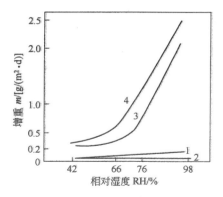

图 1-3 空气相对湿度和氯含量对铝合金（LY-12 和 LC-4）腐蚀速度的影响

1，2—纯净大气；3—LC-4 含 1.0% Cl_2 大气；4—LY-12 含 1.0% Cl_2 大气

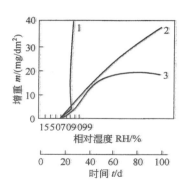

图 1-4 到达临界相对湿度后金属的腐蚀随时间的变化关系

（含 0.01% SO_2 大气）

1—铁；2—锌；3—铜

从图 1-2 可见：①在含有 0.01% SO_2 的空气中，随着相对湿度的增加，铁的腐蚀明显加速，可见曲线 3、2、1；②如果不含 SO_2 的污染，即曲线 4 是纯净大气的情况下，腐蚀显著地减少，曲线 1 表明有了煤燃烧散发出的 SO_2 的污染，在相同的相对湿度情况下，腐蚀明显加快。

从图 1-3 可见：①曲线 1、2 表明，铝合金在大气中腐蚀较慢，RH 影响不大；②曲线 3、4 表明，大气中含有微量的氯气时（有如海洋空气），腐蚀显著加速。因为铝合金很容易在表面形成氧化物而阻碍了进一步的腐蚀氧化，可是，氯离子破坏铝合金氧化物的稳定性而表现为加速腐蚀。

从图 1-4 可见，当空气中的相对湿度超过该金属大气腐蚀的临界相对湿度时，铁、锌、铜腐蚀激烈加快的表现说明许多金属的腐蚀存在临界相对湿度的情况，如果超过它，腐蚀突然加快，大多数金属的腐蚀临界相对湿度多为 70% 多。

可以得出如下结论：

① 随着大气中相对湿度的增加，金属的腐蚀速率增加；

② 金属在大气中的腐蚀有个临界相对湿度，超过它，腐蚀明显加快；

③ 无论是工业污染（例如煤燃烧产生的 SO_2 和 SO_3）还是氯离子的污染（例如海洋空气）都会明显加快金属的腐蚀。

事实上，除了 SO_2、SO_3 和 Cl_2 的污染外，还有 CO_2、H_2S、NH_3 等，CO_2 遇水溶解后生成 H_2CO_3，促进了金属的腐蚀，也有研究认为，CO_2 的存在使铜和铁的腐蚀有所下降，H_2S 溶入水膜后，使水膜酸化，导电性增加，阳极去极化加快，所以，H_2S 的存在激烈加速金属的腐蚀，H_2S 溶入水膜，使 pH 显著降低，水膜酸化加速钢和铜的腐蚀。

温度升高，加速化学或电化学反应，加速腐蚀，但是这个影响比较复杂。温度每升高10℃，一般讲，化学反应速度增加1倍，但在大气腐蚀中，温度升高又会降低氧在水膜中的溶解度，减少氧的去极化；温度升高，又会使空气中的相对湿度下降，这二者又会降低腐蚀速度。

普遍的认识是高湿度、高污染、高温度是显著加速金属大气腐蚀的主要因素，例如同样的产品在我国海南岛海岸边使用时，腐蚀明显地高于北方地区使用的情况。

缓蚀剂像"味素"可以微量加到酸、碱、盐的溶液中减缓金属在溶液中的腐蚀，那么通过什么方式让缓蚀剂能够接触金属的表面，从而减缓金属在大气环境条件下所遭遇的大气腐蚀呢？

1.3.2 大气腐蚀过程中的缓蚀原理

金属从矿石中提炼，通过冶炼、浇铸、锻造、加工、表面涂层、装配成为能够使用的制件的整个制造过程，都是在大气中进行的，制成成品之后，绝大多数又是在大气腐蚀的环境条件下使用的，所以防止金属的大气腐蚀的内容极其广泛，而且量大面广。

1.3.2.1 对大气腐蚀进行系统控制

对金属材料大气腐蚀的控制目前采用了一系列措施进行全方位、全过程、全员参与的系统控制，形成了一门新的学问，称之为腐蚀控制系统工程学，包括以下内容。

（1）进行良好的密封设计 将侵蚀环境与所要保护的金属零部件、甚至整机进行密封、隔离侵蚀环境，达到保护的目的。

（2）进行良好的结构设计 使水分、湿气不能进入制件内部，而一旦进入，设计好的"上排（湿气）下泄（积水、积液）"的设计结构，也能将其及时排出。

（3）选择和研制耐大气腐蚀的材料 例如不锈钢、耐候钢、耐海水钢，选用耐蚀性能优良的钛及其合金等。

（4）使金属材料始终处于良好的防腐蚀层的保护之中

① 采用耐大气腐蚀的金属保护层，例如电镀锌镀层、镉镀层；热喷涂锌、镉层、不锈钢层；热浸镀锌、铝层、锌-稀土层。

② 采用耐大气腐蚀优良的有机涂层，例如已经广泛使用的各种油漆层。

③ 采用耐大气腐蚀优良的无机涂层，例如无机富锌涂层、无机富铝涂层。

（5）在制造过程中选择不会损伤材料耐腐蚀性能的制造工艺。

（6）对各种制成品采用防锈包装技术，控制相对湿度、隔离污染、减缓腐蚀速度。

1.3.2.2 大气腐蚀缓蚀理论

通过封存包装，使金属制品处于该金属发生明显腐蚀的临界相对湿度以下，例如中央仓库采用去湿机，确保其相对湿度低于50％；我国近年所建钢结构大桥的钢箱梁内部采用多台去湿机以便自动控制相对湿度，以预防大桥内部的腐蚀；采用临时性保护技术（例如防锈油）涂覆于金属表面，起隔离湿气和减缓锈蚀的作用。

而对于已经制造成为产品、设备和工程建设项目的制件，前五种类型的技术或多或少、或周全或不周全已经采纳，其实际采纳的水平和所能达到的效果取决于设计师、制造工程师对腐蚀控制技术把握的水平与经验，在这个基础上，制件在储存、运输、使用过程中的进一步防锈是采用防锈与包装技术，这不仅是"锦上添花"，而且是确保这些制件安全性、可靠性和耐久性必不可少的"雪中送炭"，国外称之为暂时性保护技术，因为使用时可以很方便地去除，或不用去除。

为了隔离潮湿、水汽的侵蚀，防锈包装可概括为六类，其防锈包装级别不断提高，越来越严格，效果越来越好，投入费用越来越高，（1）类最简单，（6）类最严格，不仅隔离水汽，还用干燥剂吸收湿气，保持干燥：

（1）选用合适的防锈材料，只注意防锈的包装；

（2）选用合适的防锈材料，必要时外加耐油性隔离防湿包装；

（3）在金属表面覆贴热浸型可剥性塑料薄膜；或外加铝箔包裹；

（4）选用合适的防锈材料，外加防水防湿材料内衬的木箱或纸箱的包装；

（5）选用合适的防锈材料，用耐油性隔断防湿材料包裹，放入防湿隔断材料制作的袋子（或金属容器、非金属刚性容器）中，密封防湿；

（6）选用装有干燥剂的用防湿隔断材料制成的袋子（或金属容器、非金属刚性容器）中，密封防湿包装。

此外，还有真空包装、充氮封存、充氩封存等，其基本原理就是将可能引发腐蚀的因素：潮湿、水汽、氧气、工业和生活污染物（SO_2、H_2S、SO_3等）、海洋空气中的 Cl 离子等予以隔离或排除，使它们不能与所要保护的产品、设备或工程项目接触。当然，防锈油、防锈脂除了油脂膜的隔离作用外，其内还含有缓蚀剂，以减缓腐蚀的作用。所以在上述六类隔湿包装中，对裸露的金属在包装之前，先涂覆防锈油、防锈脂或气相防锈材料后，进行防锈包装，效果更好。

大气腐蚀缓蚀的基本理论：

一是通过防锈、封存、包装彻底将制件与环境隔离，例如真空包装；

二是将缓蚀剂加入一种载体之中，例如将缓蚀剂加入矿物油、机械油、煤油等基础油中，形成防锈油；或加入油脂中，形成防锈脂；或水溶液中形成防锈水剂，这些油、脂或水剂涂敷于金属表面，使缓蚀剂能直接接触金属表面，发挥缓蚀的作用，所以，又称之为接触型防锈剂，这实际上包括油溶性体系的缓蚀剂、水溶性体系的缓蚀剂、水溶性和油溶性体系同时存在的缓蚀剂（置换型和乳化型）；用来防止大气腐蚀的一种缓蚀剂在常温时有一定的挥发性，它不和金属直接接触，只要它的蒸气能够到达金属表面，就能保护金属，免遭腐蚀的目的，又称为非接触型缓蚀剂。

1.4　清洗、除锈、防锈与缓蚀

制品可以是一架飞机、一枚导弹、一艘舰艇、一座电站、一套聚乙烯成套装置、一台锅炉、一个换热器、一条冷却水循环系统、甚至一把螺丝刀，在生产制造的过程中，在完成加工、交给用户、投入使用之前，以及使用一段时间之后，都需要经历清理、除锈、清洗、防锈的过程，不可避免地需要使用清洗剂、除锈剂和防锈剂，而这三剂中不可或缺的是添加缓蚀剂，只有添加了缓蚀剂才可能完成清洗、除锈的任务，也只有加入适量缓蚀剂所形成的防锈剂才能防止进一步锈蚀的问题。

在除锈过程中，由于除锈剂中加入了合适的缓蚀剂，才能确保既清除锈层，又不出现过腐蚀行为，在锈层除去之后，不会进一步腐蚀金属基体，发生"过腐蚀"现象。

清洗剂，尤其是工业清洗剂，对工业设备，尤其是化工设备、工业锅炉进行清洗，主要的还是对结垢和锈层的清除，这类清洗剂实际上就是除锈除垢剂，多采用酸性清洗液或碱性清洗液，近年来，也使用水基清洗液，这些清洗液也只有加入了合适的缓蚀剂，才能在清洗干净之后，不会发生"过分清洗"或称为"过腐蚀"现象；无论是在制造过程中的清洗，还是制品使用一段时间之后的清洗，还有一个必须注意的是，在清洗之后，不能在短时间内涂敷防锈剂的话，就会发生新的锈蚀现象，这也是需要缓蚀剂起作用；而防锈剂之所以具有防锈能力，其关键是添加了合适的缓蚀剂，普通碳钢或镁合金最为明显。

防锈剂，是在经过除锈、清洗之后为了防止又发生锈蚀所采取的措施；或在金属加工成制品的过程中防止工序之间出现锈蚀而进行的工序间防锈；制品在储存、运输、使用过程中都需要使用防锈剂，达到防止生锈的目的。

事实说明，各种金属都离不开缓蚀剂的研究和应用，用于不同金属的不同的清洗剂、不同的除锈剂、不同的防锈剂都需要精心配以不同成分和不同含量的缓蚀剂。在缓蚀剂作用下，发挥清洗、除锈和防锈的功能作用。可见，清洗必须除锈除垢、清洗包含除锈除垢，除锈除垢必定清洗，除锈、清洗之后定要防止进一步的锈蚀，必须涂敷防锈剂，是互相关联、互相依存、互相促进的关系。缓蚀剂起缓蚀的作用，但在除锈剂、清洗剂中发挥作用，主要是在溶液介质中进行，而防锈则主要在大气腐蚀环境介质中进行，前者是溶液腐蚀电化学问题，后者则是大气环境下的水膜腐蚀电化学问题，本质上都是腐蚀电化学理论指导，本质一致，应用思路不同。

参 考 文 献

[1] Evans U R. The Corrosion and Oxidation of Metal. London：Edard Avnold Ltd. 1969.

[2] 托马晓夫 НД 著. 金属腐蚀理论. 余柏年译. 北京：科学出版社，1962.

[3] 肖纪美，曹楚南编著. 材料腐蚀学原理//现代腐蚀科学和防蚀技术全书. 北京：化学工业出版社，2002.

[4] 李金桂，赵闺彦主编. 腐蚀和腐蚀控制手册. 北京：国防工业出版社，1988.

[5] 张康夫等主编. 机电产品防锈包装手册. 北京：航空工业出版社，1990.

[6] 李金桂，肖定全编著. 现代表面工程设计手册. 北京：国防工业出版社，2000.

[7] 李金桂主编. 腐蚀控制设计手册. 北京：化学工业出版社，2006.

[8] 李金桂主编. 中国航空材料手册：第九卷 镀覆层与防锈材料. 北京：中国标准出版社，2002.

[9] 吴荫顺，郑家. 电化学保护和缓蚀剂应用技术. 北京：化学工业出版社，2006.

[10] 李金桂主编. 防腐蚀表面工程技术. 北京：化学工业出版社，2003.

[11] 秦国治，田志明. 工业清洗及应用实例. 北京：化学工业出版社，2003

[12] 陈旭俊. 工业清洗剂及清洗技术. 北京：化学工业出版社，2002.

[13] 李国英主编. 表面工程手册. 北京：机械工业出版社，1997.

[14] 周静妤编著. 防锈技术. 北京：化学工业出版社，1988.

[15] 中国腐蚀与防护学会编. 金属腐蚀手册. 上海：上海科学技术出版社，1987.

[16] 肖开学编. 滚动轴承防锈. 北京：机械工业出版社，1985.

[17] 防锈工作手册编写组. 防锈工作手册：增订本. 北京：机械工业出版社，1975.

[18] 曾兆民编著. 实用金属防锈. 北京：新时代出版社，1989.

[19] 杨武等编著. 金属的局部腐蚀. 北京：化学工业出版社，1995.

[20] 国家科委腐蚀科学学科组等. 1979 年腐蚀与防护学术报告会议论文集：海水、工业水和生物部分. 北京：科学出版社，1982.

[21] 陈光章. 阴极保护和电解防污技术//中国腐蚀与防护学会. 腐蚀与防护学会成立十五周年暨 94 学术年会文集. 1994：443.

[22] 李金桂. 国外航空表面防护技术. 航空科学技术，1995，(4).

[23] 李金桂. 航空表面工程技术的发展. 材料工程，1996，(1).

[24] Li Jingui. The Corrosion Control System Engineering for Military Aircraft in China//The proceeding of 13th International Congress of Corrosion. Australia：1996.

[25] 李金桂，张风霞. 舰载飞机的腐蚀及其控制问题. 内部专题学术会议，1992.

[26] 李金桂，毛立信. 舰载飞机的防护技术及今后工作建议. 内部学专题学术会议，1993.

[27] 李金桂. 表面科学技术的现状和发展趋势. 在航空航天部航空表面技术专业委员会特邀报告，1991.

[28] David McCarthy Douglas Kosar. Reducimg Aircraff Corrosion With Desiccant Dehumidifers//the 12th Icc 1993. 9U. S. A：1993.

[29] Alex Eydelanmr Boris Miksic. Use of Volatile Inhibitors VCI's for Aircraft protection//the 12th Icc

1993.9 U. S. A：1993.

[30]　黄建中主编. 汽车腐蚀与防护技术. 北京：化学工业出版社，2004.

[31]　涂湘湘主编. 实用防腐蚀工程施工手册. 北京：化学工业出版社，2000.

[32]　李金桂. 军用飞机防腐蚀设计理论与原则. 航空材料，1966，(5)：11～15；(7)：5～8.

[33]　日本工业规格 JIS Z 0103—1996（2002）防锈、防腐蚀一般术语.

[34]　中国表面工程协会防锈专业委员会. 第三届全国防锈技术学会研讨会论文资料汇编 1985～1995.

第2章
缓蚀剂

2.1 概述

2.1.1 缓蚀剂的定义、特点和作用

2.1.1.1 定义

缓蚀剂来自拉丁语 inhibere——抑制，英文为 corrosion inhibitor，是一种在很低的浓度下，能抑制金属在腐蚀介质中的破坏过程的物质。因此，缓蚀剂的定义：凡在介质中添加少量能降低介质的侵蚀性、防止金属免遭腐蚀的物质，称之为缓蚀剂，又称抑制剂。美国 ASTM-G15—76 标准把缓蚀剂定义为："缓蚀剂是一种以适当的浓度和形式存在于环境（介质）中，即可以防止或减缓腐蚀的化学物质或复合物"。尽管有许多物质都能不同程度地防止或减缓金属在介质中的腐蚀，但真正有实用价值的缓蚀剂只是那些加入量少、价格便宜、又能大大降低金属腐蚀或锈蚀的物质。

2.1.1.2 特点

缓蚀剂与其他金属防护方法对比，有如下一些特点。

（1）可以不改变金属构件或制品的本性，因此，缓蚀剂可用于金属表面精整时的酸处理、锅炉内壁的化学清洗、内燃机及循环冷却水系统的处理、钢铁酸洗等。可用于暂时性或半永久性的防锈，如金属制品在加工工序间的存放、运输和仓库储存等场合，文物保护，混凝土钢筋防护等。

（2）由于用量少，添加后，对介质的性质基本不变。因此，可用于城市供热取暖水管的防锈，石油、天然气、煤气管道输送，石油储存和精炼等场合的防护，电厂锅炉停炉期间的保护。

（3）应用缓蚀剂一般无特殊的附加设施，使用简便，易于操作。

2.1.1.3 缓蚀剂作用及缓蚀效率

缓蚀剂添加于腐蚀介质中能大大地降低金属在介质中的腐蚀速率的现象，称为缓蚀作用。缓蚀剂对金属的缓蚀作用大小通常用缓蚀效率或抑制效率（系数）来表示。

$$Z = \frac{v_0 - v}{v_0} \times 100\% = \left(1 - \frac{v}{v_0}\right) \times 100\% \tag{2-1}$$

式中，Z 为缓蚀效率；v_0 为未加入缓蚀剂时金属的腐蚀速率；v 为加入缓蚀剂后金属的腐蚀速率。

此外，抑制系数 γ 可表示为：

$$\gamma = \frac{v_0}{v} = \frac{1}{1 - Z} \tag{2-2}$$

由式(2-1)、式(2-2)可以看出，缓蚀效率 Z 越大，抑制系数 γ 也就越大，选用这种缓蚀剂保护效果就好。

2.1.1.4　缓蚀剂的分类

由于缓蚀剂应用十分广泛，产品种类繁多，以及缓蚀剂作用机理的复杂性，迄今为止，尚缺乏一个既能把各种缓蚀剂分门别类，又能反映出缓蚀剂组成、结构特征和缓蚀剂作用机理内在联系的完善和分类方法。常见的分类方法有以下几种。

（1）按缓蚀剂的化学组成分类　按这种分类把缓蚀剂分为无机和有机缓蚀剂（图 2-1）。

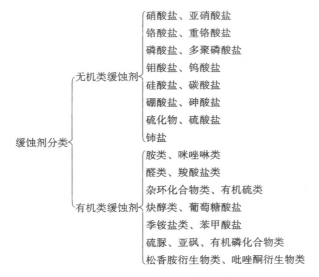

图 2-1　按缓蚀剂的化学组成分类

（2）按对电极过程的影响分类　根据缓蚀剂在介质中对金属电化学腐蚀过程的影响分为阳极型、阴极型和混合型缓蚀剂。

① 阳极型缓蚀剂　又称阳极抑制型缓蚀剂，例如铬酸盐、重铬酸盐、硝酸盐、亚硝酸盐、正磷酸盐、钼酸盐、硅酸盐、苯甲酸盐等。它们能增加阳极极化，从而使腐蚀电位正移，通常是阳极型缓蚀剂的阴离子移向阳极表面使金属钝

化，减缓腐蚀。

②阴极型缓蚀剂 又称阴极抑制型缓蚀剂，例如聚磷酸盐、硫酸锌、酸式碳酸钙、砷化物、锑化物等，它们在介质中使金属腐蚀电位向负移，增加了酸溶液中氢析出的过电位，使阴极过程减慢受阻，腐蚀降低。

③混合型缓蚀剂 又称混合抑制型缓蚀剂，例如含氮、含硫及既含氮又含硫的有机化合物，琼脂，生物碱等，它们对阴极过程和阳极过程同时起抑制作用，腐蚀电位变化不大，但腐蚀电流却减少很多。这类缓蚀剂可分为三类：

A. 含氮的有机化合物，如胺类、咪唑啉类、季铵盐类和有机胺的亚硝酸盐等；

B. 含硫的有机化合物，如硫醇、硫醚、环状含硫有机化合物等；

C. 含硫、氮的有机化合物，如硫脲及其衍生物等，以及含磷有机化合物、炔醇类化合物、醛类、羧酸盐类化合物等。

（3）按缓蚀剂在金属表面形成的保护膜特征分类 根据缓蚀剂在金属表面形成的保护膜性质可将缓蚀剂分为三类，参见图 2-2。这些膜的特征见表 2-1。

图 2-2 三类缓蚀剂保护膜示意图

表 2-1 缓蚀剂保护膜的特征

缓蚀剂类型	所属品种	保护膜的特征	备注
氧化膜型	铬酸盐、重铬酸盐、亚硝酸盐、苯甲酸盐等	薄而致密、与金属的附着性好	防腐效果很好
沉淀膜型	聚磷酸盐、α-巯基苯并喹唑（MBT）、苯并喹唑（BTA）、锌盐等	厚而较多孔、与金属的密着性较差	缓蚀效果较差、有可能垢层化
吸附膜型	胺类、吡啶衍生物、表面活性剂等	在不洁净的金属表面吸附不好	对酸性介质较有效

①氧化膜型缓蚀剂 这类缓蚀剂例如铬酸盐、重铬酸盐、亚硝酸盐等，它们在介质中可使铁的表面氧化成 $\gamma\text{-}Fe_2O_3$ 保护膜，从而抑制铁在介质中的腐蚀。由于它们具有钝化作用，故又称"钝化剂"，它们又可细分为阳极抑制型（如铬酸钠和重铬酸钠）钝化剂和阴极去极化型（如亚硝酸钠）钝化剂两类。这类缓蚀剂能使金属表面形成致密、附着力强的氧化膜。当氧化膜达到一定厚度以后（如

5～10nm)，氧化的反应速率便减慢，保护膜的成长也基本停止。

② 沉淀膜型缓蚀剂　这类缓蚀剂如聚磷酸钠、碳酸氢钙、硫酸锌等。它们与介质中的有关离子反应并在金属表面形成防腐沉淀膜。沉淀膜的厚度一般比钝化膜的厚度厚（约为几十纳米至 100nm），但其致密性和附着力比氧化膜差，所以其缓蚀效果比氧化膜型差一些。此外，只要介质中存在着缓蚀组分和相应的共沉淀离子，沉淀膜的厚度就不断增加，因而有可能引起结垢的副作用，所以通常要和去垢剂一起使用才会有较好的防腐蚀效果。

③ 吸附型缓蚀剂　这类缓蚀剂在介质中能吸附在金属表面，改变金属表面性质，从而防止金属腐蚀，根据吸附机理的不同，又可分为物理吸附（如胺类、硫醇和硫脲等）和化学吸附（如吡啶衍生物、喹啉衍生物、苯胺衍生物、炔醇类、季铵盐、环状亚胺等）两类。为了能形成致密的吸附膜，金属必须有洁净的（即活性的）表面，所以在酸性介质中往往比在中性介质中更多地采用这类缓蚀剂。

2.1.2　缓蚀剂的缓蚀作用机理

在自然界中，大部分金属都有自动腐蚀的倾向。除贵金属外，很少有天然的游离态纯金属，这说明大多数金属本身是不稳定的。在与一定介质接触时，它们有自发地变质为金属化合物的倾向，这就是金属腐蚀的根本原因。根据电化学腐蚀理论，任何电化学腐蚀过程都是由金属溶解的阳极过程以及去极化剂接受电子的阴极过程组成的，加入缓蚀剂后，就会使阳极过程或者阴极过程受阻滞，或者同时使这两个共轭过程受阻滞。按照缓蚀剂对金属电极过程抑制的情况，Evans（伊文思）把缓蚀剂分为阳极型、阴极型和混合型三大类。

无机缓蚀剂大都是用于中性介质体系，它主要是影响金属的阳极过程和钝化状态；有机缓蚀剂主要用于酸性介质体系，当它在金属表面吸附时，就会影响腐蚀过程动力学，从而达到减缓金属腐蚀速率的目的。近年来，有机缓蚀剂在中性介质中也获得了广泛应用，而在酸性介质中也有采用无机缓蚀剂的情况。例如苯甲酸盐（安息香盐）、有机膦酸盐、木质素磺酸盐在工业冷却水中的应用，以及溴、碘化合物、锑化物在酸性介质中的应用，特别是利用协同效应无机和有机缓蚀剂的复合使用，如季铵盐与碘化物在酸性介质中的应用，缓蚀效果很好。

2.1.3　缓蚀剂的选用原则

2.1.3.1　金属材料

不同金属材料原子的电子排布不同，因此，它们的化学、电化学和腐蚀特性不同，在介质中的吸附和钝化的特性也不同，钢铁是用量最大、使用最广的金属，它们用的缓蚀剂也是研究和使用最多的。铁（Fe）元素是第 26 号过渡金属元素，价电子的排布是 $3d^6 4s^2$，故 d 轨道尚有 4 个空位，易接受电子，对许多带有弧对电子的基团产生吸附。铜是另一类使用较多的有色金属，铜（Cu）的价电子排布是 $3d^{10} 4s^1$，它的 d 轨道已布满电子，故很多高效钢铁用的缓蚀剂对铜效果不好。因此，如果保护系统是由多种金属组成，如汽车发动机的冷却系统可包括铸铁（钢）、铜、铝、铅和锡（焊接点）等多种金属材料，则单一的缓蚀剂物质难以全面满足防护要求。对于这种系统，铜腐蚀溶解后还会在电位较负的钢铁和铝表面沉积，产生铜/铁、铜/铝电偶腐蚀，故发动机冷却液中使用多种缓蚀剂复配。

2.1.3.2　腐蚀介质

金属在不同 pH 的水溶液中的腐蚀机理不相同。因此，缓蚀剂在选用时也有所不同。一般中性介质水中使用的缓蚀剂以无机缓蚀剂为主，但近年来也有用有机缓蚀剂；酸性介质中以有机缓蚀剂较多，以吸附型有机缓蚀剂为主，但必须根据实际情况综合考虑。如油田注水用的缓蚀剂，由于油田污水水质不同（如氯化钙型、碳酸氢钠型、硫酸盐水）和矿化度不同，使用有机缓蚀剂种类也不同。

对于油类介质，它的电阻很大，去极化剂不易溶解分散，金属在油类中不易腐蚀，但在潮湿大气环境中，水分子的吸附导致水在金属表面凝集，促进了腐蚀。为此，需要采用油溶性的吸附型缓蚀剂，以排除水的吸附，起防锈作用。

使用缓蚀剂时必须考虑它与腐蚀介质的"相溶性"或溶解度问题。如气相缓蚀剂应有一定的蒸气压，有的石油工业用的缓蚀剂应有油溶性等。缓蚀物质的溶解度太低将影响它在介质中的传递，不能有效地达到金属表面，虽然其吸附性能好，但不能充分发挥出来。此时可添加适当的助溶剂或表面活性剂，以增加缓蚀物质的分散性，如切削油中采用乳化剂或助溶剂等。有时也可通过化学处理在缓蚀物质分子上接亲水性的极性基团以增加其在水中的分散性与溶解度。

2.1.3.3　缓蚀剂的用量和复配

缓蚀剂的用量，只要能产生有效的保护作用当然愈少愈好，因为可以减少费用。缓蚀剂用量过多，有可能改变介质的性质（如 pH）甚至减弱缓蚀效果，增加费用。缓蚀剂的效果与用量的关系并不是线性的。缓蚀剂用量太少时，作用不大，当达到一定"临界浓度"时，缓蚀作用明显增加，当进一步加大缓蚀剂用量时，作用增加有限。临界浓度随体系的性质而异，在选用缓蚀剂时必须预先进行试验，以便选出合适的用量。对于沉淀膜型缓蚀剂，初始使用时用量加大些（可比正常用量高出一二十倍），以快速促成完好的保护膜，即所谓"预膜"处理，常常能取得很好的保护效果。

缓蚀剂复配问题是研究缓蚀剂工作的一个重要内容，由于金属腐蚀情况复杂性，采用单一种缓蚀剂效果不够好。多种缓蚀物质复配组合使用往往比单一种缓蚀剂使用时总的效果高出许多，这就是缓蚀剂协同效应。缓蚀剂协同效应作用机理研究是当前缓蚀剂研究的重点之一。

缓蚀剂使用时除了考虑抑制腐蚀的主要目的外，还要考虑其他效果。例如工业用的循环冷却水，除了能引起冷却管道金属的腐蚀外，可能产生结垢，使冷却效果降低，在非密闭的系统中，菌藻类微生物体的繁殖可加剧腐蚀，使水质变坏，甚至堵塞管道。因此，作为循环冷却水处理，除了需要加入缓蚀剂外，还应加入阻垢剂和杀生剂，这样的复配水处理药剂通常称作为水质稳定性。

缓蚀剂的研究经历了一百多年，取得了显著的成就，几乎所有的金属材料在各种介质环境下，可能遭遇腐蚀的问题时，都研究了在清除异物的同时，不腐蚀金属本身，所以，成千上万的缓蚀剂问世，表 2-2 列出了各种金属在不同介质中应用缓蚀剂的部分内容，以供参考，其中的用量都是很微量的，所以，在防腐蚀行业或工业清洗行业，将缓蚀剂称为"工业味精"，少量的添加，起到了很好的作用。

表 2-2 各种金属在不同介质应用缓蚀剂参考表

金 属	介 质	缓 蚀 剂
海军黄铜	氨,5%	0.5%氢氟酸
	氢氧化钠,4°Bé	0.06mol H_2S/mol NaOH
铝及铝合金	盐酸,1mol/L	0.003mol/L 苯基吖啶、β-萘醌、吖啶、硫脲或 2-苯基喹啉
	硝酸,2%～5%	0.05%六亚甲基四胺
	硝酸,10%	0.1%六亚甲基四胺或 0.1%碱金属铬酸盐
铝	硝酸,20%	0.5%六亚甲基四胺
	磷酸	碱金属铬酸盐
	磷酸,20%	0.5%铬酸钠
	磷酸,20%～80%	1.0%铬酸钠
	浓硫酸	5%铬酸钠
	酒精(抗冻剂)	亚硝酸钠和钼酸钠
	溴水	硅酸钠
	四氯化碳	0.05%甲酰胺
	氯化芳族化合物	0.1%～2%硝基氯苯
	氯水	硅酸钠
	饱和氯化钙溶液	碱金属硅酸盐
	热乙醇	重铬酸钾
	工业乙醇	0.03%碱金属碳酸盐-乳酸盐-醋酸盐或硼酸盐

续表

金　属	介　质	缓　蚀　剂
铝	乙二醇	钨酸钠或钼酸钠或碱金属硼酸盐或磷酸盐或 0.01％～0.1％硝酸钠
	过氧化氢,碱性	硅酸钠
	过氧化氢	碱金属硝酸盐或硅酸钠
	甲醇	氯酸钠＋亚硝酸钠
	聚氧化烯烃甘醇液	2％Emery 二聚酸（二亚油酸）、1.25％N（CHMe$_2$）$_3$、0.05％～0.2％硫醇苯并噻唑
	海水	0.75％硬脂酸异戊酯
	稀碳酸钠溶液	氟硅酸钠
	氢氧化钠,1％	碱金属硅酸钠或 3％～4％高锰酸钾或 18％葡萄糖
	次氯酸钠（漂粉内）	硅酸钠
	醋酸钠	碱金属硅酸盐
	氯化钠,3.5％	1.0％铬酸钠
	碳酸钠,1％	0.2％硅酸钠
	碳酸钠,10％	0.05％硅酸钠
	硫化钠	硫或 1％硅酸钠
	50％三氯醋酸钠	0.5％重铬酸钠
	四氢糠醇	1％硝酸钠、0.3％铬酸钠
	三乙醇胺	1％硅酸钠
黄铜	湿四氯化碳	0.001％～0.1％苯胺
	糠醇	0.1％硫醇苯并三唑
	聚氧化烯烃甘醇液	2％Emery 酸（二亚油酸）、1.25％N（CHMe$_2$）$_3$、0.05％～0.2％硫醇苯并噻唑
	50％三氯醋酸钠溶液	0.5％重铬酸钠
镀镉钢板	55/45 乙二醇/水	1％氟磷酸钠
铜	脂肪酸（醋酸）	H$_2$SO$_4$,(COOH)$_2$ 或 H$_2$SiF$_6$
	含硫烃	对羟基二苯甲酮
	聚氧化烯烃甘醇液	2％Emery 酸（二亚油酸）、1.25％N（CHMe$_2$）$_3$、0.05％～0.2％硫醇苯并噻唑

续表

金 属	介 质	缓 蚀 剂
铜和黄铜	稀硫酸	硫氰酸苯酯
	乙二醇	碱金属的硼酸盐及磷酸盐
	多元醇(抗冻剂)	$0.4\%\sim1.6\%Na_3PO_4+0.3\%\sim0.6\%$硅酸钠$+0.2\%\sim$ 1.6%钠硫醇苯并噻唑
	菜籽油	丁二酸
	硫(溶于苯)	0.2% 9,10-蒽醌
	四氢糠醇	1%硝酸钠或 0.3%铬酸钠
	水-醇	0.25%苯甲酸或 0.25%苯甲酸钠,pH 值为 $7.5\sim1.0$
铁件镀锌	蒸馏水	15mg/L 偏磷酸钙和锌
	55/45 乙二醇/水	0.025%磷酸三钠
铁	硝氨基芳烃	二苄基苯胺
铅	湿四氯化碳	$0.001\%\sim0.1\%$苯胺
镁及镁合金	醇	碱金属硫化物
	甲醇	1%油酸或硬脂酸,以氨中和
	多元醇	可溶氟化物,pH 值为 $8\sim10$
镁	甘油	碱金属硫化物
	乙二醇	碱金属硫化物
	三氯乙烯	0.05%甲酰胺
	水	1%重铬酸钾
蒙耐尔合金	湿四氯化碳	$0.001\%\sim0.1\%$苯胺
	氯化钠,0.01%	0.1%亚硝酸钠
	自来水	0.2%亚硝酸钠
镍、银	次氯酸钠(漂粉中)	硅酸钠
不锈钢	硫酸,2.5%	$5\sim20$mg/L $CaSO_4 \cdot 5H_2O$
	氰胺	$50\sim500$mg/L 磷酸铵
	氨基酸	$50\sim500$mg/L 磷酸铵
不锈钢,18-8	高锰酸钾(漂粉中)	硅酸钠
	氯化钠,4%	0.8%氢氧化钠
钢	柠檬酸	镉盐
	稀硫酸	芳胺
	硫酸,$60\%\sim70\%$	砷
	硫酸,80%	2%三氟化硼
	异构化时生成的氯化铝-烃络合物	$0.2\%\sim2\%$碘、氢碘酸或碘代烃

金 属	介 质	缓 蚀 剂
钢	氨化硝酸铵	0.2%硫脲
	硝酸铵-脲溶液	0.05%～0.1%氨或0.1%硫氰酸铵
	含氧盐水	0.001%～3.0%甲、乙或丙基取代的二硫代氨基甲酸醇
	四氯化碳,湿	0.001%～0.1%苯胺
	烧碱-甲苯基酸盐溶液（如炼厂烧碱清洗液再生时）,116～127℃	0.1%～1.0%磷酸三钠
	乙醇(纯或水溶液)	0.03%乙胺或二乙醇
	55/45乙二醇/水	0.25%磷酸三钠
	乙二醇	碱性硼酸盐和磷酸盐或呱啶或碳酸呱啶
	乙醇,70%	0.15%碳酸铵＋1%氨水
	糠醛	0.1%硫醇苯并噻唑
	卤化介电液	0.05%～4%$(C_4H_3S)_4Sn$
	卤代有机绝缘物(如氯化联苯)	0.1%2,4-$(NH_2)_2C_6H_3NHPh$
	除草剂,如2,4-二硝基-6-烷基酚(芳香油中)	1%～1.5%糠醛
	异丙醇,30%	0.03%亚硝酸钠＋0.015%油酸
	1:4甲醇/水	4L水,1L甲醇加1g吡啶和0.05g焦桔粉
	氮肥溶液	0.1%硫氰酸铵
	磷酸,浓	0.01%～0.05%十二胺或二环己胺及0.001%碘化钾、碘酸钾或碘醋酸
	聚氧化烯烃甘醇液	2%Emery酸（二亚油酸）、1.25%$N(CHMe_2)_3$、0.05%～0.2%硫醇苯并噻唑
	氯化钠,0.05%	0.2%亚硝酸钠
	50%三氯醋酸钠溶液	0.5%重铬酸钠
	含盐水的硫化物	甲醛
	四氢糠醇	1%硝酸钠或0.3%铬酸钠
	水	苯甲酸
	水(注水操作)	松香胺
	水饱和的烃	亚硝酸钠
	蒸馏水	气溶液(离子润湿剂)
锡	湿四氯化碳	0.001%～0.1%苯胺
	氯代芳香族化合物	0.1%～2%硝基氯苯

续表

金　属	介　　质	缓　蚀　剂
铜件镀锡	次氯酸钠（漂粉中）	硅酸钠
铁板镀锡	碱性清洗液（磷酸三钠、碳酸钠等）	二乙二氨基硝酸钴
	碱性肥皂	0.1%亚硝酸钠
	四氯化碳	2%苯基氧、0.001%二苯胺
	氯化钠,0.05%	0.2%亚硝酸钠
钛	盐酸	氧化剂如铬酸或硫酸铜
	硫酸	氧化剂或无机硫酸盐
锌	蒸馏水	15×10^{-6} 偏磷酸钙和锌的混合物（质量比）
	海水	硅酸钠
锆	0.1mol/L 氢氟酸	0.125mol/L 氟化钠

注：引自《腐蚀工程》（第二版，1982）左景伊译。

2.1.3.4　缓蚀剂使用时的环境污染

许多高效缓蚀剂往往具有一定的毒性，对环境有危害，这使它们的使用范围受到了很大限制。例如铬酸盐是中性水介质中的高效氧化型缓蚀剂，它的 pH 适合范围较宽，从 pH6 到 11，对钢铁和大多数非铁金属均能产生有效的保护，有"通用缓蚀剂"之称，曾是中性水溶液中缓蚀性能好的重要的复配组分。但是由于铬酸盐的毒性，国外已禁止和限制使用。

在 21 世纪，要实现人与自然的和谐发展，必须保护环境，节约资源，减少因腐蚀造成的资源浪费。研究开发环境友好型高效多效的缓蚀剂是未来的发展方向。

2.2　酸性介质缓蚀剂

酸性介质缓蚀剂广泛用于除垢、除锈。

在各种工业腐蚀性介质中，酸性气体及液体均属富于腐蚀性的介质。金属在酸性介质中的腐蚀破坏速率远远超过在其他介质中的腐蚀破坏速率。利用这个特点，可以将金属表面上的氧化物等物质，通过酸洗加工去除。无论是为了减少酸气或酸液对金属的腐蚀，还是在去除氧化皮的酸洗过程中，减少氧化皮去除后对金属的腐蚀，都需要有一类在酸性环境中起作用的酸性介质缓蚀剂。其中，金属酸洗工艺及石油油（气）井酸化工艺条件十分苛刻，对酸性介质缓蚀剂需求大、质量要求高。

酸处理工艺包括以下几项。

（1）酸浸　清除较厚的金属氧化物，往往要较长时间浸泡，才能去除，故称为酸浸，例如，轧制钢材表面上的氧化铁皮。

（2）酸洗　金属设备除垢。用酸溶液清洗去除设备上结垢、污物的过程，称为酸洗，例如锅炉或钢铁管道内表面的酸洗除垢。

（3）酸沾　除去轻度的锈。钢件在常温加工及零件在工序间短暂存放过程中，表面上产生很薄的氧化物层，用酸溶液去除这一薄层氧化物的过程，称为酸沾。

（4）酸化　石油工业钻井、采油过程中，常常采用的一种酸化压裂工艺，即将强酸（盐酸或氢氟酸加盐酸形成的土酸）在数百千克力的高压下，注入油（气）层中，在高压及施酸的共同作用下，岩石及某些胶结物受到侵蚀和溶解。扩大了油（气）层的渗透力，达到增产目的，这个过程称为油（气）井酸化，同时希望达到对钻井有关的钢铁设备减少腐蚀的目的。

酸浸、酸洗和酸沾也可以统称为酸洗，只是酸洗时间长短不一，无论酸洗或酸化都有明确的要求，那就是在达到酸洗目的的同时希望将金属构件的腐蚀件越小越好，这就需要添加适用于各种环境条件下的酸性缓蚀剂，就是在上述酸洗或酸化的溶液中添加少量的酸性缓蚀剂，就可以达到这种作用。

2.2.1　酸性介质缓蚀剂的特征及使用

金属设备及材料酸洗、酸浸及油井酸化等工艺中，常用的酸类有：①硫酸、硝酸、磷酸、氢氟酸及氨基磺酸等无机酸；②柠檬酸、羧基乙酸、甲酸、乙酸、草酸、葡萄糖酸、酒石酸、苹果酸及螯合剂类型等的有机酸；此外，还有一些对金属具有缓蚀作用的其他酸性介质，例如硫化氢、碳酸、无机酸及有机羧酸等。

各种酸对金属的腐蚀（溶解）能力不同，而且随着温度、压力等有所变化，多年的使用表明，硫酸酸浸及酸洗后的金属表面不太理想，而且须在较高温度下进行，才有较好效果，可这又会给高强度材料带来氢脆问题，所以，酸处理工艺中，硫酸工艺的使用要谨慎。设备酸洗除垢的主要是用盐酸作为清除剂，盐酸广泛用于酸浸、酸洗、油（气）井酸化及其他金属设备化学清洗。硫酸也作为清洗剂。目前，全世界使用的金属中，95％是钢铁，所以防止金属腐蚀、酸浸、酸洗、除垢的主要任务是防止钢铁腐蚀。硝酸是一种强氧化剂。稀硝酸对钢铁腐蚀，浓度很高时，反而会使金属表面钝化，不腐蚀，受到保护。硝酸一般不单独作为清洗剂，只作为化学清洗剂的添加剂。氢氟酸、氨基磺酸、磷酸、碳酸等都有各自的腐蚀（溶解）特性，有机酸的腐蚀（溶解）能力则要弱得多。

常用酸性清洗液对材质的适应性列于表 2-3，对于钢铁，这些酸性清洗液都是可用的，盐酸不可用于不锈钢，酸性清洗液不适用于铝及其合金及钢筋混凝土。中性清洗液都可用。碱性清洗液适用于钢铁及铜合金。但是，不加缓蚀剂的酸性清洗液对金属都有明显的腐蚀作用，磷酸、盐酸、硫酸甚至草酸对金属材料都有明显的溶解能力（腐蚀作用），而且只要能不断地供给酸液，可将其完全溶解掉，见表 2-4，所以，这些酸性清洗液作为清洗剂使用时，必须加入适当组分的缓蚀剂，使其只清除垢和锈，而不腐蚀金属基体本身。

表 2-3　常用清洗液对材质的适应性

材质	酸　洗　液					中性洗液	碱性洗液
	盐酸	硝酸	HNO₃-HF	氨基磺酸	柠檬酸		
碳钢	●	●	●	●	●	●	●
铜系合金	△	●	●	●	●	●	●
奥氏体不锈钢	×	●	●	●	●	●	●
混凝土	×	×	×	×	×	●	
铝及其合金	×	×	×	×	×	●	

注：●表示好；△表示可用；×表示不可用。

表 2-4　酸性清洗液对钢铁腐蚀（溶解能力）情况对比

酸液清洗剂(质量分数 1%)	溶解铁的质量浓度/(g/L)
盐酸	7.5
硫酸	5.7
磷酸	8.5
硝酸	4.4
氢氟酸	1.4
氨基磺酸	2.9
柠檬酸	4.4
甲酸	6.1
羧基乙酸	3.7
草酸	6.2
酒石酸	3.7
EDTA	3.8

　　Chapel 等人曾做过一种试验，在使用未加缓蚀剂的硫酸溶液酸浸金属制品时，占硫酸总液的 80%消耗在基体金属上，约有 4%溢流出酸槽外，未起作用，只有 16%用于溶解金属表面上的金属氧化物，这说明，如果不向酸浸液中加入缓蚀剂，由于硫酸对金属的溶解能力超过对金属氧化物的溶解能力，结果，氧化物未完全溶解除去，而基体金属可能被酸溶解（腐蚀）掉了，所以一定要根据酸洗、酸化的具体情况，针对酸洗环境、酸洗工艺、需要保护的金属等，添加必要的缓蚀剂。

2.2.2 酸性介质缓蚀剂的选定原则

可以作为酸性清洗溶液的缓蚀剂很多，图 2-1 列出了按缓蚀剂的化学组成分类的有关内容，盐酸缓蚀剂在无机类中有砷化合物、锑化合物、铋化合物；有机类中以有机胺、芳胺、酰胺环胺和聚胺化合物为较好的缓蚀剂，品种达数百种以上，每年都有新品种问世；硫酸缓蚀剂种类很多，主要是一些有机胺、酰胺、咪唑啉、季铵盐、松香胺、门尼碱、硫脲衍生物、炔类衍生物、生物碱等；硝酸、氢氟酸、土酸清洗液也都有许多的缓蚀剂可供选择，选择时，要把握下述原则：

（1）不影响金属材料酸浸除锈、酸洗除垢效果；

（2）能有效地保护金属材料、防止金属材料腐蚀；

（3）缓蚀剂添加量越少越好，以求较高的效能；

（4）在金属表面上吸附速率快、覆盖率高；

（5）在静止或流动的条件下，能保持不变；

（6）缓蚀剂组分与腐蚀介质间的化学反应性低，引起的消耗少；

（7）不会产生点蚀、孔蚀、晶间腐蚀等局部腐蚀的危险；

（8）缓蚀效果不受还原剂、铜离子抑制剂的影响；

（9）覆盖膜对设备器壁传热率不引起影响；

（10）工艺条件对缓蚀率影响少；

（11）缓蚀剂本身最好是无色、无臭、低泡沫性液体；

（12）操作安全，本身无毒，不造成公害。

2.2.3 实际使用的酸性介质缓蚀剂

2.2.3.1 盐酸清洗液及其清洗缓蚀剂

盐酸是清洗水垢最常用的无机酸性清洗剂，盐酸与钢铁表面的氧化皮、铁锈以及钢铁本身的化学反应速度比硫酸、柠檬酸、甲酸快得多，而且清洗之后，表面状况良好，表 2-5、表 2-6 列出了部分黑色金属用国产盐酸酸洗缓蚀剂及其应用条件、几种盐酸酸洗缓蚀剂使用条件和对碳钢的缓蚀效果，可见，在采用盐酸进行清洗时，由于添加了少量的缓蚀剂，不仅清洗效果极佳，而且缓蚀效果明显，其缓蚀率都在 90% 以上，甚至有的达到了 99.4%，在清除垢层和锈蚀层同时保护了钢铁，使其免遭腐蚀，这类盐酸清洗液尤其对碳酸盐水垢和铁垢最有效，清洗速度快又经济，所以工业上清洗锅炉、换热器等均使用盐酸清洗剂，一般适用于碳钢、黄铜、紫铜等基体材料。但是对硅垢溶解能力较差，清洗温度控制要求较高，有刺激性气体排除，影响人体健康，特别要注意的是不可用于清洗不锈钢，因为盐酸清洗剂会引发不锈钢产生点腐蚀、晶间腐蚀，在有应力作用时发生应力腐蚀开裂。

表 2-5　部分黑色金属用国产盐酸酸洗缓蚀剂及其应用条件

缓蚀剂名称	主要化学成分	盐酸浓度/%	使用温度/℃
天津若丁（新）	邻二甲苯硫脲、糊精、平平加、氯化钠	5～10	50
抚顺页氮	粗吡啶、邻二甲苯基硫脲、平平加	5～10	50
SH-501	长链烷基季铵盐	5～10	55
SH-415	杂环酮胺类	10～15	60
SH-423	有机胺类	10～15	60
SH-707	咪唑啉类	10～15	60
IMC-4	季铵盐类、有机硫	5	50

表 2-6　几种盐酸酸洗缓蚀剂使用条件和对碳钢的缓蚀效果

缓　蚀　剂	盐酸浓度/%	盐酸温度/℃	缓蚀剂加量/%	缓蚀效率/%
有机胺与炔醇反应物	5～15	93	0.1～0.25	99
烷基苄基吡啶氯化物	5～20	60	0.5	99
丙炔醇＋苯胺与乌洛托品反应物	15	80	0.2+0.5	99
乌洛托品＋$CuCl_2$	5～25		0.6+0.02	99
苯胺及乌洛托品反应物（JIE6-5）	5～15	93	0.5	90～95
Lan-826	10	50	0.2	99.4
抚缓 2#	15	50	0.4	93～95

2.2.3.2　硫酸清洗液及其清洗缓蚀剂

硫酸清洗剂也多用于钢铁表面除垢、除锈，表 2-7 列出了硫酸酸洗缓蚀剂种类和应用条件范围；表 2-8 是主要的硫酸酸洗缓蚀剂组分、使用条件及其缓蚀效率，可见，这些缓蚀剂都具有良好的缓蚀效果（都在 95％以上），而且可清除多种腐蚀产物和铁垢，但不能清除硫酸盐水垢，加入非离子型表面活性剂可以明显提高除垢能力。但是，硫酸清洗剂在清洗过程中生成的硫酸盐能使脂肪族有机缓蚀剂凝聚失效；反应产物（如 $CaCO_3$）溶解度低，易沉积在设备表壁上，表面状况不理想；尤其需要注意的是，硫酸酸洗易产生氢致开裂，对高强度钢材尤其危险。由于这些弊病，在化工设备清洗除垢中逐步被盐酸清洗剂所取代。

表 2-7　硫酸酸洗缓蚀剂种类和应用条件范围

缓蚀剂名称	主要化学组分	硫酸浓度/%	适用温度/℃
天津若丁（旧）	邻二甲苯硫脲、糊精、皂角粉、氯化钠	10～15	50
天津若丁（新）	邻二甲苯硫脲、糊精、平平加、氯化钠	15～20	<60
抚顺若丁	页氮、硫脲、氯化钠、平平加	15～20	<6
	氯化吡啶、硫脲、氯化钠、平平加、糊精	15～20	<6

缓蚀剂名称	主要化学组分	硫酸浓度/%	适用温度/℃
工读-3 号	苯胺与乌洛托品缩合物	15～20	
乌洛托品	六亚甲基四胺	5～10	50

表 2-8　几种硫酸酸洗缓蚀剂组分、使用条件及缓蚀效率

缓蚀剂组成	硫酸浓度	酸洗液温度/℃	缓蚀剂加入量	缓蚀效率/%
烷基苄基吡啶氯化物	20%	80	0.5%	99
十六烷基吡啶氯化物	0.1mol/L			97
烷基苄基吡啶氯化物＋Na_2S(KI)	0.5mol/L	60	0.02%＋0.001mol/L	99
苯胺-乌洛托品(DA-6)	5%～40%	20～80	0.5%	96～99
乌洛托品-KI	20%	40～100	8∶1　0.6%	99
乌洛托品-硫脲-Cu^{2+}	10%	60	0.14%＋0.097%＋0.003%	99
硫脲-$Al_2(SO_4)_3 \cdot 18H_2O$	0.5mol/L H_2SO_4＋1mol/L HNO_3		0.5%＋2%	96

2.2.3.3　硝酸清洗液及其清洗缓蚀剂

硝酸是一种强氧化性无机酸。低浓度的硝酸对大多数金属有强烈的腐蚀作用，但是浓度提高到一定程度之后，对一些金属不但没有腐蚀作用，还具有钝化作用，起到保护作用。可见表 2-9。硝酸清洗液除锈、除垢速度快，时间短，加入适当的缓蚀剂后，对碳钢、不锈钢、铜的腐蚀率极低，缓蚀效果高。主要用于清洗不锈钢、碳钢、铜及铜合金以及碳钢-不锈钢、黄铜-碳钢焊接组合件等材质的设备，清除碳酸盐水垢。

表 2-9　加入不同缓蚀剂的硝酸清洗液的缓蚀效果

硝酸浓度/%	酸洗温度/℃	缓蚀剂名称	缓蚀剂加入量/%	缓蚀效率/%
3～14	20～80	Lan-5	0.6	99.6
≥17	40	Lan-5	0.6	失效
10	25	Lan-826	0.25	99.9

2.2.3.4　氢氟酸清洗液及其清洗缓蚀剂

氢氟酸及其盐类一般用于清洗硅酸盐垢，即使锅炉垢中所含硅酸盐垢高达40%～50%，铝和铁的氧化物高达 25%～30%，也能采用氢氟酸清洗液进行清洗，表面状况良好，这是其他清洗液所达不到的。

2.2.3.5 盐酸-氢氟酸清洗液及其清洗缓蚀剂

盐酸-氢氟酸清洗液主要用于清除含有硅酸盐水垢以及含氧化铁的碳酸盐水垢。低浓度的氢氟酸比盐酸、柠檬酸、硫酸溶解氧化铁的速度强得多。盐酸-氢氟酸清洗液加入不同缓蚀剂所起的缓蚀效果可见表 2-10。

表 2-10　HF、HCl-HF、HNO₃-HF 酸洗液加入不同缓蚀剂的缓蚀效果

酸浓度/%	酸洗温度/℃	缓蚀剂名称	缓蚀剂加入量/%	缓蚀效率/%
HF,2	60	Lan-826	0.05	99.4
HF,2~5	60	Lan-826	0.3	99.9
HCl,12 HF,5	40	高级吡啶碱 (N-1-4)	0.2	<0.1 (腐蚀率)
HNO₃,8 HF,2	25	Lan-893	0.25	1.0~1.04 (腐蚀率)
HCl,7 HF,6	30	四甲基吡啶釜残液	0.1~0.5	98.4

2.2.3.6 硝酸-氢氟酸清洗液及其清洗缓蚀剂

硝酸-氢氟酸清洗液对碳酸盐水垢、α-Fe_2O_3、磁性 Fe_3O_4 和硅酸盐水垢具有良好的溶解能力，除锈、除垢的速度快，时间短，加入缓蚀剂之后，缓蚀效率高。主要适用于碳钢、不锈钢、合金钢、铜及铜合金以及碳钢-不锈钢、黄铜-碳钢焊接组合件等材质构成的设备，是目前国内清洗换热器、锅炉以及各种化工设备中的碳酸盐、硅酸盐及铁锈的最佳酸洗液。硝酸-氢氟酸清洗液加入不同缓蚀剂所起的缓蚀效果可见表 2-10。我国广泛使用的各种酸液的酸性缓蚀剂可见表 2-11。

表 2-11　国产部分酸性介质用缓蚀剂发展情况

序号	缓蚀剂名称	主要组分	介质	金属种类	年份
1	天津若丁（旧）	二邻甲苯硫脲	硫酸	黑色金属	1953
2	沈 1-D	苯胺-甲醛缩合物	盐酸	黑色金属	1961
3	天津若丁（新）	二邻甲苯硫脲	硫酸、盐酸、磷酸	黑色金属	1963
4	工读-3 号	苯胺-乌洛托品缩聚物	盐酸	黑色金属	1965
5	兰 4-A	油酸-苯胺-乌洛托品缩聚物	H_2S,CO_2	黑色金属	1966
6	1011	N-油酰乙二胺-环氧乙烷缩合物	盐酸	黑色金属	1970
7	1017	多氧烷基咪唑啉油酸盐	盐酸、H_2S	黑色金属	1971
8	4501	氯化烷基吡啶	盐酸、H_2S	黑色金属	1971
9	4502	氯化烷基吡啶	盐酸、H_2S	黑色金属	1972

序号	缓蚀剂名称	主　要　组　分	介　质	金属种类	年份
10	7201	酰胺聚合物	盐酸	黑色金属	1972
11	7251	氯化-4-甲基吡啶季铵盐喹啉类混合物	浓盐酸	黑色金属	1972
12	1901	4-甲基吡啶釜残蒸馏馏分	浓盐酸	黑色金属	1972
13	7019	酰胺类	H_2S	黑色金属	1973
14	7461	吡啶釜残酒精抽提物	H_2S-盐酸(浓)	黑色金属	1974
15	7461-102	吡啶釜残酒精抽提物＋匀染剂-102	H_2S-盐酸(浓)	黑色金属	1974
16	硝酸缓蚀剂	乌洛托品、尿素硫代硫酸钠	硝酸	黑色金属及黄铜	1974
17	7623	烷基吡啶盐酸	浓盐酸	黑色金属	1976
18	兰-5	乌洛托品、苯胺、硫氰化钾	硝酸	黑色金属及黄铜	1977
19	仿若丁-31A	二乙基硫脲烷基吡啶硫酸盐	柠檬酸	黑色金属	1977
20	若丁-A	硫脲衍生物、乌洛托品	盐酸	黑色金属	1977
21	仿依毕特-30A	正丁基硫脲咪唑啉季铵盐烷基氯化铵	柠檬酸	黑色金属	1977
22	7701	4-甲基吡啶釜残的馏分氯化苄	浓盐酸	碳钢	1977
23	YF-7701	7701＋甲醛＋油酸等	浓盐酸	碳钢	1977
24	SH-05	长链季铵盐类	柠檬酸	碳钢、铬钼合金钢	1977
25	SH-09	有机胺类		锰钢	1977
26	7801	苯胺＋乌洛托品＋苯乙酮＋二甲基甲酰胺	浓盐酸	碳钢、N-80	1978
27	SH-501	长链季铵盐类	盐酸、氢氟酸	碳钢	1978
28	SH-405	硫脲类	柠檬酸、盐酸-氢氟酸	碳钢、合金钢	1978
29	SH-407	杂环胺类	盐酸	碳钢	1979
30	SH-408	杂环胺类	盐酸、盐酸-氢氟酸	碳钢	1979
31	SH-409	有机胺类	盐酸	20号碳钢	1979
32	SH-415	杂环酮胺类	盐酸	碳钢	1980
33	SH-406	杂环酮胺类	盐酸、盐酸-氢氟酸	20号碳钢	1980
34	SH-416	杂环酮胺类	氢氟酸、盐酸、盐酸-氢氟酸	碳钢、合金钢	1981

续表

序号	缓蚀剂名称	主 要 组 分	介 质	金属种类	年份
35	SH-423	有机胺类	盐酸	20 号碳钢	1981
36	SH-801	咪唑啉类	盐酸	20 号碳钢	1981
37	SH-707	咪唑啉类	盐酸	20 号碳钢	1982
38	SH-747	杂环酮类	盐酸	铜、铜合金	1982
39	A-40	794 树脂,多环芳烃	浓盐酸	J-55、N-80	1979
40	7812	烷基吡啶甲醛	浓盐酸	J-55、N-80	1979
41	OS-20	有机胺类哌嗪类	盐酸	20 号碳钢	1979
42	CH202	有机杂环化合物	浓盐酸	J-55、N-80	1980
43	工艺缓蚀剂 8017	咪唑啉类	硫化氢	20 号碳钢、16M	1980
44	川天 1-2	胺醛酮丙炔醇	浓盐酸	N-80	1980
45	IS-129	酰胺类	盐酸	20 号 BHW 35 号钢	1981
46	IS-156	咪唑啉类酰胺类	盐酸	20 号 BHW 35 号钢	1981
47	工艺缓蚀剂 N-11	丙二胺衍生物四氯嘧啶化合物	硫化氢	20 号钢、J-55	1981
48	W-19	含氮有机化合物	有机酸、盐酸、氢氟酸	Q235	1981
49	IMC-4	季铵盐类	盐酸	20 号钢	1981
50					
51	IMC-5	季铵盐类	盐酸	20 号钢	1981
52	Jan-80	吡啶衍生物	盐酸	铜	1981
53	T82-2	有机胺、杂环酮胺类	盐酸	N-80	1982
54	KOCI1-4	多环芳烃	浓盐酸	J-55、N-80	1982
55	兰-826	有机胺类	多种酸	钢、铜	1983
56	ZB-2	吡唑酮混合物(药厂下脚料)	盐酸	钢	1983
57	TPRI-1 型	阴极控制型缓蚀剂	盐酸	碳钢	1983
58	LK-45	水生植物提取物	盐酸	钢	1984
59	川天 1-3	有机胺、酮胺类	盐酸	钢	1985
60	川天 1-4	杂环酮胺类	盐酸	钢	1986
61	8401-J	季铵盐类	盐酸、土酸	钢	1986
62	BH-2	咪唑啉衍生物	盐酸	钢	1988
63	8703-A	季铵盐类	盐酸	钢	1989
64	IMC-80-5	炔氧甲基胺	盐酸	钢	1990

续表

序号	缓蚀剂名称	主 要 组 分	介 质	金属种类	年份
65	8601-G	季铵盐类	盐酸	钢	1990
66	川天 1-8	酮醛胺缩合物	盐酸	钢	1990
67	川天 2-1	酰胺类化合物	H_2S、CO_2	钢铁	1990
68	CMD18 固体多用缓蚀剂	苄基季铵盐	盐酸	钢、铜	1991
69	SD1-3	酮胺醛缩合物	盐酸	钢	1992
70	川天 2-2	酰胺类化合物	CO_2、H_2S	钢铁	1992
71	SH-2	咪唑啉类	盐酸	钢	1992
72	LN-500	有机胺类	多种酸	钢、铜	1992
73	川天 2-7	酰胺类化合物	H_2S、CO_2	钢铁	1993
74	川天 2-10	有机氮化物	CO_2、H_2S	钢铁	1993
75	有缓-6	有机胺类	有机酸	钢	1996
76	SX-1	咪唑啉类	盐酸	钢	1996
77	MOF	酰胺、硫醇类	盐酸	钢	1996
78	DX-94	酮胺醛缩合物	盐酸	钢	1995
79	AX-304	酮胺醛缩合物	盐酸	钢	1996
80	TPRI-2 型		盐酸	铜、铜合金	1996
81	TPRI-3 型	混合型缓蚀剂、表面活性剂	氢氟酸	碳钢	1996
82	多功能缓蚀剂	咪唑啉、酰胺	盐酸	钢铁	1997
83	DDH-002	咪唑啉类	盐酸	钢	1998
84	TPRI-6 型	阴极型缓蚀剂	EDTA	碳钢	1998
85	TPRI-7 型	混合型缓蚀剂、表面活性剂	氨基磺酸	高、低合金钢	1998
86	TPRI-8 型		有机酸	不锈钢	1998
87	HS129GY	有机季铵盐	氢氟酸	碳钢	1998
88	CT2-15		盐酸、CO_2	钢铁	1999
89	OFKL 酸化缓蚀剂	咪唑啉、喹啉	盐酸、土酸	钢铁	1999
90	KL 硫酸酸洗缓蚀剂	喹啉类衍生物	硫酸	钢铁	1999
91	CT2-15		盐酸、CO_2	钢铁	1999
92	MC 系列	喹啉衍生物和含硫化合物	盐酸、土酸	钢铁	1999
93	EL-10 酸化缓蚀剂	季铵盐类	盐酸	钢铁	1999

续表

序号	缓蚀剂名称	主 要 组 分	介 质	金属种类	年份
94	AI-811	季铵盐化咪唑啉类有机化合物	盐酸、土酸	钢铁	2000
95	AH-304B	含氮、含氧缩合物＋助剂	盐酸	钢铁	2000
96	IMC-10 酸洗缓蚀剂	有机胺、季铵盐	盐酸	钢铁	2000
97	KS 型高效缓蚀剂	有机胺四氢呋喃加成反应物	盐酸	钢铁	2000
98	MC16 酸化缓蚀剂	喹啉衍生物及含硫化合物	盐酸、土酸	钢铁	2000
99	MC20（无醛）酸化缓蚀剂	含氮、硫直链芳烃化合物	盐酸、土酸	钢铁	2000
100	MOF 高温酸化缓蚀剂	含氮、硫直链芳烃化合物	盐酸、土酸	钢铁	2000
101	OFP 酸化缓蚀剂	咪唑啉类化合物	磷酸	钢铁	2000
102	OF 酸洗缓蚀剂	咪唑啉类化合物	盐酸、氢氟酸	钢铁	2000
103	AI-821、AI-822	阳离子型咪唑啉等	磷酸、氢氟酸	钢铁	2000
104	FAH-811		盐酸	钢铁	2000
105	HBSH-1		盐酸	钢铁	2000
106	SD1-3G	酮醛胺缩合物和吡啶衍生物	盐酸	钢铁	2000
107	AI-832		氟硼酸	钢铁	2000
108	SXC-B 型酸洗促进剂	有机酸与无机物复合	盐酸	硅钢、碳钢	2001

2.2.4 酸性介质缓蚀剂的发展

1845 年美国在铁板除锈酸洗液中加入了其他物质，获得了良好的除锈效果，1860 年英国公布了第一份缓蚀剂的专利，其成分为糖浆和植物油的混合物。20 世纪初，由天然植物类转向矿物原料加工产物，扩大了品种、增加了性能，20 世纪 30 年代中期人工合成有机缓蚀剂有效组分，被认为是缓蚀剂发展的一次重大转折。50 年代我国天津研制成功"天津五四牌若丁"，用于硫酸清洗液；60 年代，沈阳化工研究院等单位研究了若干个用于盐酸清洗液的缓蚀剂；70～80 年代石化系统研究出一批实用缓蚀剂；1981 年中国腐蚀与防护学会缓蚀剂专业委员会成立，恰遇改革开放，我国的缓蚀剂数量、品种、性能、水平都有很大的进展，可见表 2-11。用量较大的可见表 2-12。

表 2-12　主要的国产酸洗缓蚀剂

名　称	主 要 成 分	适用酸洗液	适用范围
五四若丁	邻二甲苯硫脲、食盐、糊精、皂角粉	盐酸、硫酸	碳钢
若丁型工读-P	邻二甲苯硫脲、食盐、平平加	盐酸、硫酸、磷酸、氢氟酸、柠檬酸	黑色金属、黄铜
工读-3 号	乌洛托品-苯胺缩合物	盐酸	
浓 1-D	甲醛-苯胺缩合物	盐酸	
1143	二丁基硫脲溶于 25% 含氨碱液	硫酸	碳钢
抚顺页氮	粗吡啶、邻二甲基硫脲、平平加	盐酸	铁钢、不锈钢
Lan-5	乌洛托品、苯胺、硫氰化钾	硝酸	铜、铝
SH-415	氯苯、MAA 树脂	盐酸	碳钢
氢氟酸酸洗缓蚀剂	2-苯并噻唑,OP	氢氟酸	碳钢、合金钢
仿 Rodine 31A	二乙基硫脲、叔辛基苯聚氧乙烯醚、烷基吡啶硫酸盐	柠檬酸	碳钢、合金钢
仿 Ibit-30A	1,3-二正丁基硫脲、咪唑季铵盐	柠檬酸	碳钢、合金钢
Lan-826	有机胺类	盐酸、硫酸、硝酸、氨基磺酸、氢氟酸、乙基乙酸、磷酸、草酸、柠檬酸	碳钢、低合金钢、不锈钢、铜、铝等

2.2.5　工业用酸性介质缓蚀剂配方

　　酸性缓蚀剂一般均为吸附型缓蚀剂,它们本身或它们的产物通过物理吸附和化学吸附吸附在金属表面上,在金属表面形成一层连续或不连续的吸附膜,阻止腐蚀过程的阳极反应或阴极反应或同时阻止两个电极的反应,降低腐蚀速率。酸性缓蚀剂在金属表面上的吸附是缓蚀剂分子取代水分子的一个动态过程,酸性缓蚀剂吸附的效果取决于金属表面的电荷、缓蚀剂分子的结构和电荷、金属的本性、温度、所使用的电极、溶液性质等。

　　酸性缓蚀剂在金属表面上的吸附主要有四种类型:①带电荷的金属表面和带电荷的缓蚀剂分子之间的静电相互作用;②缓蚀剂分子中的孤电子对与金属之间的作用;③缓蚀剂分子的 π 电子与金属的作用;④是②和③的共同作用。含 O、N、S、P、多键、芳环的酸性缓蚀剂具有多个活性吸附中心(缓蚀基团),对多种金属具有较强的吸附作用并形成稳定的配合物或螯合物，形成阻止腐蚀介质接近金属表面的屏障，起到防腐蚀作用。酸性缓蚀剂的缓蚀机制分为两种，分别为几何覆盖效应和负催化作用。此外，缓蚀剂分子在金属表面上的吸附包括物理吸附和化学吸附，判断是物理吸附还是化学吸附主要依据热力学等温式，计算出热力学参数标准吉布斯函数变 ΔG^0，吉布斯自由能函数变在 $-40kJ \cdot mol^{-1}$ 附近或低于 $-40kJ \cdot mol^{-1}$ 为化学吸附，酸性缓蚀剂分子与金属表面形成了化学键，结合力很强，所以，化学吸附不可逆，吸附力强，缓蚀剂的缓蚀效率高；高于这个数值为物理吸附，物理吸附可逆并且吸附力较弱，缓蚀剂容易脱附，缓蚀效率低。而碳氢链部分为非缓蚀基团，在金属表面形成一层疏水膜，阻止腐蚀离子接近金属表面，起到保护作用。如果碳链越长，在金属表面覆盖的面积就越大，缓蚀效果就越好；与此同时，碳链过长，还引起另一方面的问题就是空间位阻大，如果空间位阻变大，缓蚀效果就越差，要想获得较好的缓蚀效果，碳链长度必须适当。

不同酸性缓蚀剂的缓蚀剂机理大不相同，且缓蚀剂的缓蚀效率与缓蚀剂在金属表面的吸附有至关重要的关系，如果选择恰当的缓蚀剂可以有效抑制金属的腐蚀速率，减缓金属的腐蚀，常用工业酸性介质缓蚀剂的配方如下。

2.2.5.1 金属高效固体酸洗缓蚀剂

金属高效固体酸洗缓蚀剂原料主要包括天津若丁、乌洛托品、苯并三氮唑、十二烷基苯磺酸钠和硫脲。主要用于碳钢、不锈钢、铜、锌、铝和钛等多种金属或合金的防腐，金属高效固体酸洗缓蚀剂的原料配方见表 2-13。

表 2-13　金属高效固体酸洗缓蚀剂的原料配方（质量分数）

组分	含量/%	组分	含量/%
天津若丁	50～80	乌洛托品	10～20
苯并三氮唑	5～10	十二烷基苯磺酸钠	1～5
硫脲	10～20		

2.2.5.2 高效酸洗缓蚀剂

高效酸洗缓蚀剂原料主要包括己二腈、乙二酸、氯化亚铜、异丙醇和丙炔醇等，主要应用于金属材料酸洗工艺中，使用时只添加 $1\% \sim 5\%$ 就具有良好的缓蚀、抑雾效果，高效酸洗缓蚀剂的原料配方见表 2-14。

表 2-14　高效酸洗缓蚀剂的原料配方（质量分数）

组分	含量/%	组分	含量/%
己二腈	40	氯化亚铜	5
乙二酸	15	异丙醇	10
乳化剂	20	丙炔醇	10

2.2.5.3 低温酸化缓蚀剂

低温酸化缓蚀剂原料主要为有机醇、炔醇、季铵盐和杂环化合物，适用于地层温度在 60～90℃ 的油气、油井酸化作业和油井设备的酸洗。该缓蚀剂不仅适用于盐酸体系、土酸体系，也适用于有机酸体系，能够满足常规的酸化、酸洗需要，可以有效降低酸液对设备的腐蚀且对环境影响较小，低温酸化缓蚀剂的原料配方见表 2-15。

表 2-15 低温酸化缓蚀剂的原料配方（质量分数）

组分	含量/%	组分	含量/%
有机醇	300～400	炔醇	100～500
季铵盐	100～500	杂环化合物	50～100

有机醇可选精甲醇、乙二醇、正丁醇、环己醇等，其中优选精甲醇；炔醇选用丁炔醇、乙炔醇、丙炔醇、1,4-丁炔二醇、甲基戊炔醇、甲基丁炔醇、丁炔二醇、4-三甲基硅基-3-丁炔醇；季铵盐选用自苄基二甲基十二烷基氯化铵、苄基二甲基十二烷基溴化铵、松香改性油酸基咪唑啉季铵盐、三苯环咪唑啉季铵盐、4-乙烯基苄基氯化喹啉季铵盐、4-乙烯基苄基氯化吡啶季铵盐、环氧丙烷基氯化喹啉、环氧丙烷基氯化吡啶、烯丙基氯化喹啉、烯丙基氯化吡啶；杂环化合物选用溴代十六烷基吡啶、氯代十二烷基吡啶、溴代十四烷基吡啶等。

2.2.5.4 金属酸洗缓蚀剂

金属酸洗缓蚀剂主要原料为胺盐、硫氰酸盐、乙二胺衍生物、表面活性剂、羧酸等。主要用于输卤管道的清洗，可以很好地抑制酸洗过程中气体的溢出，降低输卤管道的爆管。同时缓蚀剂对管道也起到了很好的保护作用，其缓蚀效率达到 95% 以上，此外该缓蚀剂还对真空制盐系统具有很好的缓蚀效果。金属酸洗缓蚀剂的原料配方见表 2-16。

表 2-16 金属酸洗缓蚀剂的原料配方（质量分数）

组分	含量/%	组分	含量/%
胺盐	1～20	表面活性剂	0.5～10
硫氰酸盐	1～10	羧酸	3～18
乙二胺衍生物	0.1～5	水	加至100

2.2.5.5 盐酸酸洗抑雾缓蚀剂

盐酸酸洗抑雾缓蚀剂的主要原料为壬基酚聚氧乙烯醚、烷基硫酸盐、甲基喹啉、氧化叔胺、羧甲基纤维素等。主要用于带有废酸脱硅再生系统的盐酸酸洗设备，该缓蚀剂可以有效防止过酸洗和氢脆现象的发生，有效防止酸洗过程中酸雾的产生，降低酸耗量。盐酸酸洗抑雾缓蚀剂的原料配方见表 2-17。

表 2-17　盐酸酸洗抑雾缓蚀剂的原料配方（质量分数）

组分	含量/%	组分	含量/%
壬基酚聚氧乙烯醚	0.1～10	氧化叔胺	0.01～3
烷基硫酸盐	0.2～5	羧甲基纤维素	0.001～1
甲基喹啉	0.01～5	水	加至 100

2.2.5.6　硫酸酸洗抑雾缓蚀剂

硫酸酸洗抑雾缓蚀剂的主要原料配方为邻二甲苯硫脲、邻甲基苯胺、磺化蛋白质、乙二胺四乙酸、柠檬酸钠、酒石酸钠、烃基醋酸、没食子酸、磺酸钠、羧酸钠、表面活性剂 L-548、辛基苯酚聚氧乙烯醚（OP-10）等。主要用作硫酸酸洗缓蚀抑雾剂，该缓蚀剂可以在酸洗溶液表面形成一层稳定的泡沫层，起到覆盖缓冲作用，防止气泡升到液面破灭时带出酸洗气体或液体而形成酸雾，并且在高温下具有良好的稳定性。硫酸酸洗抑雾缓蚀剂的原料配方见表 2-18。

表 2-18　硫酸酸洗抑雾缓蚀剂的原料配方（质量分数）

组分	含量/%	组分	含量/%
邻二甲苯硫脲	6～10	邻甲基苯胺	2～8
磺化蛋白质	5～11	乙二胺四乙酸	1～15
柠檬酸钠	5～6	酒石酸钠	12～18
烃基醋酸	12～18	没食子酸	5～6
磺酸钠	20～25	羧酸钠	5～12
表面活性剂 L-548	1～2	辛基苯酚聚氧乙烯醚(OP-10)	1～2

2.2.5.7　碳钢酸洗缓蚀剂

（1）配方一　该配方主要原料为曼尼希碱、喹啉季铵盐、OP-15 或 OP-10、乙醇、碘化亚铜等，主要防止碳钢酸洗过程中的过酸洗现象的产生，该缓蚀剂的使用温度可以达到 140℃，且可以有效防止点蚀的产生，对环境污染较小。碳钢酸洗缓蚀剂的原料配方一见表 2-19。

表 2-19　碳钢酸洗缓蚀剂的原料配方一（质量分数）

组分	含量/%	组分	含量/%
曼尼希碱	43～65	乙醇	10～32
喹啉季铵盐	15～37	碘化亚铜	3～5
OP-15/OP-10	10～32		

（2）配方二　该配方主要原料为季铵盐、咪唑啉衍生物、硫脲、OP-10、溶剂（甲醇、乙醇或异丙醇）等，使用温度为 50～90℃。碳钢酸洗缓蚀剂的原料配方二见表 2-20。

表 2-20 碳钢酸洗缓蚀剂的原料配方二 （质量分数）

组分	含量/%	组分	含量/%
季铵盐	12～14	OP-10	2～4
咪唑啉衍生物	3.2～3.4	溶剂	76～78
硫脲	2.6～4.6		

（3）配方三 该配方主要原料为 2-氨基-5-对羟基苯基-1,3,4-噻二唑、2-氨基-5-(4-吡啶基)-1,3,4-噻二唑、2-氨基-5-(3-吡啶基)-1,3,4-噻二唑、盐酸或硫酸等，该缓蚀剂是一种噻二唑类有机化合物，含有氮、硫、氧等原子或原子团，能有效地吸附于碳钢表面，起到良好的缓蚀作用。该缓蚀剂为有机缓蚀剂，与常规无机缓蚀剂相比，缓蚀性能稳定，毒性小，对环境友好。碳钢酸洗缓蚀剂的原料配方三见表 2-21。

表 2-21 碳钢酸洗缓蚀剂的原料配方三 （质量分数）

组分	含量/%	组分	含量/%
2-氨基-5-对羟基苯基-1,3,4-噻二唑	0.5～45	2-氨基-5-(3-吡啶基)-1,3,4-噻二唑	0.5～40
2-氨基-5-(4-吡啶基)-1,3,4-噻二唑	0.5～40	盐酸或硫酸	0.5～1

（4）配方四 该配方主要成分为咪唑啉、明胶、2-氨乙基十七烯基咪唑啉、碘化钾、壬基苯酚聚氧乙烯醚、烷基磺酸盐等。该缓蚀剂的环境使用温度可达 80℃，可以在湍流状态下使用，且具有良好的稳定性。碳钢酸洗缓蚀剂的原料配方四见表 2-22。

表 2-22 碳钢酸洗缓蚀剂的原料配方四 （质量分数）

组分	含量/%	组分	含量/%
咪唑啉	25～50	碘化钾	0.1～10
2-氨乙基十七烯基咪唑啉	25～50	烷基磺酸盐	0.01～2
壬基苯酚聚氧乙烯醚	0.01～2	去离子水	加至100
明胶	0.1～20		

2.2.5.8 钢铁盐酸酸洗缓蚀剂

钢铁盐酸酸洗缓蚀剂主要配方原料为乌洛托品、松香胺聚氧乙烯醚、炔醇类、添加剂等，可以用于钢铁构件的盐酸酸洗除锈、锅炉及其他工业设备的清洗，它在较宽的温度范围和酸度范围内均具有较高的缓蚀率和抑雾效率。钢铁盐酸酸洗缓蚀剂的原料配方见表 2-23。

表 2-23　钢铁盐酸酸洗缓蚀剂的原料配方（质量分数）

组分	含量/%	组分	含量/%
乌洛托品	25～50	松香胺聚氧乙烯醚(EO-8)	0.1～10
炔醇类	25～50	水	加至 100
添加剂	0.01～2		

2.2.5.9　高温酸性介质中的钢铁缓蚀剂

高温酸性介质中的钢铁缓蚀剂的主要组分为环己酮或苯乙酮、甲醛、苯胺、乙醇、28%盐酸、氯化苄、丙炔醇等，主要用作高温酸性介质中的钢铁缓蚀，其耐高温（≤160℃）性能良好，易于酸液混合。高温酸性介质中的钢铁缓蚀剂的原料配方见表 2-24。

表 2-24　高温酸性介质中的钢铁缓蚀剂的原料配方（质量分数）

组分	含量/%	组分	含量/%
环己酮或苯乙酮	9～15	甲醛	17～22
苯胺	18～23	乙醇	50～60
28%盐酸	3.4～3.6	氯化苄	28～34.5
丙炔醇	7～8.5		

2.2.5.10　铜酸洗缓蚀剂

（1）配方一　该配方主要原料组分为 2-疏基苯并噻唑、乌洛托品、十二烷基二甲基苄基氯化铵、脂肪醇聚氧乙烯醚、硫脲、二苯基硫脲、二邻甲苯硫脲、乙醇等，主要用于电力、热力及化工领域的常温铜管路的盐酸介质除垢。铜酸洗缓蚀剂的原料配方一见表 2-25。

表 2-25　铜酸洗缓蚀剂的原料配方一（质量分数）

组分	含量/%	组分	含量/%
2-疏基苯并噻唑	6～16	乌洛托品	7～15
十二烷基二甲基苄基氯化铵	6～16	脂肪醇聚氧乙烯醚	0.05～0.5
硫脲	0～5	二苯基硫脲	0～5
二邻甲苯硫脲	0～5	乙醇	50～75
水	3～10		

（2）配方二　该配方主要原料组分为 5%氢氧化钠溶液、二硫化碳、三亚乙基四胺等，主要用作铜的酸洗缓蚀剂。铜酸洗缓蚀剂的原料配方二见表 2-26。

表 2-26 铜酸洗缓蚀剂的原料配方二（质量分数）

组分	含量/%	组分	含量/%
5%氢氧化钠溶液	179~181	二硫化碳	39~41
三亚乙基四胺	39~41		

（3）配方三 该配方主要原料组分为二甲基亚砜、硫脲、表面活性剂（十二烷基苯磺酸或其钠盐、十二烷基硫酸钠）、盐酸、苯胺等，主要用于铜质（黄铜、紫铜、各种铜合金）及有色金属合金等材质的换热设备的化学清洗。铜酸洗缓蚀剂的原料配方三见表 2-27。

表 2-27 铜酸洗缓蚀剂的原料配方三（质量分数）

组分	含量/%	组分	含量/%
二甲基亚砜	0.01~0.03	硫脲	0.02~0.05
表面活性剂	0.1~0.2	盐酸	2~10
苯胺	0.05~0.1		0~5

2.2.5.11 铝质换热器酸洗缓蚀剂

铝质换热器酸洗缓蚀剂的主要原料组分为苯胺、丙三醇、工业盐酸、表面活性剂（十二烷基苯磺酸或其钠盐、十二烷基硫酸钠、十五烷基磺酰氯或几种的混合物）、水等，主要应用于铝质或不锈钢等换热设备的化学清洗。铝质换热器酸洗缓蚀剂的原料配方见表 2-28。

表 2-28 铝质换热器酸洗缓蚀剂的原料配方（质量分数）

组分	含量/%	组分	含量/%
苯胺	0.5~1.5	丙三醇	0.4~0.6
工业盐酸	20~70	表面活性剂	1~3
水	加至 500		

2.2.5.12 锅炉清洗酸洗缓蚀剂

（1）配方一 该配方主要原料组分为柠檬酸、氨基磺酸、乌洛托品、二甲苯硫脲或硫脲、硫氰酸盐、十二至十六烷基苄基氯化物或溴化物、表面活性剂、盐酸等，主要用于锅炉的清洗，锅炉清洗酸洗缓蚀剂的原料配方见表 2-29。

表 2-29 锅炉清洗酸洗缓蚀剂的原料配方（质量分数）

组分	含量/%	组分	含量/%
柠檬酸	2~10	氨基磺酸	2~10
乌洛托品	0.08~0.25	二甲苯硫脲或硫脲	0.04~0.15
硫氰酸盐	0.01~0.05	十二至十六烷基苄基氯化物或溴化物	0.03~0.12
表面活性剂	0.05~0.12	盐酸	2~10
水	加至 100		

（2）配方二　该配方主要原料组分为硫基苯并噻唑、苯并三氮唑、硅酸钠、乌洛托品等，是用于锅炉的酸性缓蚀剂，可以用于盐酸、硝酸、柠檬酸等多种清洗介质中，该配方除对铜具有良好的缓蚀性外，对碳钢也具有很好的缓蚀性能。锅炉清洗酸洗缓蚀剂的原料配方见表 2-30。

表 2-30　锅炉清洗酸洗缓蚀剂的原料配方（质量分数）

组分	含量/%	组分	含量/%
硫基苯并噻唑	10~30	苯并三氮唑	10~25
硅酸钠	20~30	乌洛托品	25~35

2.3　中性介质缓蚀剂

2.3.1　需要缓蚀剂的中性介质

研究和使用缓蚀剂防腐蚀较多的中性介质主要有以下几种。

（1）各种中性水介质　例如循环冷却水、锅炉水、供暖水、洗涤水、油气田用注井水和各种回收处理污水等。

（2）各种中性盐类水溶液　例如含有氯化钠、氯化镁、氯化铵、氯化锂、溴化锂、硫酸钠等盐类的水溶液。

（3）中性有机溶液　例如各种油类、醇类和多卤代烃类等的水溶液或乳液等。

在上述溶液的使用过程中，对金属腐蚀危害的严重程度或重或轻，但都会发生，采用缓蚀添加剂作为防腐蚀研究和生产，最为广泛的是循环冷却水、海水等。以水为主要介质的水溶性缓蚀剂在工业上应用很广，其中包括：黑色金属的酸洗，有色金属的化学清洗，锅炉及化工装置的酸洗除垢；工业冷却水处置；石油钻探、开采、集输、炼制等过程中的防腐蚀；中性介质缓蚀剂常直接作为水基防锈材料中的防锈剂。

据统计，世界各国每年工业用水总量已达 1 万多亿吨，同时，全世界每年有几千亿吨的污水排入江河、湖泊，造成 6 万亿吨水体污染，占世界淡水量的三分之一，而且随着工业的发展，工业用水量还在不断地增加，这对于缺水严重的我国，一个突出的问题就是节约用水。工业用水量最大的是冷却水，约占工业用水量的 60%~65%，而在化工、炼油、钢铁等工业中，约占 80% 以上，如果能使冷却水循环使用，一水多用，重复使用，就能极大地节约水。欲将工业冷却水循环使用、重复使用最突出的问题就是防止循环水系统中的结垢与腐蚀，采用添加中性介质缓蚀剂，可望达到目的，可见，中性介质缓蚀剂在人类节约用水、环保和人类可持续发展方面将做出巨大贡献。

2.3.2 实际使用的中性介质缓蚀剂

表 2-31 列出了按作用方式分类的中性介质缓蚀剂；表 2-32 列出了常用的中性介质缓蚀剂。

表 2-31 中性介质缓蚀剂按作用方式分类

作 用 方 式	缓 蚀 剂	备　注
与阳极反应物(即与金属离子)相互作用生成保护膜层的化合物	钢铁：氢氧化钠、碳酸钠、磷酸钠、磷酸氢二钠、六偏磷酸钠、三聚磷酸钠、硅酸钠、苯甲酸钠等 铝：硫化钠、硅酸钠、磷酸氢钠 镁：氟化钾、磷酸钠、氢氧化钠、铝酸钠、氨水、磷酸氢钠等	由于保护层阻止了金属离子化过程,即为阳极型缓蚀剂。但往往也在一定程度上阻止了氧的去极化的阴极过程 这类缓蚀剂多为碱性物质,在溶液中溶解有足够氧时,能进一步起到缓蚀作用,如磷酸盐类,在流动液体中能较好地减缓钢铁在中性介质中的腐蚀
与阴极反应物(即与氢氧根离子)相互作用生成保护膜层的化合物	对钢铁有效的有 Fe^{2+}、Mg^{2+}、Mn^{2+}、Ca^{2+}、Co^{2+}、Sn^{2+}、Zn^{2+} 等盐类	由于保护膜层阻止了氧的去极化过程,为阴极型缓蚀剂
具有氧化性的化合物	钢铁：重铬酸钾、铬酸钾、亚硝酸钠、硝酸钠 铝：重铬酸钾、铬酸钾、高锰酸钾、硝酸钠 镁：重铬酸钾、铬酸钾、高锰酸钾、亚硝酸钠、硝酸钠	由于缓蚀剂的氧化性,使金属表面处于钝态,主要是阻止阳极过程,为阳极型缓蚀剂。是危险性缓蚀剂
水解后形成带负电的胶体	硅酸盐、铝酸盐为钢铁、镁、铝的缓蚀剂。模数①低于 2 的硅酸盐很少有效,一般选用模数 2～4 范围的硅酸盐	带负电的胶体吸附在阳极区,阻止了金属离子化过程。对阴极过程也有一定的阻止
能除去或中和掉引起腐蚀物质的化合物	亚硫酸盐、新配制的氢氧化亚铁能除去溶液中的氧 碳酸钠、三乙醇胺等碱性物质能中和掉溶液中的酸性物质	由于溶液中氧浓度的减少,阻止了氧的去极化过程,为阴极型缓蚀剂
能吸附在金属表面上的有机化合物	如某些阴子型表面活性剂	由于极性好,能吸附在金属表面,阻止电极过程

① 模数：二氧化硅分子数与碱性氧化物分子数的比值称为硅酸盐的模数。它决定了硅酸盐中二氧化硅的含量、硅酸盐在水中的溶解能力、硅酸盐水解及离子化的能力、生化胶体系统的能力以及与电解质作用的能力。

表 2-32 常用的中性介质缓蚀剂

材料名称	性质及特点	使用方法	使用范围
无水碳酸钠（Na_2CO_3）	白色粉末，溶于水呈碱性	一般以 0.3%～0.6%的用量加入水中作清洗剂，或与亚硝酸钠配合使用以调整 pH 值	亚硝酸钠防锈水的辅助材料；防锈前用的碱性清洗剂或酸洗后的中和剂
磷酸三钠（Na_3PO_4）磷酸氢二钠（Na_2HPO_4）	白色结晶，易溶于水呈碱性	一般以 2%～5%用量与其他碱性清洗材料配合使用，也有使用量高于或低于此的	适用于钢铁、铝、镁及其合金的清洗与防锈
硅酸钠（水玻璃，$nNa_2O \cdot mSiO_2$）	无色透明黏稠的半流体，呈弱碱性	一般以 2%～5%用量与其他碱性清洗材料配合使用，也有使用量高于或低于此的	适用于钢铁、铝、镁及其合金的清洗与防锈，对铝合金较为有效
苯甲酸钠（C_6H_5COONa）苯甲酸铵（$C_6H_5COONH_4$）	白色结晶，可溶于水和醇类	与其他水溶性防锈剂共同配成防锈水或气相剂使用，或纸上涂覆用。用量百分之几至百分之二十不等。也可单独涂纸，称为苯甲酸钠防锈纸	适用于钢铁及铝合金工序间防锈及封存包装防锈，会引起铜合金变色
六亚甲基四胺[乌洛托品，$(CH_2)_6N_4$]	白色结晶，呈碱性	与其他水溶性防锈剂配合使用，一般用量在 1%～2%左右。也可作为酸洗时的缓蚀剂	适用于黑色金属防锈及作酸洗时的缓蚀剂
尿素[$CO(NH_2)_2$]	无色透明结晶，易溶于水	与亚硝酸钠共同配成防锈水使用，也可加入气相防锈剂中使用。用量一般较高，有达 30%以上的	适用于黑色金属防锈

2.3.3 工业用中性缓蚀剂配方

2.3.3.1 成膜型绿色缓蚀剂

成膜型绿色缓蚀剂主要组分为葡萄糖酸钙、硫酸锌、十二烷基葡萄糖苷、钨酸钠、硅酸钠等，主要应用于抑制碳钢在海水中的腐蚀。成膜型绿色缓蚀剂的原料配方见表 2-33。

表 2-33 成膜型绿色缓蚀剂的原料配方（质量分数）

组分	含量/%	组分	含量/%
葡萄糖酸钙	12～18	硫酸锌	55～60
十二烷基葡萄糖苷	12～18	钨酸钠	5～10
硅酸钠	3～7		

2.3.3.2 天然高分子缓蚀剂

天然高分子缓蚀剂主要组分为乙酸溶液、氢氧化钠、乌洛托品、苯并三唑、葡萄糖酸钠等，在酸性和中性介质中对钢铁材料和黄铜具有良好的缓蚀效果。天然高分子缓蚀剂的原料配方见表 2-34。

表 2-34　天然高分子缓蚀剂的原料配方（质量分数）

组分	含量/%	组分	含量/%
乙酸溶液	1～5	氢氧化钠	4～10
乌洛托品	1～5	苯并三唑	0.01～0.2
葡萄糖酸钠	1～5		

2.3.3.3　钢铁材料中性缓蚀剂

（1）配方一　该配方的原料组分为硫脲、磷酸二氢锌、乌洛托品、膦酸三乙醇胺等，该缓蚀剂主要用于抑制钢铁材料在 10%～25% 的 NaCl 溶液中的腐蚀。该缓蚀剂不仅能在钢铁表面形成多重保护膜，而且当膜破损时，具有自修复能力，因此对钢铁材料具有非常好的缓蚀效果。钢铁材料中性缓蚀剂的原料配方一见表 2-35。

表 2-35　钢铁材料中性缓蚀剂的原料配方一（质量分数）

组分	含量/%	组分	含量/%
硫脲	41～61	磷酸二氢锌	0.5～3.5
膦酸三乙醇胺	0.5～3.5	乌洛托品	35～55

（2）配方二　该配方的原料组分为钼酸钠、膦酸三乙醇胺、磷酸二氢铵、乌洛托品、三聚磷酸钠等，该缓蚀剂可以抑制钢铁材料在各种水介质中的腐蚀，并且具有一定的阻垢功能。钢铁材料中性缓蚀剂的原料配方二见表 2-36。

表 2-36　钢铁材料中性缓蚀剂的原料配方二（质量分数）

组分	含量/%	组分	含量/%
钼酸钠	35～60	磷酸二氢铵	2～25
膦酸三乙醇胺	3～35	乌洛托品	45～55
三聚磷酸钠	14～34		

（3）配方三　该配方的原料组分为二水合钼酸钠、钼酸钾、亚硝酸钠、亚硝酸钾、苯并三氮唑、甲基苯并三氮唑、巯基苯并噻唑、去离子水等，该缓蚀剂主要用于抑制甲醇制烯烃过程工艺水中钢铁材料的腐蚀。钢铁材料中性缓蚀剂的原料配方三见表 2-37。

表 2-37　钢铁材料中性缓蚀剂的原料配方三（质量分数）

组分	含量/%	组分	含量/%
二水合钼酸钠	1.5～3	苯并三氮唑	2～5
甲基苯并三氮唑	2～3	钼酸钾	1.5～3

组分	含量/%	组分	含量/%
亚硝酸钠	1.5~3	巯基苯并噻唑	2~7
去离子水	加至100		

2.3.3.4　汽车发动机冷却液缓蚀剂

汽车发动机冷却液缓蚀剂的原料组分为氟化钠、钼酸钠、乌洛托品、十二烷基苯磺酸钠、苯并三唑、浓度为10%~90%的乙二醇、去离子水等，该缓蚀剂主要用于抑制镁合金在乙二醇型汽车冷却液中的腐蚀。汽车发动机冷却液缓蚀剂的原料配方见表2-38。

表 2-38　汽车发动机冷却液缓蚀剂的原料配方（质量分数）

组分	含量/%	组分	含量/%
氟化钠	2~8	钼酸钠	2~8
乌洛托品	1~4	苯并三唑	0.5~2
十二烷基苯磺酸钠	0.5~2	浓度为10%~90%的乙二醇	960~990(体积)
去离子水	4~16		

2.3.3.5　循环冷却水缓蚀剂

（1）配方一　该配方主要原料组分为聚醚酰胺、聚环氧琥珀酸钠、苯甲酸钠、四硼酸钠、聚马来酸酐等，主要用于循环冷却水的阻垢与缓蚀，特别适合于钙硬度与总碱度之和为100~300mg/L的中等硬度、碱度水质的循环冷却水处理。循环冷却水缓蚀剂的原料配方一见表2-39。

表 2-39　循环冷却水缓蚀剂的原料配方一（质量分数）

组分	含量/%	组分	含量/%
聚醚酰胺	5~60	聚环氧琥珀酸钠	2~30
苯甲酸钠	2~30	四硼酸钠	2~30
聚马来酸酐	2~50		

（2）配方二　该配方主要原料组分为水溶性正钼酸钠、羟基亚乙基二膦酸、硫酸锌、苯并三氮唑、乙醇、蒸馏水等。循环冷却水缓蚀剂的原料配方二见表2-40。

表 2-40　循环冷却水缓蚀剂的原料配方二（质量分数）

组分	含量/%	组分	含量/%
水溶性正钼酸钠	4~8	羟基亚乙基二膦酸	1~4
硫酸锌	1~2	苯并三氮唑	0.5~2
乙醇	4~6	蒸馏水	加至100

（3）配方三　该配方主要原料组分为钼酸盐（钼酸钠、钼酸铵、钼酸钾）、烷基醇胺（三乙醇胺、异丙醇胺）、除氧剂（二甲基酮肟、乙醛肟、甲乙酮肟）、铜保护剂（苯并三氮唑、巯基苯并噻唑）、水等。循环冷却水缓蚀剂的原料配方三见表2-41。

表 2-41　循环冷却水缓蚀剂的原料配方三（质量分数）

组分	含量/%	组分	含量/%
钼酸盐	0.5～5	烷基醇胺	2～20
除氧剂	0.5～3	铜保护剂	0.4～1.5
水	加至100		

（4）配方四　该配方主要原料组分为硼砂、氢氧化钠、偏硅酸钠、亚硝酸钠、2-巯基苯并三氮唑、水等。循环冷却水缓蚀剂的原料配方四见表2-42。

表 2-42　循环冷却水缓蚀剂的原料配方四（质量分数）

组分	含量/%	组分	含量/%
硼砂	5.5～10.3	氢氧化钠	1.1～2.3
偏硅酸钠	3.2～3.9	亚硝酸钠	6.4～11
2-巯基苯并三氮唑	0.1～1	水	76.6～78.9

（5）配方五　该配方主要原料组分为亚硝酸钠、硼酸盐（硼酸钠或硼酸钾）、有机膦酸类化合物（2-羟基膦酰基乙酸、2-膦酸丁烷-1,2,4-三羧酸）、有机胺（一乙醇胺、二乙醇胺、或三乙醇胺）、芳香族唑类化合物（巯基苯并噻唑、甲基苯丙三氮唑、苯丙三氮唑）、丙烯酸/丙烯酸酯/磺酸三元共聚物、固态碱（氢氧化钾、氢氧化钠）、水等。循环冷却水缓蚀剂的原料配方五见表2-43。

表 2-43　循环冷却水缓蚀剂的原料配方五（质量分数）

组分	含量/%	组分	含量/%
亚硝酸钠	5～30	硼酸盐	1～8
有机膦酸类化合物	0.5～4	有机胺	1～4
芳香族唑类化合物	0.1～0.5	丙烯酸/丙烯酸酯/磺酸三元共聚物	1～5
固态碱	0.5～7	水	64.7～65.5

（6）配方六　该配方主要原料组分为膦酰基乙酸、氨基醚基膦酸、聚丙烯酸、锌盐（硫酸锌、氯化锌、硝酸锌等）、水等。循环冷却水缓蚀剂的原料配方六见表2-44。

表 2-44　循环冷却水缓蚀剂的原料配方六（质量分数）

组分	含量/%	组分	含量/%
膦酰基乙酸	5～40	氨基醚基膦酸	10～40
聚丙烯酸	1～10	锌盐	0.1～3.2
水	加至100		

（7）配方七　该配方主要原料组分为硫脲、苯并三氮唑、巯基苯并噻唑、硅酸钠和水等。循环冷却水缓蚀剂的原料配方七见表 2-45。

表 2-45　循环冷却水缓蚀剂的原料配方七（质量分数）

组分	含量/%	组分	含量/%
硫脲	15～20	苯并三氮唑	8～20
巯基苯并噻唑	5～10	硅酸钠	10～20
水	35～55		

（8）配方八　该配方主要原料组分为有机膦羧酸、有机三元共聚物、二亚乙基三胺五亚甲基膦酸、钨酸钠、锌盐（硫酸锌、硝酸锌）和水等。循环冷却水缓蚀剂的原料配方八见表 2-46。

表 2-46　循环冷却水缓蚀剂的原料配方八（质量分数）

组分	含量/%	组分	含量/%
有机膦羧酸	1～10	有机三元共聚物	0.5～5
二亚乙基三胺五亚甲基膦酸	1～5	钨酸钠	1～10
锌盐	0.1～1	水	加至100

（9）配方九　该配方主要原料组分为丙烯酸含氟酯（甲基丙烯酸三氟乙酯、丙烯酸六氟丁酯、甲基丙烯酸十二氟庚酯）、氯丙烯、丙烯酸或丙烯酰胺、催化剂（NaOH、KOH、CH_3CH_2ONa）、引发剂 $[H_2O_2、(CH_3)_2CNCN\!\!=\!\!NCCN(CH_3)_2]$、季铵化试剂（三甲胺、三乙醇胺）等。循环冷却水缓蚀剂的原料配方九见表 2-47。

表 2-47　循环冷却水缓蚀剂的原料配方九（质量分数）

组分	含量/%	组分	含量/%
丙烯酸含氟酯	16～40	氯丙烯	7～7.7
丙烯酸或丙烯酰胺	7～7.3	催化剂	0.03～0.1
引发剂	0.25～0.38	季铵化试剂	8.91～15

（10）配方十　该配方主要原料组分为磷酸及其盐类（磷酸二氢盐、偏磷酸钠、聚磷酸钠、磷酸钠、磷酸）、有机膦酸及其盐类（多元醇膦酸酯、二亚乙基三胺五亚甲基膦酸、多氨基多醚膦酸、2-羟基膦酸基乙酸、2-膦酸丁烷-1,2,4-三

羧酸钠）、丙烯酸共聚物（聚环氧琥珀酸、膦端基丙烯酸/丙烯酸-2-丙烯酰胺-2-甲基丙磺酸二元共聚物、丙烯酸/烯丙基磺酸/马来酸酐三元共聚物、丙烯酸/丙烯酸甲酯/丙烯酸烃乙酯三元共聚物、丙烯酸/丙烯酸甲酯二元共聚物）、锌盐（硫酸锌、氯化锌、磷酸二氢锌、硝酸锌）、阳极缓蚀剂（亚硝酸钠、钼酸钠、钨酸钠、铬酸盐、钼酸铵）、咪唑啉类有色金属缓蚀剂（苯并三氮唑、甲基苯并三氮唑）等。循环冷却水缓蚀剂的原料配方十见表 2-48。

表 2-48　循环冷却水缓蚀剂的原料配方十（质量分数）

组分	含量/%	组分	含量/%
磷酸及其盐类	1～100	有机膦酸及其盐类	1～500
丙烯酸共聚物	5～1000	锌盐	1～20
阳极缓蚀剂	10～200	咪唑啉类有色金属缓蚀剂	0.5～5

2.3.3.6　油井专用缓蚀剂

（1）配方一　该配方主要原料组分为二元酸、二亚乙基三胺、氯乙酸、十二烷基苯磺酸钠、乌洛托品、水解聚马来酸酐、聚环氧琥珀酸、环氧树脂、聚酰胺树脂等，其主要用于油管、套管、油杆、抽油泵的高温防腐。可以有效减缓 CO_3^{2-}、HCO_3^-、Cl^- 等腐蚀介质的腐蚀。油井专用缓蚀剂的原料配方一见表 2-49。

表 2-49　油井专用缓蚀剂的原料配方一（质量分数）

组分	含量/%	组分	含量/%
二元酸	20～35	二亚乙基三胺	5～15
氯乙酸	5～15	十二烷基苯磺酸钠	5～15
乌洛托品	8～15	水解聚马来酸酐	5～15
聚环氧琥珀酸	5～15	环氧树脂	2.5～7.5
聚酰胺树脂	2.5～7.5		

（2）配方二　该配方主要原料组分为咪唑啉季铵化合物、炔氧甲基季铵盐、异辛醇聚氧乙烯醚膦酸酯、异丙醇、脂肪醇聚氧乙烯醚、烷基醇聚氧乙烯醚等。油井专用缓蚀剂的原料配方二见表 2-50。

表 2-50　油井专用缓蚀剂的原料配方二（质量分数）

组分	含量/%	组分	含量/%
咪唑啉季铵化合物	50～80	炔氧甲基季铵盐	5～60
异辛醇聚氧乙烯醚膦酸酯	1～30	异丙醇	10～30
脂肪醇聚氧乙烯醚	0.1～0.5	烷基醇聚氧乙烯醚	0.1～1

（3）配方三　该配方主要原料组分为二亚乙基三胺、癸二酸、硫脲、十二烷

基二甲基苄基氯化铵、十八烷醇聚氧乙烯醚、乙醇和水等。油井专用缓蚀剂的原料配方三见表 2-51。

表 2-51　油井专用缓蚀剂的原料配方三（质量分数）

组分	含量/%	组分	含量/%
二亚乙基三胺	15～23	癸二酸	20～30
硫脲	10～15	十二烷基二甲基苄基氯化铵	4～7
十八烷醇聚氧乙烯醚	1～3	乙醇	5～10
水	12～45		

（4）配方四　该配方主要原料组分为 N-烷氨基-2-全氟烷基咪唑啉季铵盐、碳氢咪唑啉及其衍生物（十二烷基至十八烷基咪唑啉）、三乙醇胺、尿素、溶剂（甲醇、乙醇、甲苯、柴油或煤油等）等。油井专用缓蚀剂的原料配方四见表 2-52。

表 2-52　油井专用缓蚀剂的原料配方四（质量分数）

组分	含量/%	组分	含量/%
N-烷氨基-2-全氟烷基咪唑啉季铵盐	5～15	碳氢咪唑啉及其衍生物	0～5
三乙醇胺	10～20	尿素	0～5
溶剂	10～85		

（5）配方五　该配方主要原料组分为羧酸盐型咪唑啉膦酸酯、水溶性松香基咪唑啉、十二烷基甲基苄基氯化铵、氨基三亚甲基膦酸、烃基亚乙基二膦酸、甲醇、分散剂（丙烯酸、丙烯酸酯共聚物）和水等。油井专用缓蚀剂的原料配方五见表 2-53。

表 2-53　油井专用缓蚀剂的原料配方五（质量分数）

组分	含量/%	组分	含量/%
羧酸盐型咪唑啉膦酸酯	20～35	水溶性松香基咪唑啉	20～35
十二烷基甲基苄基氯化铵	5～10	氨基三亚甲基膦酸	1～5
烃基亚乙基二膦酸	1～5	甲醇	5～10
分散剂	2～5	水	加至100

（6）配方六　该配方主要原料组分为双子咪唑啉表面活性剂、脂肪醇聚氧乙烯醚膦酸酯、聚醚破乳剂、脂肪酸酰胺硼酸酯、溶剂（甲醇、乙醇或软水）等。油井专用缓蚀剂的原料配方六见表 2-54。

表 2-54　油井专用缓蚀剂的原料配方六（质量分数）

组分	含量/%	组分	含量/%
双子咪唑啉表面活性剂	200～300	脂肪醇聚氧乙烯醚膦酸酯	100～150
聚醚破乳剂	50～100	脂肪酸酰胺硼酸酯	100～250
溶剂	200～300		

（7）配方七　该配方主要原料组分为咪唑啉膦酸酯、2-膦酸基丁烷-1,2,3-三羧酸、硫脲、氯化十六烷基吡啶等。油井专用缓蚀剂的原料配方七见表 2-55。

表 2-55　油井专用缓蚀剂的原料配方七（质量分数）

组分	含量/%	组分	含量/%
咪唑啉膦酸酯	50～70	2-膦酸基丁烷-1,2,3-三羧酸	15～20
硫脲	14～25	氯化十六烷基吡啶	1～5

2.3.3.7　炼油装置缓蚀剂

（1）配方一　该配方主要原料组分为脂肪醇（正辛醇、异辛醇、正丁醇、正戊醇或异戊醇等）、重芳烃、五硫化二磷、烯基琥珀酸酐（C_{10}～C_{20} 的烯基琥珀酸酐、二烯基琥珀酸酐）、无机盐（氯化钙、氟化钾、氧化钙、氯化钠等）、有机胺（C_{10}～C_{20} 的伯胺）等，其主要防止炼油装置高温部位设备和管线的腐蚀。炼油装置缓蚀剂的原料配方一见表 2-56。

表 2-56　炼油装置缓蚀剂的原料配方一（质量分数）

组分	含量/%	组分	含量/%
脂肪醇	190～200	重芳烃	390～410
五硫化二磷	240～260	烯基琥珀酸酐	180～210
无机盐	1.5～2	有机胺	190～210

（2）配方二　该配方主要原料组分为有机含氮化合物（环胺、酰胺、聚铵、十二烷基苯并三氮唑、苯并三氮唑二环己胺）、亚膦酸酯（亚膦酸乙酯、亚膦酸己酯或亚膦酸丁酯）、重芳烃类（C_8～C_{12} 的芳烃）、磺化烷基酚（2-甲基-4-磺基酚、2-丁基-4-磺基酚、2-乙基-4-磺基酚）、噻唑林、有机多硫化合物（二苯二硫化物、二甲基二硫）等。炼油装置缓蚀剂的原料配方二见表 2-57。

表 2-57　炼油装置缓蚀剂的原料配方二（质量分数）

组分	含量/%	组分	含量/%
有机含氮化合物	200～700	亚膦酸酯	50～600
重芳烃类	200～250	磺化烷基酚	200～400
噻唑林	100	有机多硫化合物	100～150

2.3.3.8 铜缓蚀剂

铜缓蚀剂主要原料组分为苯并三氮唑、工业醇（乙醇、异丙醇等）、无机氨水、软化水等，其主要用于循环水系统中的铜质设备的防腐。铜缓蚀剂的原料配方见表 2-58。

表 2-58　铜缓蚀剂的原料配方（质量分数）

组分	含量/%	组分	含量/%
苯并三氮唑	10～15	工业醇	40～60
无机氨水	2～3	软化水	35～40

2.4 碱性介质缓蚀剂

2.4.1 碱性介质缓蚀剂的应用范围

钢铁在碱性溶液中形成钝化膜而受到保护，所以钢铁构件在碱性溶液中不需要考虑缓蚀剂的问题，但是有些金属，例如铝和铝合金、锌和锌合金、铅和铅合金等是两性金属，在酸性和碱性溶液中都容易遭受腐蚀，生成可溶性盐。

无机缓蚀剂硅酸盐、磷酸盐、铬酸盐、钼酸盐、亚硫酸盐纸浆废液等都是铝及其合金的碱性缓蚀剂，近年来，一些新的有机缓蚀剂作为碱性溶液中铝及其合金的缓蚀剂使用，例如，苯胺及其衍生物在 pH＝9～13 范围内、β-二酮类在 pH＜12 的碱性溶液中都对铝有良好的缓蚀作用。实际上，铝及其合金是两性金属，在酸性和碱性溶液中都容易遭受腐蚀，生成可溶性铝盐，并有氢气析出，甚至在含有氯化物的中性溶液中也易遭受氯离子的点蚀侵害，所以，在各种溶液中铝和铝合金的缓蚀剂研究一直在进行之中，表 2-59 是为了抑制各种腐蚀介质中铝的腐蚀而使用的缓蚀剂。

表 2-59　为了抑制各种腐蚀介质中铝的腐蚀而使用的缓蚀剂

介质	缓蚀剂
1mol/L 盐酸	0.003mol/L 苯基吖啶、β-萘喹啉、硫脲或 2-苯基喹啉或单宁酸或松脂
0.25mol/L、1mol/L 盐酸（32℉）	0.5g/L 吖啶、1.0g/L 硫脲或烟酸
2mol/L 盐酸	0.06% 吖啶
2%～5% 硝酸	0.05% 乌洛托品
10% 硝酸	0.1% 乌洛托品或碱式铬酸盐
20% 硝酸	0.5% 乌洛托品
发烟硝酸	0.6% 六氟磷酸铵
20% 磷酸	0.5% 铬酸盐

续表

介质	缓蚀剂
20%～80%磷酸	1.0%铬酸盐
浓硫酸	5.0%铬酸盐
乙醇(防冻剂)	硝酸钠和钼酸钠
氨(冷凝蒸气)	H_2S
溴水	硅酸钠
饱和氯化钙	碱式硅酸盐
四氯化碳	0.02%～0.05%甲酰胺
氯化芳香族化合物	0.1%～2.0%硝基氯苯
氯水	硫酸钠
工业乙醇	0.03%碱式碳酸盐、乳酸盐、醋酸盐或硼酸盐
热乙醇	重铬酸盐
乙醇或乙二醇	1%(亚硝酸钠＋钼酸钠)、1%(亚硝酸钠＋钨酸钠)或1%(亚硝酸钠＋硒酸钠)
乙二醇	钨酸钠或钼酸钠,碱式硼酸盐或磷酸盐,0.01%～1%硝酸钠
乙二醇-水溶液(30:70)	2%肉桂酸钠＋0.1%四硅酸钠＋磷酸,pH 值 9.5
过氧化氢	硝酸的碱金属盐或偏硅酸钠
过氧化氢、碱	硅酸钠
铅系颜料或铅皂	亚油酸盐、月硅酸盐或蓖麻醇酸盐
氧化镁	铬酸钠
甲醇或乙二醇	0.01%～2%苯并三氮唑＋0.01%～2%钼酸钠＋0.5%～2.5%砷酸盐并缓冲到 pH 值为 7.5～10.5
甲醇	氯酸钠＋硝酸钠
液态聚二醇	2%二亚油酸、1.25%$Na(CHMe_2)_3$、0.05%～2%巯基苯并噻唑
氰化钾	1%～5%硅酸钠
海水	0.75%仲戊基硬脂酸盐
醋酸钠	碱金属的硅酸盐
碳酸钠(稀)	氟硅酸钠
1%碳酸钠	0.2%硅酸钠
10%碳酸钠	0.5%硅酸钠
3.5%氯化钠	1%铬酸钠
1%氢氧化钠	碱金属的硅酸盐或3%～4%高锰酸钾
4%氢氧化钠	18%葡萄糖
0.3mol/L 氢氧化钠	0.4%黄蓍胶
0.5mol/L 氢氧化钠	0.2%琼脂

续表

介质	缓蚀剂
漂白液中含次氯酸盐	硅酸钠
硫化钠	硫、1％偏硅酸钠
三氯醋酸钠溶液	0.5％重铬酸钾＋油层
50％三氯醋酸钠溶液	0.5％重铬酸钾
合成洗涤剂	硅酸钠
三氯乙烯	0.02％～0.05％甲酰胺
再循环水	0.1％Na_2CrO_4（pH 值为 7～9）或 0.1％偏硅酸钠＋0.1％聚磷酸钠（pH 值为 8.5～9.5）

注：1. 引自《腐蚀工程》（第二版，1982）左景伊译。

2. $t/\mathrm{℃}=\dfrac{5}{9}(t/\mathrm{℉}-32)$，下同。

在锌锰干电池中，采用氯化锌代替氯化铵后，电池的防漏性能得到了很大的提高，而在电介质溶液中加入少量氯化汞作缓蚀剂，汞盐与锌发生化学反应生成锌汞齐附在锌表面上，而阻止或减缓锌的腐蚀溶解，延长了电池的使用寿命和储存期。

2.4.2 工业用碱性缓蚀剂配方

2.4.2.1 镁合金碱性缓蚀剂

镁合金碱性缓蚀剂主要原料组分为三乙醇胺和硬脂酸的反应物、氟硅酸镁、三聚磷酸钠、水等，其主要用于镁或镁合金在 pH≥7 的各种有机碱或无机碱中的防腐。镁合金碱性缓蚀剂的原料配方见表 2-60。

表 2-60　镁合金碱性缓蚀剂的原料配方（质量分数）

组分	含量/％	组分	含量/％
三乙醇胺和硬脂酸的反应物	10～45	三聚磷酸钠	15～40
氟硅酸镁	5～10	水	15～60

2.4.2.2 循环冷却水用碱性阻垢缓蚀剂

循环冷却水用碱性阻垢缓蚀剂主要原料组分为聚天冬氨酸、丙烯酸/丙烯酸酯共聚物、含磺酸基的丙烯酸/丙烯酸酯共聚物、有机酸钠盐/钾盐/铵盐、硼酸钠/钾/铵、含氮的有机物（一乙醇胺、二乙醇胺、三乙醇胺、环己胺、二环己胺、苯并三氮唑、甲基苯并三氮唑、吗啉、乙二胺、二甲胺等）、可溶性钼酸盐（钼酸钠、钼酸钾、钼酸铵等）、可溶性钨酸盐（钨酸钠、钨酸钾、钨酸铵等）、可溶性硝酸盐（硝酸钠）、可溶性亚硝酸盐（亚硝酸钠）、可溶性锌盐（硝酸锌、硫酸锌、氯化锌、溴化锌等）、水等，其主要用于高营地碱水质的循环冷却水的缓蚀和除垢。循环冷却水用碱性阻垢缓蚀剂的原料配方见表 2-61。

表 2-61　循环冷却水用碱性阻垢缓蚀剂的原料配方（质量分数）

组分	含量/%	组分	含量/%
聚天冬氨酸	4～30	丙烯酸/丙烯酸酯共聚物	1～5
含磺酸基的丙烯酸/丙烯酸酯共聚物	1～8	有机酸钠盐/钾盐/铵盐、硼酸钠/钾/铵	1～50
含氮的有机物	1～5	可溶性钼酸盐	10～40
可溶性钨酸盐	8～50	可溶性硝酸盐	1～5
可溶性亚硝酸盐	1～5	可溶性锌盐	1～3
水	加至 100		

2.4.2.3　镀锌管材冷却水阻垢缓蚀剂

镀锌管材冷却水阻垢缓蚀剂主要原料组分为有机膦羧酸、聚羧酸、有机多元共聚物（多氨基多醚基亚甲基膦酸）、甲基苯并三氮唑、多元醇磷酸酯、水等，其主要用于冷却水用镀锌管材的阻垢与缓蚀。尤其适用于高碱度、高硬度及高 pH 值（pH≥8.5）的苛刻工艺条件下的冷却水系统。镀锌管材冷却水用碱性阻垢缓蚀剂的原料配方见表 2-62。

表 2-62　镀锌管材冷却水用碱性阻垢缓蚀剂的原料配方（质量分数）

组分	含量/%	组分	含量/%
有机膦羧酸	1～20	聚羧酸	1～30
有机多元共聚物	1～10	甲基苯并三氮唑	1～10
多元醇膦酸酯	1～15	水	加至 100

2.4.2.4　锅炉防垢缓蚀剂

锅炉防垢缓蚀剂主要原料组分为乙二胺四亚甲基膦酸、碳酸钠、氢氧化钠等，主要用于锅炉的防垢缓蚀，可在 pH 值为 10～11.5 的环境中使用。锅炉防垢缓蚀剂的原料配方见表 2-63。

表 2-63　锅炉防垢缓蚀剂的原料配方（质量分数）

组分	含量/%	组分	含量/%
乙二胺四亚甲基膦酸	2～5	碳酸钠	180～220
氢氧化钠	80～120		

2.5　大气腐蚀缓蚀剂

航空、航天、机械、电子、汽车、化工等工业领域的产品，多数在大气环境条件下工作，即使造船工业，舰船的水面以上建筑物，也遭遇的是大气环境的作用。可见，大气腐蚀是金属腐蚀最为广泛的一种腐蚀，钢结构桥梁、大型建筑、汽车、飞机、火车等在日常使用过程中，各种机床、设备、仪表及日常用品在运输、储存和使用过程中都会遭遇大气腐蚀。所有的金属在大气条件下都会发生腐蚀、生锈，国内外大量的防锈材料就是选用适当的缓蚀剂加入于水、油或其他作为载体的材料，从而形成防止金属大气腐蚀的防锈材料。

大气腐蚀是水膜下的电化学腐蚀，水、氧和污染是腐蚀的主要因素，缓蚀剂的作用主要是通过一种载体或直接挥发的方式，在金属表面上形成致密的膜层防止水、氧和污染物的作用，图 2-3 所示只是一种以油为载体的油溶性缓蚀剂作用吸附机理的示意图，在金属表面上可以分为三层：在油-金属界面上是缓蚀剂分子极性部分的定向吸附层，极性越大，缓蚀效果越好；向外为排列有序的非极性部分吸附层；再外为油层，油层是憎水的，具有排斥水膜的作用，这种"吸附理论"解释了缓蚀剂的加入能有效地阻止水、氧和污染物等腐蚀介质透过油膜与金属接触，从而有效地防止腐蚀的进行。

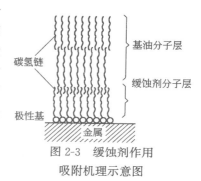

图 2-3　缓蚀剂作用吸附机理示意图

2.5.1　油溶性缓蚀剂

在矿物油中加入少量物质后，能显著提高油膜保护金属免遭大气腐蚀，加入的物质称为油溶性缓蚀剂，油溶性缓蚀剂分子一端为非极性基团，另一端为极性基团，非极性基亲油憎水，易于在油中溶解；极性基团亲金属亲水，容易吸附在油/气界面和油/金属界面上，防止腐蚀介质对金属的侵蚀。

一种良好的油溶性缓蚀剂，首先应具有足够强的极性基团，如果分子中只有一个极性基团，那就必须是较强的极性基团，其他多极性的油溶性缓蚀剂，如 $C_{12} \sim C_{16}$ 烯基丁二酸、司本-80 等，防锈效果也较好。油溶性缓蚀剂分子的极性越强，其油溶性越差，可借助某些助溶剂和分散剂把缓蚀剂分散于油中。极性分子烃基部分之间的范德华力愈大，极性分子在金属界面上的吸附力愈强，吸附愈牢固，烃基愈长，吸附膜愈厚，覆盖金属表面积愈大，缓蚀效果愈好。选用碳链较长、相对分子质量较大的缓蚀剂。分子量愈大，其在矿物油中的溶解性能较差，如选石油磺酸分子作为缓蚀剂其相对分子质量宜选择在 300～470 之间较好。含较长侧链芳烃或环烷烃，其缓蚀性能优于含短链侧链的多核稠环化合物和单纯直链的正构烃基极性化合物，如十八烃基甲基苯磺酸钡。

油溶性缓蚀剂是一种界面活性剂，能降低油与金属间的界面张力，使防锈油能润湿金属表面。如果金属表面有水，而金属与油间的界面张力降低到低于金属与水间的界面张力时，则此水可被防锈油置换。

油溶性缓蚀剂的主要特性是能在各种油类（含油脂类）中良好地溶解，同时容易吸附于金属表面上，吸附层越稠密、越厚、越牢固，吸附越好，但吸附层性质取决于金属表面的物质种类（氢氧化物、氧化物、水化物等）、均匀性、平滑度、化学吸附力和分子间力的大小。

容易吸附于金属表面的极性基有羧酸、羟基、胺类、磺酸基、磷酸基等；另外，油溶性缓蚀剂的分子量大的较好，但不是越大越好，因为过大的话，在油中的溶解度减少，反而不利于加入。

常用的油溶性缓蚀剂有石油磺酸盐、氧化石油脂、氧化石油脂钡皂、环烷酸锌、十二烯基丁二酸及其半酯、N-油酰肌氨酸十八胺盐等。其中，磺酸盐的抗盐雾、抗潮湿和酸中和性能优良，对多种金属有抗腐蚀作用，而且与其他防锈剂复合使用，可使防锈作用增强，但是德国、美国等一些发达国家的环保法已限定了钡类金属及其离子的用量（钡类金属有致癌作用）。

油溶性缓蚀剂按化学结构的极性基团分类，可分为五大类。

（1）高分子羧酸及其金属皂类　主要是动植物脂肪酸，例如，硬脂酸、油酸、松香酸、无水马来酸、棕榈酸、羊毛酸、牛油酸、蓖麻酸等；以及石油产品中的环烷酸及氧化石油脂、氧化地蜡等；此外，还有合成的多极性高分子羧酸类，如苯氧基十八酸、烷基丁二酸、N-油酰基肌氨酸等；皂类以羊毛脂钡、铝、镁、钙皂，硬脂酸铝、环烷酸锌等应用较多。

（2）酯类化合物 RCOOR　蜂蜡和羊毛脂是天然的酯类化合物，合成的酯类化合物中最突出的是失水山梨糖醇单油酸酯、月桂酸十四酯、膦酸二辛酯、十六烷基丁二酸半甲酯等，它们很少单独使用。

（3）磺酸盐及其他含硫的有机化合物　1930 年就开始使用石油磺酸盐作为油溶性缓蚀剂，主要是钡盐，其次是钙盐、钠盐和铵盐。石油磺酸钡最大的优点是抗盐水、抗盐雾、抗潮湿、酸中和以及水置换性能好。多与其他的油溶性缓蚀剂复配使用效果更好，如与羊毛脂镁皂、辛酸三丁胺、壬基酚聚氧乙烯醚、环烷酸锌、司本-80 等复配使用。

（4）胺类及其他含氮有机化合物　月桂酸、十八胺、二环己胺等是较好的油溶性缓蚀剂，但由于极性小，一般不单独使用，多为复配使用，例如，酰胺与石油磺酸盐复合使用，更多的是有机酸类作成钠、铵、钙盐使用，防锈效果更好。

（5）膦酸酯及含磷有机化合物　含磷有机化合物多是润滑油中的抗氧化剂和防锈添加剂，常用的有酸性膦酸酯、酸性亚膦酸酯、十二烷基酸性膦酸酯、甲基十六烷基正膦酸酯等。

其中常见的油溶性缓蚀剂的简单特性和加入量介绍如下。

（1）磺酸盐（以石油磺酸钡为代表）　磺酸盐是油溶性缓蚀剂中用得最早、

用量最多、至今还在大量使用的缓蚀剂，主要来自烷基、芳基磺酸盐或石油磺酸盐。以石油馏分为原料的石油磺酸盐以钙盐和钡盐为主，按其金属含量的高低可分为中性磺酸盐、碱性磺酸盐、高灰分磺酸盐三种。

（2）十七烯基咪唑啉烯基丁二酸盐（T703）　红棕色油状液体，油溶性，透明，具有良好的酸中和及油溶性能，能在金属表面形成保护膜，对黑色金属和铜、铝及其合金、各种镀层有较好的防锈能力，对其他防锈剂有助溶作用。本品适用于防锈剂复合调剂、各种防锈润滑两用油、封存油防锈脂等。调制油品时加入 1.5%。

（3）环烷酸锌（T704）　棕色黏稠液体，油溶性，透明，具有良好的油溶性，对钢、铜、铝均有良好的防锈性，单独使用对铸铁的防锈性差，需与 T701 复合使用才能达到良好的效果。适用于调制防锈油、润滑脂及用于切削油中。调制油品时加入 3%～10%。

（4）中性二壬基萘磺酸钡（T705A）　棕色至褐色透明黏稠液体，油溶性，透明。具有良好的油溶性、润滑及抗磨型，油溶性好，在潮湿状态下稳定性较好，对各种金属有良好的防锈性能，其碱值比 T705 小，在油品中与某些酸性添加剂作用也小，在调制复合剂时不会产生沉淀，是一种优良的防锈剂和破乳剂。用作抗磨液压油的破乳剂及防锈剂，在潮湿环境中工作的工业润滑剂，如造纸油、汽轮机油、循环机油等，用于润滑脂中作防锈剂。调制油品时加入 1%～5%。

（5）苯并三氮唑防锈剂（T706）　白色或微黄色结晶体，油溶性，透明。可与金属形成螯合物，对铜、铝及其合金等有色金属具有良好的防锈性能和缓蚀性能，对银合金亦有较好的防锈效果。已经广泛用于防锈油、脂类产品中，也用于铜及铜合金的气相缓蚀剂，润滑油添加剂，循环处理剂，防冻液，乳化剂，涂料、染料中间体，照相抗防雾剂，植物生长调节剂，高分子稳定剂，贵金属选矿剂，紫外线吸收剂等方面，它的衍生物常用于除草剂、杀菌剂、消炎药和抗癌药等，也常用于合成新型缓蚀剂。调制油品时加入 3%～10%。

（6）氧化石油脂钡皂（T743）　棕褐色膏状物，具有良好的油溶性、防锈性、成膜性，用作黑色金属、铜、铝等有色金属的防锈剂。可用于军工器械、枪支炮弹及各种机床、配件、工卡量具等的防锈，并可作稀释型防锈油的成膜剂。调制封存油时加入量 3%～5%，稀释型防锈油中加入 20%～40%。

（7）十二烯基丁二酸（T746）　透明黏稠液体，具有良好的油溶性，能在金属表面形成牢固的油膜，全面保护金属不被锈蚀和腐蚀，是油品的优良防锈剂，但对铅和铸铁的防锈性差。可用于调制汽轮机油、机床用油、液压油、液力传动油、防锈油脂等产品。调制油品时加入 0.02%～0.8%。

（8）直链十二烯基丁二酸（T746C）　透明黏稠液体，具有良好的油溶性，能在金属表面形成保护膜，防止金属表面腐蚀和锈蚀，与金属形成致密的油膜，是优良的防锈剂。可用于调制防锈汽轮机油、机床用油、液压油及液力传动油、防锈油脂等工业产品。调制油品时加入 0.02%～0.8%。

(9) 烯基丁二酸酯（T747/T747A） 透明黏稠液体，其防锈性能与 T746 相当，但酸值较低，流动性好，具有良好的油溶性，能在金属表面形成保护膜，防止金属表面腐蚀和锈蚀，与金属形成致密的油膜，是优良的防锈剂。可用于调制防锈汽轮机油、机床用油、液压油及齿轮油等工业润滑油的防锈添加剂，特别适用于调制酸值要求更低的汽轮机油和液压油。调制油品时加入 0.02%～0.8%。

2.5.2 水溶性缓蚀剂

水溶性缓蚀剂是指能很好地溶于水的缓蚀剂，大多数无机盐是优良的水溶性缓蚀剂，如亚硝酸钠、硼酸钠、钼酸钠、硅酸盐、磷酸盐等，其对钢铁的缓蚀作用，多数人认为是钝化作用，这类缓蚀剂主要用于机械加工过程中的工序间防锈，例如切削乳化液、人汗置换防锈油等。由于亚硝酸钠有致癌问题，目前已经不再使用了。

苯并三氮唑简称苯三唑，是多种金属的水溶性缓蚀剂，它和水溶性的胺类、尿素、胍类或胍酸盐反应所得的反应物都可以成为铜及其合金、铝及其合金、锌、锡和钢等有色和黑色金属通用的水溶性缓蚀剂。

2.5.3 气相缓蚀剂

气相缓蚀剂中的挥发性化合物具有较大的蒸气压，能很快地使密闭空间饱和，并为密闭空间内的金属表面所吸附，因此阻滞腐蚀过程的进行，保护了密闭空间内的金属制件。这种缓蚀剂的主要特性是化合物的蒸气压越高，空间饱和量越大，密闭空间内空气中的缓蚀剂的保护性浓度到达就越快。而实际上，气相缓蚀剂挥发性化合物的蒸气压与分子中化合键的性质有关系，具有完全离子键的化合物，其蒸气压很低；分子中键的共价性越高，化合物就越容易挥发，沸点也越低；相反，随着共价键极性的增加，化合物的蒸气压下降，而沸点升高。气相缓蚀剂防止金属腐蚀的机理有两种：①气相缓蚀剂在潮气和空气作用下被水解或离解，分解出起保护作用的物质，它挥发出来，凝聚和吸附在金属表面上，阻滞金属的腐蚀；②气相缓蚀剂由于挥发而使空间的未离解的分子所饱和，这些分子只有当缓蚀剂和潮气在金属表面凝聚以后才能起水解和电离作用，表现出憎水和钝化作用，起到保护金属免遭腐蚀。

亚硝酸二环己胺（VIP-260）是使用最早的气相缓蚀剂；随后有亚硝酸二异丙胺（VIP-220）、碳酸铵环己胺，作用较快，室温下蒸气压达到 55.33Pa，用于需要很快保护、但保护期短的产品；后来，将 VIP-260 按一定比例加入 VIP-220

形成 VIP-250，具有最快的初始缓蚀速率、保护期较长的特点；VIP-260 加酸中和剂形成 VIP-280，有日本的碳酸环己胺（NON-Cor-130）和铬酸二环己胺（NON-Cor-280）。目前，有效的气相缓蚀剂也有几百种之多。包括六类：有机酸类；胺类；胺有机酸的复合物和无机酸的胺盐；硝基及其化合物；杂环化合物；其他如对钢有效的尿素，对铜、铝、镍、锌有效的肉桂酸胍、碳酸胍等。表 2-64 列出了不同温度下几种气相缓蚀剂的蒸气压。

表 2-64　不同温度下几种气相缓蚀剂的蒸气压

碳酸环己胺		亚硝酸二环己胺		铬酸叔丁酯		苯并三氮唑	
温度/℃	蒸气压/mmHg	温度/℃	蒸气压/mmHg	温度/℃	蒸气压/mmHg	温度/℃	蒸气压/mmHg
25.0	0.4	−1	0.007×10^{-3}	10	0.6×10^{-2}	30	0.04
28.5	2.0	10	0.03×10^{-3}	20	1.8×10^{-2}	70	0.05
45.0	3.3	21	0.1×10^{-3}	25	4.4×10^{-2}	100	0.10
48.0	4.0	32	0.4×10^{-3}	30	6.7×10^{-2}	110	0.16
55.0	8.0	43	1.4×10^{-3}	35	14.9×10^{-2}	120	0.32
57.0	10.0	54	3.8×10^{-3}	40	23.7×10^{-2}	130	0.58
60.0	13.0	66	12.0×10^{-3}			140	0.97

注：1mmHg=133.322Pa，下同。

2.5.4　工业用气相缓蚀剂配方

2.5.4.1　黑色金属气相缓蚀剂

（1）配方一　该缓蚀剂主要原料组分为肉桂酸、工业乙醇、去离子水、苯甲酸铵、尿素、苯甲酸钠、乌洛托品等，其主要用于黑色金属气相缓蚀防锈。黑色金属气相缓蚀剂的原料配方一见表 2-65。

表 2-65　黑色金属气相缓蚀剂的原料配方一（质量分数）

组分	含量/%	组分	含量/%
肉桂酸	0.8~1.5	工业乙醇	2.5~4.5
去离子水	30~60	苯甲酸铵	1~2
尿素	1.5~3	苯甲酸钠	2~4
乌洛托品	1.5~3		

（2）配方二　该缓蚀剂主要原料组分为碳酸氢钠、磷酸氢二铵、亚硝酸钠、苯酚防锈剂、明胶、乙醇、水等。黑色金属气相缓蚀剂的原料配方二见表 2-66。

表 2-66 黑色金属气相缓蚀剂的原料配方二（质量分数）

组分	含量/%	组分	含量/%
碳酸氢钠	7～12	磷酸氢二铵	30～35
亚硝酸钠	52～58	苯酚防锈剂	0.2～0.4
明胶	3～6	乙醇	0.6～1.2
水	33～37		

2.5.4.2 金属锌专用气相缓蚀剂

金属锌专用气相缓蚀剂主要原料组分为羟基丁二酸、4-氧氮杂环己烷、去离子水、石蜡油、邻苯二甲酸二辛酯等，用于镀锌专用气相防锈纸、镀锌专用气相防锈无纺布、镀锌专用气相防锈塑料等镀锌类产品的长期封存和临时防锈。金属锌专用气相缓蚀剂的原料配方见表 2-67。

表 2-67 金属锌专用气相缓蚀剂的原料配方（质量分数）

组分	含量/%	组分	含量/%
羟基丁二酸	8～12	4-氧氮杂环己烷	15～25
去离子水	125～250	石蜡油	0～10
邻苯二甲酸二辛酯	0～0.3		

2.5.4.3 空冷系统环保型气相缓蚀剂

空冷系统环保型气相缓蚀剂主要原料组分为磷酸氢二铵、硫脲、苯甲酸钠、碳酸铵、乌洛托品、D-异抗坏血酸钠等，该缓蚀剂主要用于防止热力发电厂空气冷却系统的气相缓蚀。空冷系统环保型气相缓蚀剂的原料配方见表 2-68。

表 2-68 空冷系统环保型气相缓蚀剂的原料配方（质量分数）

组分	含量/%	组分	含量/%
磷酸氢二铵	15～20	硫脲	15～20
苯甲酸钠	10～20	碳酸铵	10～20
乌洛托品	20～40	D-异抗坏血酸钠	10～20

参 考 文 献

[1] 李金桂，肖定全编. 现代表面工程设计手册. 北京：国防工业出版社，2000.
[2] 周静好编. 防锈技术. 北京：化学工业出版社，1988.
[3] 吴荫顺，郑家燊主编. 电化学保护和缓蚀剂应用技术. 北京：化学工业出版社，2006.
[4] 杨文治，黄魁元，王清，孔雯编著. 缓蚀剂. 北京：化学工业出版社，1989.

［5］　郭稚弧等编著. 缓蚀剂及其应用. 武汉：华中工学院出版社，1987.

［6］　Alex Eydelanmr Boris Miksic. Use of Volatile Inhibitors VCI's for Aircraft protection//the 12th Icc 1993. 9 U. S. A：1993.

［7］　防锈工作手册编写组. 防锈工作手册：增订本. 北京：机械工业出版社，1975.

［8］　曾兆民编著. 实用金属防锈. 北京：新时代出版社，1989.

［9］　王秀梅，礼航. 酸性介质有机缓蚀剂的研究进展. 腐蚀与防护，2012. 33（7）：224-228.

［10］　李小敏，刘晶姝，付朝阳. 酸性介质有机缓蚀剂的研究进展. 腐蚀与防护，2012. 33（7）：210-214.

［11］　李东光主编. 缓蚀剂配方与制备 200 例. 北京：化学工业出版社，2012.

第3章
清洗剂

3.1 概述

在现代世界，由于工业的高度发达、环境污染的严重，很难有干净的表面存在，表面污染、表面损伤、表面腐蚀成为普遍现象。所以，在研究表面科学与表面工程近代的发展过程中，不可回避的需要研究表面的完整性、表面光洁度（表面粗糙度）、表面清洁度。这些问题的研究，也牵涉到许多近代技术的成功发展和认识的不断深化，例如，清洁度，相对于环境污染表面而言，当表面吸附物浓度在单分子覆盖层 1‰量级时，该表面一般称为清洁表面。通常，这种清洁表面必须在约 1～10Pa 及其以下的超高真空室内采用高温热处理、离子轰击退火、真空解理、真空沉积、场致蒸发等方法才能实现。清洁表面的制备不仅是研究表面弛豫、重构、台阶化、偏析、吸附及表面物理化学反应等基础过程所需要的，在近代工程技术生产流程等应用技术中［例如分子束外延（MBE）、金属有机化学气相沉积（MOCVD）或半导体超晶格光电材料器件的制备过程中］也是需要的。

但是，本章所要涉及的主要是大规模工业化设备制造过程和使用过程中的清洁表面的污染及其清洗去除问题，一般说，化工设备使用（生产）过程中的问题比较突出，例如各类塔器、换热器、反应釜、储罐容器、输送管道等所出现的结焦、油污垢、水垢、聚合物积存、沉积物、腐蚀产物等形成的污垢。这些污垢的不断累积，可能使设备、管道的生产效率下降，能耗、物耗增加，严重者可能使设备损伤失效，管道腐蚀穿孔，装置被迫停产，造成经济损失，甚至发生恶性事故。

清洗就是将物体表面受到物理、化学或生物作用而形成的污染物或覆盖物（称为污染）去除干净，而使其恢复原表面状况的过程。

3.1.1 表面清洗的使用范围

表面清洗的使用涉及范围包括四个方面或者说四个阶段。

（1）在制造过程中　将材料制成产品的全过程中，需要不断地进行表面准备、表面处理、表面清洗、表面除锈、表面防锈等，是制造过程中不可或缺的制造工序，通常称为表面预处理，涉及表面预处理过程的清洗，主要是指材料、工件、零部件、组合件的清洗。

（2）在完成总装后　当零部件、组合件通过最终装配成为产品，在完成总装之后的表面清理、除锈、清洗、防锈包装；产品如果在仓库存放若干时间，交给用户之前，还需要进行必要的表面检查，视情况进行表面清理、清洗。

（3）在投入使用前　该产品通过运输，到达用户之后，尤其对于大型设备产品，用户在进行现场组装、投入试车、或投入使用之前还需要进行必要的表面检查，视情况进行表面清理、清洗。

（4）在经过一段时间使用之后　进行小修、中修、大修，甚至是日常的维护保养，都需要进行必要的清洗、除锈、防锈，以确保使用的可靠性、安全性、耐久性和经济性。

3.1.2　清洗目的与意义

任何制件（把各种产品、设备或工程建设项目统称为制件）一般都需要进行清洗。

（1）清洗目的

① 加工制造　从材料通过设计、制造成为可用的制件的全过程中，需要进行多道工序的表面清理、除锈、清洗、防锈及其包装。

② 新品交付　在进行试运行（有的称为交付试车）、交付用户、投入使用之前，生产厂家所必需进行的新品表面清理、表面除锈、表面清洗、表面防锈。

③ 恢复生产　制件在使用过程中，由于各种污垢的累积，引发系统中个别设备或管道的不流畅、局部结垢、堵塞，影响了正常生产运行，不得不停产，这时需要进行有关部位表面的清理、清洗，排除堆积物，确保系统正常运转，恢复生产。

④ 恢复生产效率　石化系统装置结垢后，造成换热系统传热系数减小、阻力增大、流通面积减小，使能耗、物耗增加，效率下降，这时候也要设法进行清洗，以恢复生产效率。

⑤ 进行维护保养　为了使制件正常运行，提高使用可靠性、安全性，延长使用寿命，在设备进行日常维护保养、定期维护过程中进行表面清洗，例如，在沿海或海上执勤的直升机每次飞行返回地面，都要进行清洗，将其表面的盐分清洗干净。

⑥ 进行维修　进行小修、中修和大修的过程中，进行表面清理、表面清洗、表面除垢、表面除锈、表面异物的排除，是必须进行的一个内容。

（2）清洗的意义

① 顺利进行材料的加工制造，给用户提供完美的产品；

② 提高制件使用的可靠性、安全性，维持正常运行；

③ 提高制件的使用效率，节约物资，节省能源；

④ 提高制件生产效率和产品质量；

⑤ 预防事故，减少经济损失；

⑥ 延长使用寿命。

3.2　制造过程中的表面清洁

在产品、设备或工程建设项目的制造过程中，表面是否完整、清洁、干净是极其重要的，它属于零件制造的表面准备，称为表面预处理。金属加工过程中需要去除表面油垢、氧化皮、锈蚀产物；加工成零组件后需要电镀、喷涂、油漆等表面层的施加之前的表面除锈、表面清洁以及表面层施加之后的防锈包装；组装成部件之后的表面清洗、防锈及其包装；最后是整机装配完成之后，交付之前，试车之前的表面清理、表面清洁。

这不仅是产品制造的一项预处理工序，不可或缺，而且与后续表面技术实际使用能否成功密切相关。我们常常说的"三分料，七分工"就是表面膜层、涂层或镀层是否能满意加上、质量是否较高与施工水平和质量是密切相关的。如果表面预处理不符合标准要求，表面层施加之后，出现开裂、鼓泡、调块、脱落，不得不返工重新涂覆，费料、费工、费时。

3.2.1　表面预处理的目的与作用

（1）提高表面完整性，主要是去掉表面的不平度、毛刺、氧化皮、锈蚀产物、砂眼、划伤和焊渣等表面缺陷，使制件表面平整、平滑，有利于后续工序，使其具有美丽的外观，增加金属制品或镀层的装饰性，提高制品的观赏和商品价值，这种表面预处理，又称为表面精整，主要用于电镀、表面转化和薄膜技术。

（2）调整表面光洁度（粗糙度），主要是根据后面工序的需求，对制件表面进行表面粗糙度的调整，以增加表面防护层的结合力（附着力），防止防护层的开裂、脱皮、崩落，延长使用寿命。不同的后续工序要求不同的粗糙度，例如，热喷镀锌、热喷镀铝、无机富锌涂层等要求 Sa 2.5 的表面粗糙度；有机环氧富锌涂层只要求 Sa 2.0 的表面粗糙度；而有些有机涂层则要求预处理表面愈光滑，其结合力愈好；电镀沉积是一种化学原子结合，表面粗糙度愈低，即表面光洁度愈高，镀层与基体结合力愈好，厚镀愈均匀，装饰性愈高，愈美观。

（3）提高表面清洁度，主要是清除表面的油腻、污染、腐蚀、灰尘等，使制件获得一个洁净的表面，增强表面防护层的结合力，保证防护层不起泡、不开裂、不脱落，确保防护层的使用寿命。

（4）还可能增加后续工序之表面防护层的耐蚀性、耐磨性或某种特殊功能，例如，钢铁构件表面先形磷化或钝化，不仅有机涂层与基体结合力明显增强，还会将磷化膜的防护功能与有机涂层的防护功能结合起来（不是简单的叠加），大大提高了有机涂层的防腐蚀能力。

3.2.2 表面预处理的发展

表面预处理是随着表面工程及其技术的演绎和发展而进步的，可见表 3-1 所列出的基材表面预处理技术的发展简况，由表 3-1 可见，在表面施加涂层、镀层或膜层之前的基材表面预处理技术，是随表面工程技术的发展，获得了长足的发展，由手工打磨、普通水洗发展到多功能、系列化、标准化、自动化表面预处理的新阶段。其特点如下。

（1）有机溶剂的使用更加高效，更加注意对环境的影响和节约。

（2）水基清洗剂大力推广，清洗设备系列化、标准化、自动化水平不断提高。

表 3-1　基材表面预处理技术的发展简况

时间（20世纪）	发展内容和特点			
40 年代以前	手工打磨、揩擦、水洗	40 年代	有机溶剂、酸洗、碱洗	
50 年代	出现超声波清洗	60 年代	出现高压喷射水清洗	
70～80 年代	水基清洗剂大发展，伴随清洗设备系列化、标准化、自动化；高清洁度、高生产率的自动预处理技术生产线的应用；化学、电化学除锈的广泛应用；适应电子束、激光束、离子束进入表面处理领域，加快了超声波清洗、电子轰击清洗等精细清洗技术的应用			
90 年代以后	(1)多种高效磷化液的应用，"二合一"、"三合一"、"四合一"处理液将"除油、除锈、磷化、钝化"结合起来，高效处理； (2)大型高压自动化环保型干、湿喷砂机的使用，实现除锈、粗化一次完成； (3)严格环保法规，环保型预处理技术与设备、环保型预处理剂逐步发展			

（3）明显降低表面预处理对环境带来污染的研究取得成就，例如，大型高压自动化环保型干、湿喷砂机的使用，不但提高了工效，而且明显地减少了沙尘、污物对人体和环境的影响；高压水、循环水、水蒸气的使用，明显地减少了清洗水的消耗，节约了能源，保护了环境。

（4）多功能处理剂的开发，将过去多种步骤、多种工序才能完成的表面预处理，改为一步完成，例如"四合一"处理剂的使用，使"除油、除锈、磷化、钝化"四项内容的处理一步完成，显著地提高了效益、节约了能源、减少了对环境的污染，是支持可持续发展战略的好工艺。

（5）20 世纪 60～70 年代，电子束、离子束、激光束这些近代技术进入表面加工技术领域，并发挥其特有的功能，使表面加工技术发生了划时代的进步，既推动了许多工业部门的飞速发展，又形成了自己的体系，形成了表面工程学，电子束、激光束表面处理技术、化学气相沉积技术、物理气相沉积技术、离子注入等新型表面处理技术在高新技术领域获得广泛应用，新型表面预处理技术，例如，电子轰击、离子清洗等成为不可或缺的实用技术。

3.2.3　表面预处理的分类

表面预处理可分为四大类（表3-2）。

（1）表面机械清理与除锈　是借助于机械力、化学或电化学方法平整表面，清除型砂、焊渣、毛刺、旧漆膜、铁锈或其他金属的腐蚀产物。它包括：①电动、风动工具清理；②手工与手工工具清理；③干法喷砂、湿法喷砂、喷丸、抛丸等的清理；④真空喷射清理；⑤火焰喷射处理；⑥高压水、高压水砂、蒸汽处理；⑦化学或电化学方法除锈。

（2）表面精整　是借助磨光、抛光等光饰技术，去除制件表面杂物，使制件获得平坦、光滑、光亮如镜的表面，这种工艺也能去除制件表面的毛刺、氧化皮、锈蚀、砂眼、划伤和焊渣等表面缺陷，所以有时会把这两种工艺混淆，其实，前者只是平整、清除杂物，后者是获得光亮的表面，是不同的。它包括：①磨光；②抛光；③滚光及其他光饰技术。

（3）表面清洗　是借助于清洗剂相应的清洗工具，清除工件表面的油、脂及其他污染物，以增强表面防护层与基材的结合力，是涂、镀、膜层等后续工序顺利进行必不可少的工序。它包括：①碱液清洗；②酸性清洗；③电化学清洗；④有机溶剂清洗；⑤水基清洗剂清洗；⑥精细表面清洗等。

（4）电化学清洗　将被处理的工件作为阴极或阳极在碱性溶液中通以直流电进行清洗处理的工艺。

表 3-2　表面预处理内容

	电动、风动工具	平整、清除型砂、焊渣、毛刺、铁锈、旧漆膜
表面机械清理与除锈	手工与手工工具清理	精细清除浮锈、易剥离的型砂、焊渣、毛刺、旧漆膜，主要是不便或不能用其他工具清理或补充清理
	干、湿喷砂，喷丸，抛丸等	清除厚度≥1mm 或不要求保持准确尺寸及轮廓的中、大型制品上的型砂、氧化皮、铁锈及旧漆膜
	真空喷射清理	适用于小型且外形不复杂、曲率不大的零件表面上清除型砂、氧化皮、铁锈及旧漆膜
	火焰喷射处理	清除厚度≥5mm 的大面积设施，如桥梁结构、储槽氧化皮、铁锈、旧漆膜及油膜等污染物
	高压水、高压水砂、蒸汽处理	清除大面积设施(如厂房、桥梁、船舶等)的松弛锈蚀氧化皮、旧漆膜及油膜等污染物
	化学、电化学除锈	去除有色、黑色金属的腐蚀产物

续表

表面精整	磨光	清除零件表面的焊渣、毛刺和锈蚀产物,获得平坦、光滑的表面
	机械抛光、化学抛光和电抛光	获得光亮似镜面般的表面
	滚光及其他光饰	获得平整、光滑的表面
表面清洗	碱液清洗	利用碱与油脂起化学反应清除工件表面的油、脂及其他污染物
	酸性清洗	利用酸与油脂起化学反应清除工件表面的油、脂及其他污染物
	电化学清洗	
	有机溶剂清洗	利用有机溶剂去除工件表面的油、脂及其他污染物
	水基清洗剂清洗	利用水基清洗剂去除工件表面的油、脂及其他污染物
	精细表面清洗	电子轰击、离子清洗等
表面特殊处理	磷化	提高后续涂层(主要是油漆层)的结合力,提高耐蚀性
	钝化	提高后续涂层(主要是油漆层)的结合力,提高耐蚀性

3.2.4 表面预处理方法的选用

表面预处理方法的选用应根据不同的基体材料、不同的后续表面工程技术、不同的表面状况以及所在场所的条件和表面预处理能力等多种因素而定。

(1) 按材质及其要求 金属材料如钢铁、铝、镁、钛、铜、锌、镉等以及非金属材料具有很不相同的材质特性,不同金属材料必须采用不同的工艺进行表面平整,去除各种杂物和腐蚀产物,然后除油清洗;钢铁还可在磷化之后进行涂装;钛及其合金,则首先必须除去高温表面污染层,然后精整、除油、氧化,无要求也可不氧化;非金属表面有时只需除油。

(2) 按后续工序要求 后续工序可能是材料的防锈封存,则只需除锈、除油、浸涂防锈油或气相缓蚀剂;若是涂漆,钢铁件则要求清理、精整、除锈、清洗、磷化之后进行涂漆,若是铝、镁、钛、铜,则除去腐蚀产物、清洗之后,或氧化、或钝化,再涂漆或不再涂漆;若是电镀,则除油要求很严,化学除油后,还要电解除油;若是物理气相沉积,则超声波清洗后,进入真空室还要进行电子轰击清洗;若是化学气相沉积,则无须如此严格清洗。

(3) 按材料或工件的表面状况 无论采用哪种后续工序,都要按材料或工件表面状况的实际情况,决定表面预处理的具体内容,表面是精加工零件,则无须清理、精整;表面无锈、无腐蚀产物,则无须进行除锈或去除腐蚀产物。

(4) 尽可能按科学施工要求进行 如大型钢铁结构件,尽可能地在钢铁结构件的预制工厂完成表面预处理+涂底漆,最好是在预制工厂完成表面预处理+涂底漆+涂中间漆,因为要在施工现场满意地进行大型结构件的表面预处理的各个工序、涂好底漆是很难的,总会一些环节出现问题而影响中间层、面层的结合力，出现防护层的开裂、起泡、脱落现象。在设备、厂房、环境控制、处理条件不允许的场合，不要勉强进行表面预处理，否则，事倍功半。

3.3　使用过程中的表面清洁

使用过程中的表面清洁包括日常维护保养、小修、中修、大修以及各种因素引发的停产维修都需要进行表面清理、表面除垢、表面除锈、表面清洁。例如，直升机海上飞行返航之后的专用含缓蚀剂的清洗剂的清洗；海边坦克训练返会基地之后的表面清洗及其随后的防锈油的喷涂；超过规定时间不用的兵器的表面清洗和防锈处理；船用发动机的定时保养和日常维护保养的表面清洗与防锈处理；化工装置的油垢、积炭、粉尘、催化剂、副反应沉积物必须定期进行表面清洗排除；冷却水系统中的水垢、腐蚀堆积垢以及其他系统带入的沉积物的定期清洗排垢；电力工业、工业锅炉、民用锅炉、加热冷却系统管道结垢、生锈产物的清洗排除等，表面清洗范围涉及化学工业、石化系统、动力工业、轻工业、汽车工业、医药卫生和食品工业、铁路交通、船舶工业、航空、航天工业、兵器工业等，几乎所有行业的产品、设备、建设工程项目都需要在确定或不确定的时间进行表面清洗。

3.3.1　需要清除的污垢类型

（1）水垢　是一种无机盐垢，它是天然水与土壤、矿物和空气接触引发的，通常为碳酸盐、碳酸氢盐、硫酸盐、硅酸盐、氯化物、磷酸盐等，常见的有：$CaCO_3$、$Ca(HCO_3)_2$、$MgCO_3$、$Mg(HCO_3)_2$、$CaSO_4$、$MgSO_4$、$CaSiO_4$、$MgSiO_4$。

工业上把含有较多钙、镁离子的水称为硬水，一般含 $CaCO_3 \geqslant 8mg/kg$。这种水易于在受热面上沉积、结垢，例如，锅炉、换热器、循环冷却水系统、采暖系统等。水垢的热导率小，热阻大，是钢铁的 $50 \sim 100$ 倍，是铝、铜的 $300 \sim 400$ 倍，一旦结垢，锅炉的换热效率显著下降，所以水垢对锅炉的危害很大。

（2）油脂垢　是由不同组成的油脂、环境中沉积酸灰尘、盐分、水分杂质形成的。工业油脂垢主要来源于：①生产过程中的原料或形成产品过程中的污染造成的，例如采油、输油、储油、炼油过程中的污染；食品工业设备和器具受动植物油的污染；印刷、印染、彩绘等行业中的油墨、色料等的污染；②机械加工用品的污染，金属的轧制、切削、磨消、储存、运输等过程中的切削油、机械油、润滑油、液压油、防锈油等及其添加剂，加上污染物的沉降，形成的油污或油垢。

油脂垢的存在，不仅影响外观，还影响下道工序的进行，甚至影响使用性能。

（3）锈垢　金属氧化或腐蚀后所形成的产物称为锈或锈垢。在不同的环境条件下所形成的锈蚀产物的化学组成、形态和性能不同，主要有 Fe_2O_3、Fe_3O_4、FeO、$Fe(OH)_3$；铝及其合金的腐蚀产物垢主要是 Al_2O_3、$Al(OH)_3$，在水中则形成不同的形态：$\beta\text{-}Al_2O_3 \cdot 3H_2O$、$\alpha\text{-}Al_2O_3 \cdot H_2O$；铜及其合金的腐蚀产物垢主要是铜的氧化物及其无机盐：$CuCO_3 \cdot Cu(OH)_2$、CuS、$CuCl_2 \cdot 2H_2O$。

（4）微生物的污泥　工业生产环境中常见的微生物主要在工业循环水系统、土壤、矿井以及某些适宜于微生物生长的环境中，例如细菌［厌气性细菌、好氧细菌（铁细菌、硫细菌）］、真菌、藻类等。

（5）胶和聚合物垢　包含在生产设备、管道、厂房所存在的旧橡胶、旧塑料以及生产过程中有机聚合物聚合而生成的高分子化合物垢。

（6）碳水化合物和积炭垢　生产过程中的化学反应产物或中间体沉积于管道系统的结垢，如糖厂的糖垢，柴油管道的积蜡，各种燃料燃烧时的生成物和分解产物在设备表面的沉积物，或不完全燃烧形成的炭黑等。

（7）尘垢　这是普遍存在的一种现象，即暴露在大气中的固体表面日积月累形成的灰尘垢沉积物。

镀层、搪瓷层、衬层、漆层等表面技术所形成的耐磨层、防腐蚀层、装饰层或满足特种功能需要的功能层，使用日久退化、老化、损伤，重新涂覆前的废弃层都需要进行清除，虽然不将其视为垢，但也是常常遇到的需要清洗去除的内容。

这些工业污垢按其化学或物理特性可分类。

（1）按化学组成

① 无机污垢　金属氧化皮、金属锈层、水垢、泥沙等。

② 有机污垢　油污油垢、聚合物垢、积炭垢等。

（2）按污垢的物理状态

① 液体状污垢　溶解在油、水和有机溶剂中的各种污垢。

② 固体颗粒状污垢　尘土、水垢等。

③ 固体覆盖层状污垢　油脂膜、锈层等。

3.3.2　工业污垢的清洗方法

在实际清洗过程中应该根据垢的性质、特点，选择合适的清洗方法，这包括物理方法和化学方法。

（1）机械法　铲、研、磨及流体冲刷，例如风动工具打磨、喷砂、喷丸、高压水喷射等。

（2）热力法　通过加热而能清除的污物，例如蜡的加热清除。

（3）溶剂法　适合于油污的清除，例如汽油、酒精除油效果都很好，但要注意防火安全。

（4）表面活性剂清洗法　最适合于油污的清除，具有溶垢快、安全、成本低等优点。

（5）酸洗除污垢法　这是在工业清洗中使用最普遍的方法，尤其对于大量使用的钢铁设备、管道、船舶、电视塔和钢结构大桥等工程项目，清除锈层、垢层具有效率高、成本低、除污垢彻底等优点，能除去锈垢、污垢，也能腐蚀钢铁，所以，必须加入适当的缓蚀剂，才可以使用，才能达到既清除了锈垢、污垢，又保护金属不被腐蚀，不损伤它的使用寿命。

（6）碱洗除污垢法　在常温下，碱洗液对所有金属都可以进行清除油污，对钢铁还具有钝化能力，对铝及其合金、锌及其合金，通常采用碱洗法清除污垢，但是必须加入合适的缓蚀剂。

（7）中性清洗法。

（8）水基清洗剂。

3.3.3　工业清洗剂的技术条件

（1）清洗污垢的速度快，溶垢彻底；

（2）清洗质量高，表面状况良好，没有残留物；

（3）不损伤清洗对象，或损伤程度在所规定的许可限度内；

（4）清洗液的组分价格便宜，供应方便，清洗成本低；

（5）清洗后的排放无毒或低毒，易处理，排放符合环保要求；

（6）清洗过程中不给操作工人带来有害健康的影响；

（7）清洗条件不苛刻，尽量不带附加的强化条件。

3.3.4　被清洗的材料

（1）金属材料　碳钢、铸铁、合金钢、不锈钢、铝及铝合金、镁及镁合金、铜及铜合金等。

（2）有机非金属材料　塑料、橡胶、涂料等。

（3）无机非金属材料　陶瓷、玻璃、水泥、铸石、搪瓷、混凝土、天然石材、石墨等。

（4）复合材料　玻璃钢、碳/碳复合材料、陶瓷基复合材料、金属基复合材料等。

3.3.4.1　清洗对象

制件与使用过程中的清洗，首先明确清洗对象是油污、腐蚀锈层还是水垢？只有搞清楚清洗对象的形成原因、条件和性质，才能正确选择清洗剂和清洗工艺。

制造过程中主要是材料或零件、组合件的锈蚀产物、油污、工序间加工切削液、切削油、防锈油等为对象的清洗，这类清洗只要清洗剂和清洗工艺确定合理，是比较容易完成的。

使用过程中主要是灰尘、油污、水垢、腐蚀结垢、有机质垢、生物黏泥或其他积垢；垢的形成主要是环境条件与运行条件作用下发生的沉淀、结晶、化学反应、电化学反应和微生物的作用等。

（1）沉淀　工业区域的煤炭燃烧的沉降颗粒、盐湖或海洋地带盐雾颗粒的沉降、农业机械遭遇的泥土、沙土的沉降等的日久沉淀；液体系统所夹带的固体颗粒如砂粒、炭黑、灰尘以及添加剂等在管道系统表面的沉淀、堆积和结垢。

（2）结晶　结晶引起的结垢在加热、冷却系统中是司空见惯的一种现象，例如冷却循环水系统析出的碳酸钙和硫酸钙就是结晶的结果，在冷却循环水系统中的换热器表面最为突出，通常称为水垢。这种类型的结垢主要取决于物质的溶解度，而且如果溶液中的溶质主要是单盐，则结垢较厚、较致密、与壁面的结合较牢固；如果是复盐，则结垢较薄、较易脱落、较易清洗。水垢成分有碳酸盐、硫酸盐、硅酸盐及其他混合物，水垢的结构、颜色、厚薄、牢固程度等随生成条件和成分差异很大，有些还相当复杂，例如某工厂的高压锅炉水垢的 X 衍射分析结果，竟然分析出 15 种组分，见表 3-3。

表 3-3　某工厂的高压锅炉水垢的 X 衍射分析结果

名　称	分　子　式	名　称	分　子　式
锥辉石	$NaO \cdot Fe_2O_3 \cdot 4SiO_2$	氢氧基磷灰石	$Ca_{10}(OH)_2(PO_4)_6$
方佛石	$NaO \cdot Al_2O_3 \cdot 4SiO_2 \cdot 3H_2O$	石英	SiO_2
硬石膏	$CaSO_4$	磁铁矿	Fe_3O_4
文石	$CaCO_3$	蛇纹石	$3MgO_2 \cdot 2SiO_2 \cdot 2H_2O$
水石英	$Mg(OH)_2$	无水芒硝	Na_2SO_4
方解石	$CaCO_3$	硅酸钙	$CaSiO_3$
钙霞石	$Na_2O \cdot CaO \cdot 4Al_2O_3 \cdot 2CO_2 \cdot 9SiO_2 \cdot 3H_2O$	硅酸石	$5CaO \cdot SiO_2 \cdot H_2O$
赤铁石	Fe_2O_3		

（3）化学或电化学反应产物　许多金属在大气条件下，很容易发生氧化，例如铝及其合金就易于在空气中发生氧化化学反应，而钢铁构件在潮湿大气中易于发生电化学反应，产生腐蚀，形成腐蚀产物，就是通常所说的锈，不同金属随环境条件、运行条件的差异形成不同的锈蚀产物，有厚薄、疏松或致密、牢固或易脱落的差异。例如，钢铁材料或制件在不同环境条件（温度、湿度、气氛等）下形成的腐蚀产物是不同的，可能是 $Fe(OH)_3$ 黄色；Fe_3O_4 黑色；$FeO(OH)$ 棕色；Fe_2O_3 红色；FeS 黑色；$FeCl_3$ 暗褐色；$FeCl_2$ 暗绿色等。

（4）生物黏泥　在石油、化工、冶金等工业冷却水系统中，设备的冷却装置及其他管道由于微生物大量繁殖形成的生物黏泥同样威胁着设备的可靠运行，也需要清洗。生物黏泥是由细菌、真菌、藻类等微生物引起的。例如硫酸盐还原菌、铁细菌、硫细菌、硝化细菌等。

（5）污垢　上述四类清洗对象，已经把相关的问题阐述明确了，可是在现实生活之中，常常提到"污垢"，这里再从习惯称谓"污垢"进行解析。污垢是基体材料表面（或内部）不受欢迎，并且降低基体材料使用功能或改变基体材料的清洁形象的沉积物，往往是上述四类清洗对象的混合体。我们从不同污垢的角度出发来了解清洗对象，往往更有利于开展清洗工作。

1）根据污垢的形状分类

① 颗粒状污垢　如固体颗粒、微生物颗粒等以分散颗粒状态存在的污垢。

② 膜状污垢　如油脂、高分子化合物或无机沉淀物在基材表面形成的膜状物质，这种膜状物质可以是固态的，也可能是半固态的。有些污垢介于颗粒与膜状物质之间，还有的以悬浮状分散于溶剂之中。

③ 无定形污垢　如块状或各种不规则形状的污垢，它们既不是分散的细小颗粒，又不是以连续成膜状态存在。

④ 溶解状态的污垢　如以分子形式分散于水或其他溶剂中的污垢。

以不同形状存在的污垢去除过程的微观机理有很大差别，如固体颗粒状态的污垢与液体膜状污垢在物体表面的解离分散去除的机理就大不相同。

2）根据污垢的化学组成分类

① 有机污垢（也可统称油垢）　如动、植物油，包括动物脂肪和植物油，它们属于有机酯类，是饱和或不饱和高级脂肪酸甘油酯的混合物，与矿物质油的区别是动植物油在碱性条件下可以皂化；矿物油，包括机器油、润滑油等，它们属于有机物的烃类，是石油分馏的产品。矿物油一般易燃，但其化学性质稳定。

② 无机污垢　如水垢、锈垢、泥垢，从化学成分上看，它们多属于金属或非金的氧化物及水化物或无机盐类。

a. 硫酸盐　包括硫酸钙、硫酸镁，由于硫酸钙不溶解于普通常用的酸，所以不能用酸（如盐酸或硝酸）直接进行清洗。但是硫酸钙的溶度积大于碳酸钙的溶度积，所以有足量碳酸根存在的情况下，硫酸盐（例如硫酸钙）可以转化成相应的碳酸盐，之后可以再用盐酸等进行清洗。所以，含有大量硫酸盐垢的锅炉需要先进行碱煮（碱液中含有碳酸钠），之后再进行酸洗。

b. 碳酸盐　以碳酸钙、碳酸镁为主，碳酸盐垢在酸洗时比较容易溶解而被去除。

c. 磷酸盐　以磷酸钙为主，这种盐垢含量不高。水热转换器的水体中含磷酸根较少，只有少部分来自酸洗助剂，所以在用磷酸盐做清洗助剂时不应过量。

d. 硅酸盐　包括硅酸钙、硅酸镁等，硅酸盐不容易被常用的酸所溶解，只有氢氟酸对硅酸盐垢具有特殊的溶解清洗能力。

e. 氧化物　水垢中除了含有大量的无机盐外，还含有大量的氧化物，如

FeO、Fe_2O_3、Fe_3O_4 等。

f. 氢氧化物 主要包括 $Mg(OH)_2$、$Fe(OH)_2$、$Fe(OH)_3$ 等。而氧化物或氢氧化物都可以用酸进行溶解清洗。

无机污垢产生的机理如下。

a. 无机盐污垢都是难溶盐，当离子浓度的乘积（离子积）大于溶液积时就会产生沉淀。

b. 氧化物污垢主要来源于金属的腐蚀，以铁基体为例，铁与酸直接作用发生化学腐蚀，而生成氧化物的污垢。

一般情况下，有机污垢则经常利用氧化分解或乳化分散的方法从基体表面去除，而无机污垢常采用酸或碱等化学试制使其溶解而去除。

3）根据污垢的亲水性和亲油性分类

① 亲水性污垢 可溶于水的污垢是极性物质，如食盐等无机物或蔗糖等有机物，这些污垢通常用水基清洗剂加以去除。

② 亲油性污垢 亲油性污垢是非极性或弱极性物质，如油脂、矿物油、树脂等有机物，它们一般不溶于水，亲油性污垢可以利用有机溶剂进行溶解，也可以用表面活性剂溶液对其进行乳化、分散后加以去除。

亲水性强的污垢通常用水做溶剂加以去除，亲油性污垢则利用有机溶剂溶解或用表面活性剂溶液乳化分散加以去除。

4）根据污垢在基体表面的存在状态分类

污垢在基体表面的存在状态是多样的，由于结合力种类的不同导致基体与污垢的结合牢固程度不同，因此，从基体表面去除污垢的难易程度也不同。

① 污垢与基体靠分子间力结合时，单纯靠重力作用，沉降在基体表面而堆积的污垢与基体表面上的附着力（包括分子间力和氢键）很弱，因此，较容易从基体表面上去除，如车体表面上附着的尘土、淤泥颗粒等。

② 当污垢粒子靠静电引力（离子键）附着在基体表面时，污垢粒子与基体表面带有相反电荷，污垢粒子会依靠静电引力吸附于基体表面。许多导电性能差的物质在空气中放置时往往会带上电荷，而带电的污垢粒子就会靠静电引力吸附到此基体表面。当把这类基体浸没在水中时，因为水具有很强的极性，就会使污垢与基体表面之间的静电引力大为减弱，这类污垢较容易去除。

③ 当污垢分子与基体表面之间形成共价键时，特别是污垢以薄膜状态与基体表面紧密结合时，其结合力很强。另外，过渡金属基体分子多数有未充满的 d 轨道，可以与含有孤对电子的污垢分子结合成络合键而形成吸附层。此时，需要采用一些特定的方法或工艺将污垢清除。又如，金属在潮湿空气中放置时，基体与环境中的物质易发生化学反应而生锈，铁锈可通过用酸、碱等化学试剂或用物理的机械方法去除。

事实上，污垢与基体之间的结合力往往是几种力的共同作用结果。污垢必须清洗干净，才能恢复材料表面的真实面目，或进行后续加工，或继续使用。

3.3.4.2 清洗的验收与评定

化学清洗效果的验收与评定是设备工业清洗的一个环节，根据不同的清洗对象，不同的部门有不同的规定，例如原劳动部《低压锅炉化学清洗规定》明文规定："清洗碳酸盐水垢时，除垢面积应达到原水垢覆盖面积的 80%以上，清洗硅酸盐或硫酸盐水垢时，除垢面积应达到原水垢覆盖面积的 60%以上。"表达了验收标准。原化学工业部标准（HGJ 229—83）把表面质量分为四级，其中二、三级适用于化学清洗，二级标准要求：完全除去金属表面上油脂、氧化皮、锈蚀产物等一切杂物；残存的氧化皮、锈斑等引起微变色的面积在任何 $100mm \times 100mm$ 的面积上不得超过 5%。三级标准要求：除去金属表面上油脂、氧化皮、锈蚀产物等一切杂物；紧附的氧化皮、点蚀锈坑或旧漆等斑状残留物的面积在任何 $100mm \times 100mm$ 的面积上不得超过三分之一。

同时，对清洗过程中出现的腐蚀速率各国都有明确的规定，见表 3-4。由表 3-4 可见，例如美国化学清洗委员会对使用寿命为 10 万小时的锅炉，每半年进行一次清洗，每次清洗 6h，均匀腐蚀速率应该小于 $9g/(m^2 \cdot h)$。中国和日本则是 $<10g/(m^2 \cdot h)$。这可能是不同国家所设置的安全裕度不同。

表 3-4 一些国家化学清洗的腐蚀速率指标

相关部门	化学清洗腐蚀速率指标
美国化学清洗委员会	按锅炉使用寿命 10 万小时计，每半年进行一次化学清洗，每次清洗 6h，均匀腐蚀的安全值 $9g/(m^2 \cdot h)$
日本锅炉化学清洗	允许腐蚀率 $10g/(m^2 \cdot h)$，即 $1mg/(cm^2 \cdot h)$
中国低压锅炉化学清洗导则	腐蚀率平均值 $<10g/(m^2 \cdot h)$（原劳动部）
中国化工部工业设备化学清洗	铁和铁合金腐蚀率 $6g/(m^2 \cdot h)$，设备腐蚀量 $20g/m^2$，铜和铜合金、铝和铝合金腐蚀率 $2g/(m^2 \cdot h)$，设备腐蚀量 $10g/m^2$
中国化工部机械院投产前化学清洗	黑色金属 $2g/(m^2 \cdot h)$，有色金属 $1g/(m^2 \cdot h)$
机械院投产后碳酸盐水垢化学清洗	黑色金属 $6g/(m^2 \cdot h)$，有色金属 $3g/(m^2 \cdot h)$
机械院投产后其他垢化学清洗	黑色金属 $10g/(m^2 \cdot h)$，有色金属 $5g/(m^2 \cdot h)$

3.4 表面清洗与清洗剂的分类

化学清洗剂是由清洗主剂、缓蚀剂和助剂组成的，在表面清洗过程中所使用的常用清洗剂按其主剂的性能特点，可分为六种类型（图 3-1）。

常用清洗剂
├ 酸性清洗剂
│ ├ 无机酸：HCl、HNO₃、H₂SO₄、HF、H₃PO₄、氨基磺酸
│ └ 有机酸：柠檬酸、草酸、酒石酸、甲酸、羟基乙酸
├ 碱性清洗剂
│ ├ 碱性清洗剂：NaOH、Na₂CO₃、Na₃PO₄、水玻璃、Na₂HPO₄、NaH₂PO₄
│ └ 水基清洗基：以表面活性剂为主加入助剂和无机碱
├ 络合物清洗剂：乙二胺四乙酸（EDTA）、聚马来酸（PMA）、聚丙烯酸（PAA）、羟基亚乙基二乙酸（HEDA）
├ 黏泥菌藻清洗剂：聚丙烯酸钠、聚马来酸钠、过氧化氢、洁而灭
├ 有机溶剂清洗剂：含氯有机阻燃清洗剂、四氯化碳、F-113、三氟三氯乙烷
└ 氧化还原剂：KMnO₄、H₂O₂、过硫酸钾、肼、二硫化钠（改变氧化还原态，改变结晶结构，使不溶性垢可溶）

图 3-1 常用清洗剂的分类

3.5 表面清洁度

3.5.1 表面清洁方法

由于周围环境和使用工作环境的作用和影响，例如，水、湿气、空气污染、垃圾、油污、人手指纹、汗液以及酸、碱、盐等工业环境、海洋环境，金属制品在制造、运输、保管和使用过程中，会受到污染，甚至产生锈蚀，因此，要对金属制品不断地、充分地进行清洁处理，以便满足防止锈蚀和加工制造过程中各种工艺的需求（例如热喷涂、电镀、涂装等）。具体清洁方法见表 3-5。

表 3-5 金属制品表面清洁方法

名　称	方　法
石油系溶剂清洁	将金属制品全部或者部分地浸入石油系溶剂中，用刷子或布擦洗，或者喷涂石油系溶剂进行第一次清洁，再用另外的清洁的石油系溶剂进行第二次清洁。没条件进行浸渍和喷涂作业时，用含有石油系溶剂的刷子或布清洁也行
非石油系的溶剂清洁	将金属制品全部或者部分地浸入非石油系溶剂中，用刷子或布擦洗，或者喷涂溶剂进行清洁。当第一次清洁不完全时，使用新的溶剂进行第二次清洁。没条件进行浸渍和喷涂时，用含有非石油系溶剂的刷子或布清洗也行
汗液及指纹去除	将金属制品浸渍于去除指纹防锈油、甲醇等指纹去除剂中，充分摇动，完全除去汗液及指纹。对于不能进行浸渍的大型物件，用含指纹去除剂的布进行清洁
蒸气脱脂	在卤代烃类溶剂的蒸气中漂晒金属制品进行清洁。这个方法适用于污迹、油污、黄油一类的东西。但是对于金属制品会被蒸气污损或金属制品具有复杂精密的表面时，此方法不适当
碱清洁	在加入碱清洁剂的水溶液中浸入金属制品，或者用同样的水溶液对金属制品进行喷涂后，用清洁的热水进行充分的洗涤
乳化液清洁	将金属制品浸入乳化清洁剂的水溶液中，或者用同样的水溶液对金属制品进行喷涂后，用清洁的热水进行充分的洗涤。另外，还有用乳化性溶剂代替乳化清洁剂的

名　称	方　法
电解清洁	将金属制品浸入电解清洁液中,作为电极进行电解后,用清洁的热水进行充分的洗涤
热水蒸气清洁	将热水蒸气或者加入清洁剂的热水蒸气喷到金属制品上进行清洁。但是,在加入清洁剂的场合,只喷射使用清洁热水蒸气,去掉清洁剂
超声波清洁	金属制品浸入溶剂或溶液中,加超声波进行清洁。此方法适应于去除金属制品细孔部等的污渍,当使用溶剂时,要用清洁的热水进行充分的洗涤
液体研磨清洁	将研磨材料或者是加入适当腐蚀抑制剂的雾状水喷吹向金属制品进行清洁
喷砂清洁	用硬质或软质研磨材料喷吹向金属制品进行清洁

3.5.2　表面清洁度检测方法

金属制品表面清洁度检测方法见表 3-6。

表 3-6　金属制品表面清洁度检测方法

名　称	方　法
清洁度试验	清洁操作完成的金属制品进行清洁度试验。 (1)目视试验　按 JIS Z0305[防锈处理用清洁方法(钢铁的化学清洁方法)]的 5.1 规定进行。 (2)擦拭试验　按 JIS Z 0305 的 5.2 规定进行。 (3)除水试验　按 JIS Z 0305 的 5.3 规定进行。 (4)溶剂试验　作为清洁方法,石油系溶剂清洁和非石油系的溶剂清洁是适用的。对于高度清洁度要求的场合,使用新的溶剂洗涤,检查洗涤后的溶液有无污渍、浮游物、沉淀等。 (5)碱和酸残留试验　金属制品表面被润湿期间用 pH 试纸检查有无变色。金属制品表面干燥时用蒸馏水弄湿一部分再用 pH 试纸检查。pH 试纸用甲基红和石蕊试纸。此方法仅适用于采用碱清洁法、乳化清洁法、电解清洁法、超声波清洁法、酸除锈法、碱除锈法和电解除锈法
减压保持试验	由防湿隔断材料密封的防锈包装,有必要通过减压保持试验来检查密封的完全性时,按以下方法进行:将隔断材料连接减压装置一端的开孔除掉密封,依据计量仪表和压力表(9±1)mmHg[(1.2±0.13)kPa]进行减压,保持 10min 后,检查有没有 25% 以上的压力变化
压力保持试验	使用刚性容器的防锈包装,有必要进行压力保持试验时,按如下进行:通过安在容器上的连接管,向容器内部输送空气直至压力升到约 0.2kgf/cm²(20kPa),关闭连接管。放置最少 10min 以后,由连接在容器上的计量表检查压力损失,或将容器整个放入水中(在容器的外面抹上肥皂水也行),来检查有无空气的泄漏

续表

名　称	方　法
循环暴露试验	为了检查施涂了防锈包装的防锈效果,有必要进行循环暴露试验时,依以下条件进行:(40±2)℃、(90±5)%(相对湿度)条件下放置 5 天后,(20±5)℃下放置 2 天,以上操作作为 1 个试验循环,循环次数由当事者之间协定。试验完结后,打开包裹,检查内容物以及包装材料有无差异
热封闭试验	通过热封闭后防湿隔断材料和防水隔断密封使用的强度,按照 JIS Z 1514(聚乙烯加工纸)标准规定的热封闭强度试验方法进行
包装货物的适应性试验	实施了防锈包装的金属制品货物在运输途中,受机械性的冲击,包装的一部分受损,防锈效果是否变得低下,有必要时,按以下试验进行。 (1)落下试验　按 JIS Z 0202(包装货物和容器的落下试验方法)进行,但是落下高度和落下方向由当事者之间商定。 (2)倾斜冲击试验　按 JIS Z 0205(包装货物和容器的倾斜冲击试验方法)进行,但是滑走距离以及滑走回数由当事人之间商定

3.6　表面清洗

工件进行表面清理和精整之后,必须进行表面清洗,以除去油腻、污物,才能使其随后的工艺圆满地进行,若进行材料的防锈封存,表面清洁是涂覆防锈脂的重要前提,是保证防锈封存质量的重要一环;若进行表面涂、镀、膜层的涂覆或沉积,则是提高保护层或功能膜层结合力,防止表面涂、镀、膜层开裂、爆皮、脱落的关键工序。

3.6.1　表面清洗剂的作用原理

3.6.1.1　可溶性污垢

(1)可溶性无机污垢　对于此类污垢可以用水进行溶解或软化、剥离,将污垢清除掉。例如,某些可溶于水的盐或灰尘等,可用水进行溶解或冲刷。

(2)可溶性有机污垢　这类污垢可以用有机溶剂(醇、酮、醚或汽油、柴油等有机溶剂)对此类有机类污垢进行溶解清除。例如一些植物油、动物油或合成有机物的油污等。

3.6.1.2　不溶性污垢

(1)不溶性无机污垢　对某些坚硬的无机盐固体沉淀污垢,例如锅炉内壁不溶于水的水垢($CaCO_3$、$MgCO_3$)等,可以用盐酸水溶液将其溶解去除,当然在除垢处理时需考虑防止锅炉基体受到腐蚀,需要在盐酸溶液中添加一定量的缓蚀剂。

(2)不溶性有机污垢　许多工业污垢可溶解于有机溶剂,但有机溶剂(如苯或丙酮等)易于挥发并污染环境、影响操作者的健康,同时有机溶剂的成本相对较高，所以往往用水基清洗剂对一些有机污垢进行去除。水基清洗剂包含有清洗主剂和助剂等组分。

3.6.1.3 水基清洗剂清除油污的原理

清洗剂中的主要成分是表面活性剂，表面活性剂能够大大降低溶液的表面张力，其物质结构的特点是具有双亲性，既含有极性的亲水基团，又含有亲油的非极性基团。表面活性剂在水中的分散情况如图 3-2 所示。

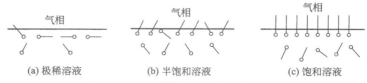

(a) 极稀溶液   (b) 半饱和溶液   (c) 饱和溶液

图 3-2　表面活性剂在水中的分散情况

由于其非极性基团受到溶剂（极性的水分子）的排斥，所以当其浓度很低时就会相对整齐地布满水的表面，其浓度继续增加时，才会分散在水溶液中形成胶束，如图 3-3 和图 3-4 所示。

图 3-3　胶束示意　　　　图 3-4　胶束的增溶作用示意

由于排布在水溶液表面的表面活性剂分子可以使水溶液的表面张力大大降低，从而使得油污与基体表面的结合力大大降低，从而增加了油污脱附的几率，并且水体中的胶束对油污还有增溶的作用，如图 3-4 所示，进一步增加了水的清洗效果。

表面活性剂清洗固体表面油污的作用原理如图 3-5 所示，水平直线之下（A）为固态基体，圆弧内（B）表示附着在基体表面的油污，圆弧上方（C）表示水溶液。

如果用 σ_{AB} 表示基体 A 与油污 B 之间的界面张力，σ_{AC} 表示基体 A 与水溶液 C 之间的界面张力，σ_{BC} 表示油污 B 与水溶液 C 之间的界面张力。并且 3 个界面张力在 O 点平衡，则存在如下关系式：

$$\sigma_{AB} = \sigma_{AC} + \sigma_{BC}\cos\theta \tag{3-1}$$

即

$$\cos\theta = \frac{\sigma_{AB} - \sigma_{AC}}{\sigma_{BC}} \tag{3-2}$$

根据式(3-2)可知，θ 角越小，如图 3-5(a) 所示，则油污越趋于铺展，油

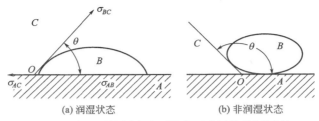

图 3-5　表面活性剂清洗固体表面油污的作用原理

污与基体的结合面越大，结合得也越牢固，越不容易清除。当 θ 角趋于 0°时，称为全铺展，油污附着最牢固。

当 θ 大于 90 度时，如图 3-5(b)，称为非铺展状态，油污与基体的结合力较小，θ 角越接近 180 度，污垢就越容易被清除。

对于特定的基体和污垢而言，σ_{AB} 是相对固定的，$\sigma_{BC}\cos\theta$ 受影响也相对较小，而 σ_{AC} 受溶液性质变化的影响较大。当向水溶液中加入表面活性剂后，可以大大降低 σ_{AC}，从式(3-2) 中可以看出，降低 σ_{AC} 有利于增大 θ 角，从而有利于油污的去除。清洗剂有助于去除油污就是因为其中含有的表面活性剂可大大降低 σ_{AC}，有利于去污。当然化学清洗剂中除含有表面活性剂之外还含有一些其他化学助剂。

3.6.2　碱液清洗

碱性清洗是一种以碱性物质为主剂的化学清洗方法。使用时间久远，而且被广泛应用，清洗成本低，主要用于清除动植物油脂垢、矿物油脂垢，也用于清除无机盐垢、金属氧化物、有机涂层和蛋白质垢等。

碱性清洗具有下列特点：

（1）对大量使用的钢铁一般不发生腐蚀作用，但对两性金属（例如铝合金、锌合金）发生腐蚀；

（2）对钢铁还能起到钝化作用，提高耐蚀性，不会引起制件尺寸的变化；

（3）清洗过程不析氢，因而对钢铁，尤其对高强度材料没有氢脆危害；

（4）与酸洗比较，碱洗的成本高，除锈、除垢的速度慢，有效锈、垢还清除不掉。

工业上，碱液清洗常用的碱性物质有氢氧化钠、碳酸钠、硅酸钠、磷酸钠、硼酸钠等。

油污的主要成分是各种动植物油脂和矿物油，按其性质又可分为皂化油和非皂化油。皂化油是能与碱反应生成肥皂的油脂，油脂不溶于水，生成肥皂后能溶于水而从被处理的表面上除去；非皂化油是不与碱起化学反应的矿物油，如润滑油、凡士林等，但可加入表面活性物质如硅酸钠，特别是表面活性剂如 OP 乳化剂等非皂化油转化为为乳化液而除去。

工件表面进行涂、镀、膜层的加工，对表面清洁度的要求是不一样的，相对而言，电镀工艺对除油要求最高，常常采用化学除油和电解除油的两级除油工序；油漆涂装、化学转化膜等的处理要求次之，一般采用化学除油；防锈封存虽也是化学除油，但除油碱液的配方差异较大，而且往往要适当加入缓蚀剂，以防止材料本身的腐蚀。碱液清洗工艺包括以下几项。①浸渍法：普通浸渍法、超声波法；②喷淋清洗法；③滚筒清洗法。清洗工艺的选择要考虑除油质量的要求、工件的形状和大小、工厂或现场的施工条件、劳保和经济性等。

表3-7列出了不同金属材料防锈封存用的碱液清洗配方和工艺条件，表3-8列出了用于施加表面保护层之前的不同金属用表面碱液清洗配方和工艺条件。

表 3-7　不同金属防锈封存用的碱洗配方和工艺条件

材料	碱洗除油配方(质量分数)/%				操作工艺
黑色金属	NaOH Na_2SiO_3	0.5～1 3～4	Na_2CO_3 H_2O	5～10 余量	80～90℃、5～10min
	NaOH Na_2SiO_3	1～2 3～4	Na_3PO_4 H_2O	5～8 余量	室温或适当加温
钢铁及铝合金	Na_3PO_4 Na_2SiO_3 磺酸钠	5～8 5～6 适量	NaH_2PO_4 烷基苯 H_2O	2～3 0.5～1 余量	室温或适当加温

表 3-8　不同金属表面涂层前用的碱洗配方和工艺条件

材料	碱洗除油配方/(g/L)				操作工艺
黑色金属	NaOH Na_2CO_3	50～100 10～40	Na_3PO_4 Na_2SiO_3	10～35 10～30	90℃、3～15min
	Na_2CO_3	30～40	OP乳化剂	2～4	70～80℃、5～10min
铜及铜合金	Na_2CO_3 Na_2SiO_3	25～30 5～10	Na_3PO_4	25～30	80℃左右、10～20min
	Na_2CO_3 613乳化剂	30～35 15～20	Na_3PO_4	30～35	60～90℃、10～15min
铝和铝合金	NaOH Na_2SiO_3	8～12 25～30	Na_3PO_4	40～60	60～70℃、3～15min
	Na_3PO_4 Na_2SiO_3	40～50 20～30	Na_2CO_3	40～50	70～80℃、3～5min
锌及锌合金	NaOH Na_2SiO_3	1～10 20～30	Na_2CO_3 表面活性剂	20～30 适量	50～60℃、以除净油污为止
	Na_2CO_3 Na_2SiO_3	15～30 10～20	Na_3PO_4	15～30	60～80℃、以除净油污为止

3.6.3 酸性清洗

酸性清洗简称酸洗，主要目的不是除油，是除锈，无论化学浸泡酸洗还是电化学酸洗，都是为了除锈。

（1）盐酸 盐酸溶垢、溶锈的速度快，价格最低，综合性能好，是最常见的酸洗介质，通常使用 10％盐酸的水溶液。适用于碳钢、铜和铜合金及许多含非金属的设备，例如换热器、锅炉、反应设备、采暖设备等，但对晶间腐蚀、点蚀和应力腐蚀敏感的金属不能使用，例如不锈钢。

（2）硫酸 不能采用盐酸清洗的设备选用硫酸。硫酸水溶液不易挥发，稳定性好，但与钢铁反应会产生氢气，能引起渗氢，发生氢脆或氢损伤，一般用量为 15％以下硫酸的水溶液，用于清洗不锈钢、铝和铝合金等设备。

（3）硝酸 硝酸是强酸，除硅酸盐外，各种垢、锈的反应速度都大，腐蚀严重；它是强氧化剂，还能使铁、铝、铬等易钝化的金属钝化，但是它的强酸性、强氧化性、挥发性增加了清洗操作的危险性。一般应用于不适合盐酸清洗的可钝化的金属材料，如不锈钢等材料，多使用 5％硝酸的水溶液，用于不锈钢、碳钢、铜和铜合金等。

（4）氢氟酸 氢氟酸的酸性较弱，对基体金属的腐蚀损伤较小，对氧化皮的溶解速度较快，对硅垢有特殊的溶解能力，但是氢氟酸有毒，又有挥发性，对人体有毒害作用，污染环境。主要用于清除硅垢，通常采用 5％氢氟酸的水溶液，使用时需要采取慎重措施。

（5）氢氟酸＋硝酸 氢氟酸＋硝酸清洗液对于硅酸盐、碳酸盐、氧化皮都具有良好的清除效果，尤其适用于不宜采用含氯离子清洗液清洗的不锈钢-碳钢、不锈钢-铜合金组合件及铝合金设备的清洗，已经用于锅炉、换热器、化工设备等的清洗，常温清洗、溶垢快、节能、成本低，使用时更需要采取慎重措施。

（6）磷酸 磷酸是多元酸，为难挥发酸，酸性较弱，高温高浓度磷酸对许多金属有很强的腐蚀能力，但不适合于清洗钙垢，价格较贵，只用于有特殊要求的工件，通常使用 25％磷酸的水溶液。

（7）氨基磺酸 是唯一可用于清洗锌合金的酸。

（8）柠檬酸、醋酸等有机酸。

3.6.4 酸洗缓蚀剂

为了避免化学酸洗除锈时，一些酸对基体金属的腐蚀和产生氢脆，在酸液中必须添加酸洗缓蚀剂。在工业中应用的酸洗缓蚀剂多采用有机工业中的副产品。常用酸洗缓蚀剂的名称、组成、性状见表 3-9。

表 3-9　酸洗缓蚀剂的名称、组成、性状

名　称	组　成	性　状	备　注
ⅡБ-5 缓蚀剂	苯胺与六亚甲基四胺的缩聚物	棕黄色液体	六亚甲基四胺：水：冰醋酸：苯胺＝20：4：1：80(质量比)，混合均匀后，加热煮沸 45min 得成品，常用于盐酸酸洗，用量 0.4%，在 50℃使用，缓蚀效率高
54 号缓蚀剂	二邻甲苯基硫脲		适用于黑色金属，缓蚀效率在 H_2SO_4 中可达 95%，在 HCl 中可达 60%，用量为 0.2%～0.4%
若丁	二邻甲苯基硫脲 25%，氯化钠 15%，糊精 20%，皂角粉 5%	黄色粉状物	常用于硫酸酸洗除锈，有效用量为 0.3%～0.4%
沈 1-D 缓蚀剂	苯胺与甲醛的缩聚物	黄色粉状物	苯胺、甲醛按 3：1(质量比)称量，将甲醇缓慢加入苯胺中，反应温度应控制在 60℃以下，搅拌 0.5h，待反应完毕后，降至 40℃，静置 1h，除去上面清液即可，此缓蚀剂应随用随配，以免产生树脂
AN 缓蚀剂	十八烷胺与七个分子环氧乙烷的聚合物	淡黄色黏稠半固体，pH 值为 7～8，凝固点为 1℃，分解温度为 300℃，HLB 值为 9	十八烷胺在氢氧化钠作催化剂条件下，与环氧乙烷缩合
页氮	含氮的杂环化合物	黄色黏稠状液体，带吡啶臭味	页氮是轻柴油(油页岩中产品)经硫酸酸洗分离出酸渣后再经蒸馏分离出稀酸水(含酸 15%～20%、含油 30%)，将此酸水再用碱(10%氢氧化钠)中和，二次分离出的酸渣即为页氮
1227 表面活性剂	十二烷基二甲基苄基盐酸季铵盐，活性物含量大于 40%，其余是水，含量若大于 98%的称为洁尔灭	无色至微黄透明黏稠液体，pH 值为 6.7～7.0，稍有芳香味	为盐酸中有效的黑色金属缓蚀剂，缓蚀效率大于 95%
LP 表面活性剂	十二烷基二甲基叔胺与三氯异丙醇的反应物	淡黄色透明黏稠液体	
779 缓蚀剂	洁尔灭 50%，松香胺与醋酸的复合物 25%，松香胺环氧乙烷 25%	黄至棕色透明黏稠液体	性能优于 1227 表面活性剂

续表

名　称	组　成	性　状	备　注
KC 缓蚀剂	动物蛋白质及其水解产物	黄色粉状物	肉类加工的工业废料经硫酸磺化后的产品，在 H_2SO_4 中除锈用量约为 3～5g/L
1017 缓蚀剂	多氧烷基咪唑啉油酸盐	棕黑色黏稠油状物，无刺激性气味	适用于氯化氢-硫化氢-水系统作缓蚀剂
兰-A 缓蚀剂	以植物油酸、苯胺、乌洛托品为原料缩聚而成的聚酰胺	棕褐色膏状物，有点腥味	适用于含酸性气体的盐水与烃系统作缓蚀剂

3.6.5　电化学清洗

　　把被处理的工件放在电解槽中作为阴极（阴极除油法）或作为阳极（阳极除油法），溶液由碱或碱金属盐类组成，另一电极采用在碱液中稳定的铁板、钢板或镀镍钢板，溶液温度控制在 60～80℃，通以直流电，即可以除油，其配方和工艺见表 3-10。

　　阴极除油：表面上沾有油污的工件放入碱溶液中，由于表面张力的降低，油膜破裂，聚集成滴，通电后，发生阴极去极化，阴极上产生的氢气泡搅动表面，使油滴与金属表面的吸附力减弱，氢气泡带动油滴漂到溶液表面，再从溶液表面把油去掉。阴极除油的过程中，阴极（钢铁工件）表面上产生的氢气泡带走油滴的同时，部分氢气也会扩散渗入到钢铁基体中，引起氢脆。于是采用阳极除油，阳极上析出的氧气使油滴与金属表面分离，但它的分离能力不如氢气，所以虽然没有氢脆危险了，但除油效率降低了。采用阴、阳极联合除油，即先进行阴极除油，随后进行阳极除油，这样，既避免了氢脆，又保持了较高的除油效率。

表 3-10　电解除油的配方和工艺　　　　　　单位：g/L

配方和工艺	钢铁		铜及其合金		锌及其合金		铝及其合金	镁及其合金
	1	2	3	4	5	6	7	8
NaOH	10～30	40～60	10～15			0～5	10	
Na_2CO_3		60	20～30	20～40	5～10	0～20		25～30
Na_3PO_4		15～30	50～70	20～40	10～20	20～30		20～25
Na_2SiO_3	30～50	3～5	10～15	3～5	5～10		40	
40%直链烷基磺酸钠							5	
$Na_5P_3O_{10}$							40	
温度/℃	80	70～80	70～90	70～80	40～50	40～70		80～90
电流密度/(A/dm²)	10	2～5	3～8	2～5	5～7			1～5
阴极除油时间/min	1		5～8					

配方和工艺	钢铁		铜及其合金		锌及其合金		铝及其合金	镁及其合金
	1	2	3	4	5	6	7	8
阳极除油时间/min	0.2～0.5	5～10	0.3～0.5					

电化学除油适用于外形较简单钢铁工件的批量生产。对外形复杂、有凹陷的工件，建议采用其他方法。

3.6.6 有机溶剂清洗

有机溶剂清洗又称为溶剂清洗或有机溶剂除油，是应用比较普遍的一种除油方法。其目的也是除去金属或非金属表面油污，使后续工序得以顺利施工，提高防护层结合力，确保防护层的耐蚀性。有机溶剂具有优良的物理溶解作用，既可溶解皂化油，又可溶解非皂化油，而且溶剂能力强，对于那些用碱难以除净的高黏度、高熔点的矿物油，也具有很好的效果。溶剂清洗具有下列特点：除油效果好；对金属材料均无腐蚀作用；可在常温下清洗，节约能源。主要用于金属防锈封存用除油污；镀、涂、涂装前除油污。

常用的除油用有机溶剂：

（1）石油溶剂，例如，120$^\#$、200$^\#$汽油、煤油等；

（2）芳烃溶剂，例如，苯、甲苯、二甲苯等；

（3）卤化烃，例如，二氯乙烯、三氯乙烯、四氯乙烯、四氯化碳和三氟三氯乙烷等。

溶剂清洗工艺包括：擦洗、浸洗、超声波清洗、喷射清洗、蒸气清洗等。

3.6.7 水基清洗剂清洗

以除去油腻、污物为目的的表面清洗已经介绍了几种方法，其中，以碱洗、有机溶剂清洗较为普遍，但是有机溶剂清洗易燃易爆、易挥发、有一定毒性、消耗快、成本高，所以多年来，寻找取代用品，20世纪70～80年代，水基清洗剂在我国获得了广泛应用，它以不燃烧、不挥发、无毒、不污染空气、生产安全、对人体无害、成本较低等优点而获得广泛采用。

水剂清洗是以水溶液（碱液除外），如乳化液、表面活性剂溶液、清洗剂或金属清洗剂作为清洗液去除工件表面油污的清洗方法。它主要靠表面活性剂发挥作用，表面活性剂加入水中，即使加入浓度不高，也能显著降低水的表面张力（或界面张力），并具有渗透、润湿、发泡、乳化、增溶和去污等特殊性能。表面活性剂可按图3-6分类。表面活性剂的特点和应用见表3-11，部分表面清洗液的组成见表3-12。

```
                                    ┌ 阴离子型表面活性剂
                        ┌ 离子型表面活性剂 ┤ 阳离子型表面活性剂
             表面活性剂 ┤              └ 两性表面活性剂
                        └ 非离子型表面活性剂
```

图 3-6　表面活性剂的分类

表 3-11　表面活性剂的特点和应用

类型	主 要 的 性 能 特 点	应 用 范 围
阴离子型	良好的渗透、润湿、分散、乳化性能,去污能力强,泡沫多,呈中性;除磺酸盐外,其他品种不耐酸;除肥皂外,其他品种具有良好的耐硬水性;价格较低	用作渗透剂、润湿剂、乳化剂、去污剂等,去污剂用量最大
阳离子型	良好的渗透、润湿、分散、乳化性能,去污能力强,泡沫较多,并具有杀菌能力;对金属有缓蚀作用;对织物有匀染、抗静电作用;价格较高	用作杀菌剂、柔软剂、匀染剂、缓蚀剂、抗静电剂;很少用于去污;多用在化妆品中;不宜与阴离子型表面活性剂混用,否则产生沉淀
两性型	良好的去污、起泡和乳化能力,耐硬水性好,耐酸、耐碱,具有抗静电、杀菌、缓蚀等性能;对皮肤刺激小;价格贵	用作抗静电剂、柔软剂等,用于化妆品和特殊的去污剂
非离子型	具有高的表面活性,胶束与临界胶束浓度比离子型表面活性剂低,加溶作用强,具有良好的乳化能力和洗涤作用,泡沫中等,耐酸、耐碱,有浊点;价格比阴离子型的强	用作乳化剂、匀染剂、洗涤剂、消泡剂等

表 3-12　部分表面清洗液的组成

序号	清 洗 剂 配 方		清洗条件	清洗对象
1	聚乙二醇辛基苯基醚 三乙醇胺 碳酸钠 多聚磷酸钠 284P-2 消泡剂 聚醚	10～20g/L 0.1～1.0g/L 40～50g/L 10～20g/L 0.8～2.0g/L 2～3mL/L	温度:40～50℃ 时间:5～6min pH=12	用于清洗金属表面油污、灰尘,不腐蚀金属
2	脂肪醇聚氧乙烯醚 辛基酚聚氧乙烯醚 十二烷基乙二醇胺 油酰胺	210kg/t 110kg/t 210kg/t 500kg/t	棕红色透明液体 黏度（20℃）: 26 × 10^{-3} Pa·s pH=8～8.5	用于清洗金属表面油污、灰尘,不腐蚀金属
3	聚乙二醇辛基苯基醚 三乙醇胺 碳酸钠 284P-2 消泡剂 聚醚	10～20g/L 0.8～1.0g/L 40～50g/L 0.8～2.0g/L 2～3mL/L	温度: 25～30℃;40～50℃;60～70℃ 相应时间:10～12min;4～5min;2～3min	用于清洗金属表面油污、灰尘

续表

序号	清洗剂配方		清洗条件	清洗对象
4	碳酸钠	5g	常温清洗	清洗汽车,包括炭灰、矿物油、胶质、铁锈、废气凝结物等
	磷酸氢钠	1.25g		
	磷酸钠	1.25g		
	水玻璃	2.5g		
	软皂	5.0g		
	水	1000g		
5	五水偏硅酸钠	30～35g	常温清洗	适用于啤酒瓶清洗,达到清洁、无菌,效果满意
	碳酸钠	23～27g		
	氢氧化钠	30～33g		
	有机助剂	2.0g		
	复配表面活性剂	1.0g		
	元明胶	5～10g		
6	烷基苯磺酸钠	38%(质量分数)	常温清洗	适用于少油多固结污垢的清洗,如拖拉机水箱、汽车底盘
	椰子醇聚氧乙(8)醚	9%		
	三聚磷酸钠	2.5%		
	水	50.5%		
7	烷基酚聚氧乙烯醚	7%～10%(质量分数)	常温清洗	适用于多油多固结污垢的清洗,可选用这类有机溶剂的水乳液清洗
	三乙醇胺	2.5%～3.5%		
	混合溶剂	18%～28%		
	水	60%～75%		
8	氢氧化钠	12g	常温	适用于铝合金阳极氧化表面和钢、铝合金组合件积炭的清洗
	焦磷酸钠	10g		
	氟硅酸钠	12g		
	三聚磷酸钠	10g		
	664清洗剂	40mL		
	水	1000mL		
9	总碱(NaOH)浓度	20%～25%	60℃	适用于钢铁表面除去油污,低泡沫
	总表面活性剂	5%		
	其中:磷酸酯:TX-10=1.5:1.0 聚醚:OP-4=1:1			

3.7 工业用清洗剂配方

清洗技术是一种涉及范围非常广泛的实用技术,不仅在日常生活中有重要的实际意义,在工业领域也有着非常普遍的应用。工业清洗剂对于工业生产、人民健康和公共卫生有着非常积极、有效的作用和意义，随着化工原料的进步，洗涤用品工业的快速发展，工业清洗剂也得到了更加广泛的应用。

工业清洗剂大部分为液体清洗剂，在工业清洗过程中不仅经常使用水和各种有机溶剂，还要使用表面活性剂、酸、碱、氧化剂、络合剂、缓蚀剂及杀菌剂等多种化学药剂，而且常常需要利用加热、流体喷射压力、机械研磨、超声波、紫外线、等离子体及激光技术等多种物理作用。工业清洗剂的配方设计和工艺研究是工业清洗剂开发的关键，常用的工业清洗剂的配方如下。

3.7.1 金属清洗剂

（1）配方一　该清洗剂原料主要为焦磷酸盐、乙二胺四乙酸钠、聚氧乙烯醚类、对甲苯磺酸钠、二乙二醇单乙醚、尿素、脂肪醇聚氧乙烯醚、苯并三氮唑、正丁醇、氢氧化钾、脂肪酸二乙醇胺盐、消泡剂、水等。其主要用于高精度金属器械的水基清洗，呈弱碱性，易生化降解。金属清洗剂的原料配方一见表 3-13。

表 3-13　金属清洗剂的原料配方一（质量分数）

组分	含量/%	组分	含量/%
焦磷酸盐	1.05	壬基酚聚氧乙烯醚	3.0
乙二胺四乙酸钠	3.0	辛基酚聚氧乙烯醚	0.2
对甲苯磺酸钠	7.0	二乙二醇单乙醚	0.7
尿素	0.5	苯并三氮唑	0.1
脂肪醇聚氧乙烯醚琥珀酸酯磺酸盐	1.0	正丁醇	5.4
脂肪醇聚氧乙烯醚磺酸盐	3.0	消泡剂	6.0
脂肪醇聚氧乙烯醚	1.0	氢氧化钾	1.0
脂肪酸二乙醇胺盐	1.0	水	加至100
脂肪醇聚氧乙烯醚盐	5.0		

制备方法　在反应器内加入适量水，依次加入焦磷酸盐、乙二胺四乙酸钠、对甲苯磺酸钠、尿素、脂肪醇聚氧乙烯醚盐、脂肪醇聚氧乙烯醚琥珀酸酯磺酸盐，在微热下搅拌成均匀溶液。依次加入脂肪醇聚氧乙烯醚磺酸盐、脂肪醇聚氧乙烯醚、脂肪酸二乙醇胺盐、壬基酚聚氧乙烯醚、辛基酚聚氧乙烯醚、二乙二醇单乙醚、苯并三氮唑、正丁醇。每加一种物料搅拌 0.5h。将消泡剂与适量水混合后加入反应釜内搅拌 1h，加入氢氧化钾，用 10%氢氧化钾溶液使溶液 pH 值为 10±1，补加入余量水，精细过滤。

原料配方　本配方用具有强力洗涤脱脂作用的表面活性剂为主要成分，选用的活性剂有非离子型、阴离子型、两性型等，主要有脂肪醇聚氧乙烯醚盐、脂肪醇聚氧乙烯醚琥珀酸酯磺酸盐、脂肪醇聚氧乙烯醚磺酸盐、脂肪醇聚氧乙烯醚、脂肪酸二乙醇胺盐、壬基酚聚氧乙烯醚、辛基酚聚氧乙烯醚。并考虑金属材料表面的特殊性，在配方设计时添加了缓蚀剂、渗透剂、螯合剂及便于漂洗的水溶助长剂和抗再沉积剂等，各组分的比例对洗涤效果有显著影响，其各组分的配比范围如下（%，下同）：焦磷酸盐 1～45，乙二胺四乙酸钠 0～20，对甲苯磺酸钠 3～52，尿素 0～15，脂肪醇聚氧乙烯醚盐 2～17，脂肪醇聚氧乙烯醚琥珀酸酯磺酸盐 1～30，脂肪醇聚氧乙烯醚磺酸盐 4～32，脂肪醇聚氧乙烯醚 1～30，脂肪酸二乙醇胺盐 0～20，壬基酚聚氧乙烯醚 0～61，辛基酚聚氧乙烯醚 1～34，二乙二醇单乙醚 0～50，苯并三氮唑 0～10，正丁醇 0～15，消泡剂 0～9，氢氧化钾 0～16，水加至 100。

（2）配方二　该清洗剂原料主要为磷酸、亚硝酸钠、氯化钠、过氧化氢、氧化锌、咪唑啉、乙二醇、三聚磷酸钠、磷酸钠、冰乙酸、OP-10、酒石酸、水等，主要用于金属材料表面除油除锈的清洗。金属清洗剂的原料配方二见表 3-14。

表 3-14　金属清洗剂的原料配方二（质量分数）

组分	含量/%	组分	含量/%
磷酸	8～15	氯化钠	0.5～0.95
亚硝酸钠	0.7～1	过氧化氢	0.5～0.8
氧化锌	0.2～0.5	OP-10	5～10
咪唑啉	7～10	冰乙酸	1～2
乙二醇	1～3	磷酸钠	0.5～1.5
三聚磷酸钠	1～1.5	水	45～60
酒石酸	5～13		

制备方法　依次向反应釜内加入水、氯化钠、亚硝酸钠、双氧水、乙二醇、氧化锌、磷酸、酒石酸、咪唑啉、磷酸钠、三聚磷酸钠、OP-10、冰乙酸，常温常压下反应 40min，同时搅拌混合均匀，无结块现象出现。

原料配方　本配方各组分质量分数的比例范围为：磷酸 8～15，亚硝酸钠 0.7～1，氧化锌 0.2～0.5，咪唑啉 7～10，乙二醇 1～3，三聚磷酸钠 1～1.5，酒石酸 5～13，氯化钠 0.5～0.95，过氧化氢 0.5～0.8，OP-10 5～10，冰乙酸 1～2，磷酸钠 0.5～1.5。

（3）配方三　该清洗剂原料主要为磷酸、硫脲、亚硝酸钠、氧化锌、丁酮、硫氰酸钠、乌洛托品、氟硅酸钠、三乙醇胺、氢氟酸、乙醇、水等，可用于各种喷涂流水线前工序的除油、防锈、钝化、磷化的金属加工件的清洗。金属清洗剂的原料配方三见表 3-15。

表 3-15 金属清洗剂的原料配方三 (质量分数)

组分	含量/%	组分	含量/%
磷酸	139	硫脲	12
乌洛托品	12	酒石酸	18
氧化锌	46	柠檬酸	8
丁酮	3	亚硝酸钠	12
硫氰酸钠	8	OP-10	22
三乙醇胺	12	乙醇	28
氟硅酸钠	12	三聚磷酸钠	18
氢氟酸	32	水	155

制备方法 将磷酸和氧化锌按比例定量称重后加入反应釜中加热至 85℃，搅拌 3h 使其均匀；在反应釜中加入定量的水后，再加入上述溶液，然后逐一定量加入三聚磷酸钠、硫脲、酒石酸、乌洛托品、丁酮、硫氰酸钠、三乙醇胺、氟硅酸钠、氢氟酸、柠檬酸、亚硝酸钠、OP-10、JFC 和乙醇，在常温下搅拌 2～3h 即可。

原料配方 本配方各组分质量分数的比例范围为：磷酸 75～85，氧化锌 15～25，三聚磷酸钠 18～22，硫脲 12～18，酒石酸 18～22，乌洛托品 12～18，丁酮 3～8，硫氰酸钠 8～12，三乙醇胺 12～18，氟硅酸钠 12～18，氢氟酸 32～38，柠檬酸 8～12，亚硝酸钠 12～18，OP-10 22～28，乙醇 28～32，水 155～165。

3.7.2 水基金属清洗剂

（1）配方一 该清洗剂原料主要为碳酸钠、元明粉、硅酸钠、乌洛托品、平平加-9、烷基苯磺酸钠、三聚磷酸钠、羧甲基纤维素和水，广泛用于黑色金属和有色金属的除油清洗，且对金属具有一定的防锈能力。水基金属清洗剂的原料配方一见表 3-16。

表 3-16 水基金属清洗剂的原料配方一 (质量分数)

组分	含量/%	组分	含量/%
碳酸钠	7	元明粉	10
硅酸钠	5	平平加-9	10
乌洛托品	40	烷基苯磺酸钠	5
三聚磷酸钠	22	水	加至100
羧甲基纤维素	1		

制备方法 在搅拌器中先后加入制备方法在搅拌器中先后放入碳酸钠、硅酸

钠、乌洛托品、三聚磷酸钠、羧甲基纤维素、元明粉，搅拌均匀后，再加入平平加-9、烷基苯磺酸钠，充分搅拌均匀即可。

原料配方 本配方各组分质量分数的比例范围为：聚氧乙烯缩合物 8～12，磺酸盐 3～6，碳酸钠 5～9，硅酸钠 3～7，乌洛托品 30～50，三聚磷酸钠 20～24，羧甲基纤维素 0.8～1，元明粉 8～12。聚氧乙烯缩合物一般为平平加系列，如平平加-7、平平加-9，主要起表面活性作用，磺酸盐一般采用烷基苯磺酸盐，也主要起表面活性作用，乌洛托品起缓蚀作用。碳酸钠、硅酸钠、三聚磷酸钠起助洗作用，并可以提高防锈性、抗硬水性和调节 pH 值的作用。

（2）配方二　该清洗剂原料主要为羟基乙酸、烷基磷酸酯、硫酸钠和水，主要用于清洗铁合金或银合金钎料焊接构件的清洗。水基金属清洗剂的原料配方二见表 3-17。

表 3-17　水基金属清洗剂的原料配方二（质量分数）

组分	含量/%	组分	含量/%
羟基乙酸	6	烷基磷酸酯	0.2
硫酸钠	3	水	加至 100

制备方法　将各种组分充分搅拌均匀成混合物即可。

原料配方　本配方各组分质量分数的比例范围为：C_2～C_7 的酸 2～10，烷基磷酸酯 0.1～0.4，硫酸盐 1～5，水加至 100。

3.7.3　水溶性金属清洗剂

水溶性金属清洗剂原料主要为十二烷基磺酸钠、三乙醇胺、五氯酚钠、磷酸、聚乙二醇、乙醇、OP-10、水等，可以用于各种钢材、铸铁制件的清洗。水溶性金属清洗剂的原料配方见表 3-18。

表 3-18　水溶性金属清洗剂的原料配方（质量分数）

组分	含量/%	组分	含量/%
十二烷基磺酸钠	4～5	三乙醇胺	4.5～6
OP-10	4～5	聚乙二醇	3～4
五氯酚钠	0.04～0.05	乙醇	7～8.5
苯甲酸钠	0.02～0.03	磷酸	0.8～1.0
亚硝酸钠	0.02～0.03	水	加至 100

制备方法　将各种组分充分搅拌均匀成混合物即可。

原料配方　本配方各组分质量分数的比例范围为：十二烷基磺酸钠 4～5，OP-10 4～5，五氯酚钠 0.04～0.05，苯甲酸钠 0.02～0.03，亚硝酸钠 0.02～0.03，三乙醇胺 4.5～6，聚乙二醇 3～4，乙醇 7～8.5，磷酸 0.8～1.0，水加至 100。

3.7.4 高渗透性金属清洗剂

高渗透性金属清洗剂原料主要为全氟辛酸、三乙醇胺、异丙醇、十二烷基苯磺酸钠、OP 非离子表面活性剂、甲基硅油消泡剂、油酸、癸二酸、苯甲酸钠杀菌剂和水等，可用于金属零部件和发动机整机的清洗、除油。高渗透性金属清洗剂的原料配方见表 3-19。

表 3-19　高渗透性金属清洗剂的原料配方（质量分数）

组分	含量/%	组分	含量/%
全氟辛酸(FF61)	10	三乙醇胺	150
异丙醇	10	十二烷基苯磺酸钠	60
水	12	OP 非离子表面活性剂	30
油酸	60	甲基硅油消泡剂	10
癸二酸	60	苯甲酸钠杀菌剂	10

制备方法　使氟碳表面活性剂在有机醇助溶剂中溶解，并发生缩合反应，缩合反应先使油酸、癸二酸、三乙醇胺（一乙醇胺或二乙醇胺）在 80～100℃下反应至黏稠透明液体，并使反应物溶于水，然后再加入其他组分缩合反应至透明稠状浓缩物。

原料配方　本配方各组分质量分数的比例范围为：油酸 3～8，癸二酸 5～10，三乙醇胺（一乙醇胺或二乙醇胺）（简称醇胺）10～20，40% 含量的十二烷基苯磺酸钠 5～10，阴离子或非离子表面活性剂 2～6，氟碳表面活性剂 0.8～2，杀菌剂 0.5～2，消泡剂 0.5～2，水加至 100。

3.7.5 多功能除油除锈清洗剂

多功能除油除锈清洗剂原料主要为十二烷基苯磺酸钠、OP-10、六亚甲基四胺、硫酸、盐酸、三乙醇胺、食盐、明胶和水，主要用于金属材料表面除油、除锈的清洗。多功能除油除锈清洗剂原料配方见表 3-20。

表 3-20　多功能除油除锈清洗剂原料配方（质量分数）

组分	含量/%	组分	含量/%
十二烷基苯磺酸钠	10	OP-10	15(体积)
六亚甲基四胺	3	硫酸	100(体积)
三乙醇胺	2	盐酸	200(体积)
食盐	250	水	加至 1000
明胶	0.3		

制备方法 在清洗槽中，用1/3的温水，依此加入定量的十二烷基磺酸钠、六亚甲基四胺、三乙醇胺、食盐、明胶和OP-10搅拌溶解均匀备用；将定量的硫酸缓缓加入1/3的温水中，一边加水一边搅拌散热，然后加入定量的盐酸；将上述两种溶液加入到一起，边加入搅拌均匀，然后将余下的1/3水加入混合液中稀释。

原料配方 本配方各组分质量分数的比例范围为：盐酸200～300（体积），硫酸100～150（体积），十二烷基磺酸钠8～10，六亚甲基四胺2.5～4，三乙醇胺1.5～3，明胶0.2～0.4，食盐200～300，OP-10 12～20（体积），水加至1000。

3.7.6 黑色金属粉末油污清洗剂

黑色金属粉末油污清洗剂原料主要为碳酸钠、正丁醇、硅酸钠、TX-10、水等，主要用于黑色金属粉末制件的油污清洗。黑色金属粉末油污清洗剂原料配方见表3-21。

表3-21 黑色金属粉末油污清洗剂原料配方（质量分数）

组分	含量/%	组分	含量/%
碳酸钠	1～10	正丁醇	0.3～2
硅酸钠	1～5	水	加至100
TX-10	适量		

制备方法 按质量配比均匀混合后搅拌均匀即可。

原料配方 本配方各组分质量分数的比例范围为：碳酸钠1～10，硅酸钠1～5，TX-10适量，正丁醇0.3～2，水90～100。

3.7.7 铝及铝合金清洗剂

铝及铝合金清洗剂原料主要为烷基酚聚氧乙烯醚、脂肪醇聚氧乙烯醚、葡萄糖、偏硅酸钠、阳离子改性烷基酚聚氧乙烯醚、丙二醇丁醚和水，主要用于铝及铝合金制件的除油和清洗。铝及铝合金清洗剂原料配方见表3-22。

表3-22 铝及铝合金清洗剂原料配方（质量分数）

组分	含量/%	组分	含量/%
烷基酚聚氧乙烯醚	5～25	葡萄糖	2～8
脂肪醇聚氧乙烯醚	5～25	偏硅酸钠	1～8
阳离子改性烷基酚聚氧乙烯醚	1～10	水	40～80
丙二醇丁醚	2～10		

制备方法 将上述原料在常温或加热（不超过70℃）混合溶解均匀即可，

该清洗剂在50～70℃的条件下，清洗铝及铝合金表面的矿物质油、动物油及其他功能性油脂时，采用超声波或压力清洗具有良好的效果。

3.7.8 热轧板清洗剂

热轧板清洗剂原料主要为硫酸、盐酸和氯化锂，主要用于清洗热轧钢板，钢带表面的黑色氧化膜和铁锈。热轧板清洗剂的原料配方见表3-23。

表 3-23 热轧板清洗剂原料配方（质量分数）

组分	含量/%	组分	含量/%
硫酸（相对密度1.84）	24	氯化锂	10
盐酸（相对密度1.15）	25	水	41

制备方法 将各种组分充分搅拌均匀成混合物即可。

原料配方 本配方各组分质量分数的比例范围为：硫酸15～28，氯离子13～20，水32～71，总酸40～60，工作温度20～80℃。

3.7.9 不锈钢清洗剂

（1）配方一 该清洗剂原料主要为磷酸、烷基苯磺酸钠、十二烷基苯磺酸钠、缓蚀剂、JFC净洗剂、OP-10乳化剂等，适用于不锈钢等线材、管材、容器等化工设备的清洗脱脂清洗后表面光泽性好，对不锈钢表面无侵蚀作用。且受酸碱、海水的影响较小，去脂能力强，清洗效果好，可重复回收利用。不锈钢清洗剂原料配方一见表3-24。

表 3-24 不锈钢清洗剂原料配方一（质量分数）

组分	含量/%	组分	含量/%
磷酸	8	缓蚀剂	3
烷基苯磺酸钠	1.5	脂肪醇环氧乙烷缩合物	0.5
十二烷基苯磺酸钠	1.5	水	加至100
OP-10乳化剂	1		

制备方法 将各种组分充分搅拌均匀成混合物即可。

原料配方 本配方各组分质量分数的比例范围为：磷酸4～12，烷基苯磺酸钠0.2～1.5，十二烷基苯磺酸钠0.2～1.5，OP-10乳化剂0.1～1，JFC净洗剂0.1～1，缓蚀剂1～5，加水至100。

（2）配方二 该清洗剂原料主要为碳酸钠、三聚磷酸钠、酒石酸、柠檬酸、氢氟酸、硝酸、磷酸、脂肪醇环氧乙烷缩合物、OP-10、三乙醇胺、乌洛托品、磷酸三钠、醋酸、乙醇和水等。用于不锈钢的除油、除锈、除黑色氧化皮、除污，并具有一定的钝化作用。不锈钢清洗剂的原料配方二见表3-25。

表 3-25 不锈钢清洗剂原料配方二（质量分数）

组分	含量/%	组分	含量/%
碳酸钠	8～12	三聚磷酸钠	4～6
酒石酸	2～2.5	柠檬酸	1～1.5
氢氟酸	2.5～3	硝酸	6.5～10
磷酸	10～15	脂肪醇环氧乙烷缩合物	2～4
三乙醇胺	0.05～0.5	乌洛托品	0.01～0.05
OP-10 乳化剂	0.01～0.05	醋酸	0.3～0.5
磷酸三钠	1～2	乙醇	0.5～1
水	加至 100		

制备方法 在常温下，将各种组分充分搅拌均匀成混合物即可。

原料配方 本配方各组分质量分数的比例范围为：碳酸钠 8～12，三聚磷酸钠 4～6，酒石酸 2～2.5，柠檬酸 1～1.5，氢氟酸 2.5～3，硝酸 6.5～10，磷酸 10～15，脂肪醇环氧乙烷缩合物 2～4，OP-10 0.01～0.05，三乙醇胺 0.05～0.5，乌洛托品 0.01～0.05，磷酸三钠 1～2，醋酸 0.3～0.5，乙醇 0.5～1，水加至 100。

3.7.10 轴承专用清洗剂

轴承专用清洗剂原料主要为氢氧化钠、烷基酚聚氧乙烯醚、硅酸钠、脂肪醇聚氧乙烯醚、三聚磷酸钠、磷酸三丁酯等，该清洗剂主要用于轴承的清洗，具有防锈、防火和环保的特点。

（1）配方一 轴承专用清洗剂原料配方一见表 3-26。

表 3-26 轴承专用清洗剂原料配方一（质量分数）

组分	含量/%	组分	含量/%
氢氧化钠	20～30	烷基酚聚氧乙烯醚	适量
硅酸钠	50～60	脂肪醇聚氧乙烯醚	2～6
三聚磷酸钠	10～15	磷酸三丁酯	0.1～0.3

（2）配方二 该清洗剂原料主要为十二烷基苯磺酸钠、甲基硅氧烷、壬基酚聚氧乙烯醚、乙二胺四乙酸钠、乌洛托品、苯并三氮唑和去离子水等，主要用于轴承的清洗。轴承专用清洗剂原料配方见表 3-27。

表 3-27 轴承专用清洗剂原料配方（质量分数）

组分	含量/%	组分	含量/%
十二烷基苯磺酸钠	10	乙二胺四乙酸钠	1
甲基硅氧烷	3	乌洛托品	2
壬基酚聚氧乙烯醚	5	苯并三氮唑	0.5
去离子水	78.5		

制备方法　首先将去离子水加入搅拌釜中，然后将表面话性剂、缓蚀剂、消泡剂和螯合剂依次加入到搅拌釜中，边加料边搅拌，待全部加完后，再搅拌5min，充分混合均匀后即可。

原料配方　本配方各组分质量分数的比例范围为：表面活性剂5～15，缓蚀剂0.5～5.0，消泡剂1～5.0，螯合剂1～5.0，水加至100。上述的表面活性剂为十二烷基苯磺酸钠、壬基酚聚氧乙烯醚；缓蚀剂为乌洛托品、苯并三氮唑、三乙醇胺、硫脲中的一种或两种；消泡剂为甲基硅氧烷；螯合剂为乙二胺四乙酸钠、羧甲基丙醇二酸钠中的一种。

3.7.11　冷轧镀锌前处理清洗剂

冷轧镀锌前处理清洗剂原料主要为氢氧化钠、复合烷基磷酸酯表面活性剂、碳酸钠、聚醚型消泡剂、聚合磷酸钠、葡萄糖酸盐和水等，其主要用于冷轧镀锌板前处理的清洗，清洗温度为50～80℃，泡沫量少，清洗能力强。冷轧镀锌前处理清洗剂的原料配方见表3-28。

表 3-28　冷轧镀锌前处理清洗剂的原料配方（质量分数）

组分	含量/%	组分	含量/%
氢氧化钠	40	复合烷基磷酸酯表面活性剂	7
碳酸钠	22	聚醚型消泡剂	1
聚合磷酸钠	15	葡萄糖酸盐	15
水	3000		

制备方法　按质量配比均匀混合后搅拌均匀即可。

原料配方　本配方各组分质量分数的比例范围为：氢氧化钠10～50，碳酸钠10～40，聚合磷酸钠5～30，葡萄糖酸盐5～30，复合烷基磷酸酯表面活性剂1～7，聚醚型消泡剂1～7，水2800～4000。

3.7.12　模具清洗剂

模具清洗剂原料主要为N-甲基吡咯烷酮、乙基苯、丙酮、间、对二甲苯、三氯甲烷、邻二甲苯、甲苯和水，主要用于模具表面的清洗。模具清洗剂的原料配方见表3-29。

表 3-29　模具清洗剂的原料配方（质量分数）

组分	含量/%	组分	含量/%
N-甲基吡咯烷酮	51	乙基苯	2.5
丙酮	5.0	间、对二甲苯	20
三氯甲烷	6.0	邻二甲苯	10
甲苯	1.5	水	4.0

制备方法 按质量配比均匀混合后搅拌均匀即可。

原料配方 本配方各组分质量分数的比例范围为：N-甲基吡咯烷酮35~65，丙酮3~10，三氯甲烷3~10，甲苯0.5~1.5，乙基苯1~3，间、对二甲苯15~35，邻二甲苯5~15，水2~8。

3.7.13 陶瓷过滤板清洗剂

陶瓷过滤板清洗剂的原料主要为硝酸、盐酸、氢氟酸、氟化氢铵、双氧水、氯化钠、草酸、十二烷基硫酸钠、十二烷基二甲基苄基溴化铵、十二烷基苯磺酸钠等，其主要用于陶瓷过滤板的清洗，可以在常温下对碳酸钙、硅酸钙、硫酸盐、磷酸盐、硫化物、氢氧化物、黏土等混合型污垢进行清洗。陶瓷过滤板清洗剂的原料配方见表3-30。

表3-30 陶瓷过滤板清洗剂原料配方（质量分数）

组分	含量/%	组分	含量/%
硝酸	3	双氧水	0.1
盐酸	3	草酸	1
氢氟酸	1.5	十二烷基硫酸钠	0.05
氟化氢铵	0.5	十二烷基二甲基苄基溴化铵	0.05
氯化钠	0.5	十二烷基苯磺酸钠	0.1

制备方法 按质量配比均匀混合后搅拌均匀即可。

原料配方 本配方各组分质量分数的比例范围为：硝酸0.1~5，盐酸0.1~5，氢氟酸0.2~3，氟化氢铵0.05~1，氯化钠0.1~2，双氧水0.02~2，草酸0.1~5，十二烷基硫酸钠0.01~1，十二烷基二甲基苄基溴化铵0.005~1，十二烷基苯磺酸钠0.01~1。

3.7.14 循环冷却水清洗剂

循环冷却水清洗剂的原料主要为六偏磷酸钠、杀菌剂TS-807、蓝星L-826、水解聚马来酸酐、辛烷基酚/聚氧乙烯醚、聚丙烯酸钠、异丙醇、乙醇和水等，主要用于大型设备的循环冷却水清洗，可以有效防止冷却水的结垢。循环冷却水清洗剂的原料配方见表3-31。

表3-31 循环冷却水清洗剂的原料配方（质量分数）

组分	含量/%	组分	含量/%
杀菌剂TS-807	0.167	蓝星L-826	0.335
六偏磷酸钠	0.022	水解聚马来酸酐	0.022

续表

组分	含量/%	组分	含量/%
辛烷基酚/聚氧乙烯醚	0.0065	聚丙烯酸钠	0.011
异丙醇	0.012	水	加至 100
乙醇	0.002		

制备方法 按质量配比均匀混合后搅拌均匀即可。

原料配方 本配方各组分质量分数的比例范围为：杀菌剂 TS-807 0.01～50.02，六偏磷酸钠 0.02～0.025，辛烷基酚/聚氧乙烯醚 0.005～0.008，异丙醇 0.01～0.015，95% 乙醇 0.0015～0.0025，蓝星 L-826 0.3～0.35，水解聚马来酸酐 0.02～0.025，聚丙烯酸钠 0.01～0.015，硝酸（调整 pH 值），水加至 100。

3.7.15 锅炉酸洗除垢剂

锅炉酸洗清洗剂的原料主要为丁酸、甲酸、丙酸、食用醋酸、抗坏血酸和水，其主要用于固定锅炉（低压蒸汽锅炉和热水采暖锅炉）、蒸汽机车锅炉、客车车厢的取暖锅炉、空压机的中间冷却器、柴油发电机组的冷却器以及石油化工企业的冷却器等设备的除垢，兼有除垢和除锈的双重功能。锅炉酸洗除垢剂的原料配方见表 3-32。

表 3-32 锅炉酸洗除垢剂的原料配方（质量分数）

组分	含量/%	组分	含量/%
丁酸	1～5	甲酸	5～20
丙酸	1～5	食用醋酸	5～20
抗坏血酸	0.1～1	水	49～87.9

制备方法 按质量配比均匀混合后搅拌均匀即可。

原料配方 本配方各组分质量分数的比例范围为：丁酸 1～5，丙酸 1～5，抗坏血酸 0.1～1，甲酸 5～20，食用醋酸 5～20，水 49～87.9。

3.7.16 输油管线清洗剂

输油管线清洗剂的原料主要为羟基亚乙基二膦酸、腐殖酸钠、乙二胺四乙酸和水等，是输油管线的酸性除垢剂，但其不会对管线系统造成强烈的腐蚀，能够延长管线的使用寿命，可以安全、有效地快速去除管线表面的碳酸盐污垢、硫酸盐污垢、锈垢及其他矿物质的沉积物，泥沙性堆积物等。输油管线清洗剂的原料配方见表 3-33。

表 3-33 输油管线清洗剂的原料配方（质量分数）

组分	含量/%	组分	含量/%
羟基亚乙基二膦酸	45	腐殖酸钠	7
乙二胺四乙酸	15	水	加至100

制备方法 按质量配比均匀混合后搅拌均匀即可。

原料配方 本配方各组分质量分数的比例范围为：羟基亚乙基二膦酸40～50，腐殖酸钠5～8，乙二胺四乙酸10～15，水加至100，配成后pH值调整为2～4。

3.7.17 铁路客车清洗剂

铁路客车清洗剂的原料主要为液体石蜡、硅藻土、硬蜡、纯碱、油酸、聚氧乙烯二乙醇胺和水，该配方对铁路客车的外壁、内壁、座椅、门窗等具有较强的清洗能力。铁路客车清洗剂的原料配方见表3-34。

表 3-34 铁路客车清洗剂的原料配方（质量分数）

组分	含量/%	组分	含量/%
液体石蜡	45	硅藻土(200目)	8
硬蜡	3.5	纯碱	3.5
油酸	7	水	加至100
聚氧乙烯二乙醇胺	5		

制备方法 先将聚氧乙烯二乙醇胺放入水中溶解，制成聚氧乙烯二乙醇胺溶液。将液体石蜡和硬蜡放入油酸中混匀，制成液体石蜡、硬蜡、油酸的混合液。将上述两种液体混合后加入硅藻土搅拌均匀，加入纯碱调节酸碱度。

原料配方 本配方各组分质量分数的比例范围为：液体石蜡41～50，硬蜡3～5，油酸5～10，聚氧乙烯二乙醇胺2～10，硅藻土6～10，纯碱3～5，水加至100。

3.7.18 飞机清洗剂

（1）配方一 该清洗剂的原料主要为十二烷基苯磺酸钠、氢氧化钠、甲基苯并三氮唑、乙二胺四乙酸、硅油消泡剂、碱性橙、壬基酚聚氧乙烯醚、无水硅酸钠和水等，其可以用于各种民航客机、民用飞机、军用飞机的外表面及内表面的清洗。飞机清洗剂的原料配方一见表3-35。

表 3-35 飞机清洗剂的原料配方一（质量分数）

组分	含量/%	组分	含量/%
十二烷基苯磺酸	1.4	氢氧化钠	0.35

续表

组分	含量/%	组分	含量/%
甲基苯并三氮唑	0.3	硅油消泡剂	0.001
碱性橙	0.15	乙二胺四乙酸	0.55
壬基酚聚氧乙烯醚(OP-10)	9	无水硅酸钠	0.8
水	加至 100		

制备方法　按配比称取各原料，常温常压下在反应釜中搅拌均匀即可。

原料配方　本配方各组分质量分数的比例范围为：十二烷基苯磺酸 1~3，甲基苯并三氮唑 0.1~0.3，乙二胺四乙酸 0.2~0.7，壬基酚聚氧乙烯醚 6~13，无水硅酸钠 0.5~3，水加至 100。

（2）配方二　该清洗剂的原料主要为溶剂松油醇、尼纳尔、柠檬烯、山梨醇酯单硬脂酸酯聚氧乙烯醚、苯乙酮、苯并三氮唑、壬基酚聚氧乙烯醚等，主要用于机身外表面的清洗。飞机清洗剂的原料配方二见表 3-36。

表 3-36　飞机清洗剂的原料配方二（质量分数）

组分	含量/%	组分	含量/%
溶剂松油醇	20	尼纳尔	5
柠檬烯	10	山梨醇酯单硬脂酸酯聚氧乙烯醚(T-60)	5
苯乙酮	5	苯并三氮唑(BTA)	2
壬基酚聚氧乙烯醚(OP-10)	5		

制备方法　按比例在反应釜中加入松油醇、柠檬烯、苯乙酮混合后加热至 40~60℃；依次加入壬基酚聚氧乙烯醚（OP-10）、尼纳尔、山梨醇酯单硬脂酸酯聚氧乙烯醚（T-60），待完全溶解降至室温后加入苯并三氮唑（BTA），混合均匀。

原料配方　本配方各组分质量分数的比例范围为：溶剂松油醇 20~50，柠檬烯 10~25，苯乙酮 5~15，表面活性剂壬基酚聚氧乙烯醚（OP-10）适量，尼纳尔 5~25，山梨醇酯单硬脂酸酯聚氧乙烯醚（T-60）5~15，缓蚀剂苯并三氮唑（BTA）0.002~0.004。

3.7.19　飞机机身表面清洗剂

飞机机身表面清洗剂的原料主要为脂肪醇聚氧乙烯醚、三乙醇胺、乙氧基化双烷基氯化铵、钼酸钠、硅酸钠、焦磷酸钠和水，主要用于民航领域各种飞机机型的机身表面清洗，其中不含有有机溶剂，因此不会对环境造成污染。飞机机身表面清洗剂的原料配方见表 3-37。

表 3-37 飞机机身表面清洗剂的原料配方（质量分数）

组分	含量/%	组分	含量/%
脂肪醇聚氧乙烯醚	13	三乙醇胺	0.5
乙氧基化双烷基氯化铵	2.5	钼酸钠	4.5
硅酸钠	6	软水	加至100
焦磷酸钠	6.5		

制备方法 将上述组分按比例混合，搅拌均匀即可。

原料配方 本配方各组分质量分数的比例范围为：脂肪醇聚氧乙烯醚 8～20，硅酸钠 2～8，焦磷酸钠 2～8，水加至 100。

3.7.20 汽车水箱快速清洗剂

（1）配方一 该清洗剂的原料主要为三聚磷酸钠、乙二醇缩乙醚、乙二胺四乙酸、磷酸、醋酸、二甲苯磺酸钠、水解马来酸酐、二甲苯磺酸钠、烷基酚聚氧乙烯醚和水，主要用于汽车水箱内部水垢的清洗，能够有效降低水垢脱落后对循环水路造成的堵塞。汽车水箱快速清洗剂的原料配方一见表 3-38。

表 3-38 汽车水箱快速清洗剂的原料配方一（质量分数）

组分	含量/%	组分	含量/%
三聚磷酸钠	2	乙二醇缩乙醚	2
乙二胺四乙酸	0.5	磷酸	2
水解马来酸酐	2	醋酸	5
二甲苯磺酸钠	2	水	31
烷基酚聚氧乙烯醚	0.5		

制备方法 按比例称取上述配方组分，混合搅拌均匀即可。

原料配方 本配方各组分质量分数的比例范围为：三聚磷酸钠 2～8，乙二胺四乙酸 0.5～2，水解马来酸酐 2～8，二甲苯磺酸钠 2～10，烷基酚聚氧乙烯醚 0.5～3，乙二醇缩乙醚 2～8，磷酸 2～10，醋酸 5～20，水 30～36。

（2）配方二 该清洗剂的原料主要为 LW-5 缓蚀剂、二壬基萘磺酸钡、六亚甲基四胺、聚乙二醇辛基苯基醚、羟基乙酸、十二烷基苯磺酸钠、氨基磺酸、二环己胺辛酸酯、EDTA-Na$_2$、渗透剂和水，主要用于汽车水箱及发动机水侧部位的水垢和锈垢的清洗，同时可以应用清洗由不锈钢、碳钢、低合金钢、铜及铜合金、铝及铝合金制成的盛水设备、容器、管道等的水垢和锈垢。汽车水箱快速清洗剂的原料配方二见表 3-39。

表 3-39　汽车水箱快速清洗剂的原料配方二（质量分数）

组分	含量/%	组分	含量/%
LW-5 缓蚀剂	4	二壬基萘磺酸钡	1.8
六亚甲基四胺	4.2	聚乙二醇辛基苯基醚	5
羟基乙酸	10	十二烷基苯磺酸钠	1.6
氨基磺酸	35	二环己胺辛酸酯	2.8
EDTA-Na$_2$	1.5	水	加至 100
渗透剂	5		

制备方法　将按比例称取的二环己胺辛酸酯、二壬基萘磺酸钡、LW-5 缓蚀剂、六亚甲基四胺、聚乙二醇辛基苯基醚、十二烷基苯磺酸钠 EDTA-Na$_2$、渗透剂溶于 55～60℃ 的水中，放置 24h 后，将羟基乙酸、氨基磺酸溶于溶液中即可。

原料配方　本配方各组分质量分数的比例范围为：LW-5 缓蚀剂 3.2～4.8，EDTA-Na$_2$ 1～3，氨基磺酸 35～37。

3.7.21　汽车空调清洗剂

汽车空调清洗剂的原料主要为氨基磺酸、乙二胺四乙基铵、椰子油二乙醇胺、三乙醇胺、硅酸钠、二丙二醇单丁醚、聚乙二醇环氧乙烷加成物、壬基聚氧乙烯基醚和水，其主要用于汽车空调器的清洗，产品 pH 值为 4～6，无腐蚀作用。汽车空调清洗剂的原料配方见表 3-40。

表 3-40　汽车空调清洗剂的原料配方（质量分数）

组分	含量/%	组分	含量/%
氨基磺酸	6	乙二胺四乙基铵	5
椰子油二乙醇胺	1	硅酸钠	1
三乙醇胺	3	二丙二醇单丁醚	4
聚乙二醇环氧乙烷加成物	2	水	73
壬基聚氧乙烯基醚	6		

制备方法　取壬基聚氧乙烯醚适量、氨基磺酸 6kg、椰子油二乙醇胺 1kg、三乙醇胺 3kg、聚乙二醇环氧乙烷加成物 2kg、乙二胺四乙基铵 5kg 分散共溶，温度 30℃，溶解时间 0.5h；另取 1kg 硅酸钠溶于 29.2kg 的水中，溶解温度为 50℃。将上述两种溶液混合，再加 43.8kg 的水和 4kg 的二丙二醇单丁醚，在反应釜中搅拌，搅拌速度为 60 次/min，复配时间 1h，温度控制在 30℃ 左右，静置 3h 即可。

原料配方　本配方各组分质量分数的比例范围为：氨基磺酸 5～8，椰子油二乙醇胺 1~4，三乙醇胺 2~4，聚乙二醇环氧乙烷加成物 1~3，壬基聚氧乙烯基醚适量，乙二胺四乙基铵 3~6，硅酸钠 1~2，二丙二醇单丁醚 2~5，水加至 100。

3.7.22　高效汽车燃油系统积垢清洗剂

高效汽车燃油系统积垢清洗剂的原料主要为油酸、乙醚、异丙醇胺、石油醚、丙酮、氨水、油溶性锰盐、乙二醇单丁醚、正丁醇、辛基酚聚氧乙烯醚、煤油、润滑油和水，主要用于清洗机车燃油系统的积垢。高效汽车燃油清洗剂的原料配方见表 3-41。

表 3-41　高效汽车燃油清洗剂的原料配方（质量分数）

组分	含量/%	组分	含量/%
油酸	5	乙醚	30
异丙醇胺	2	石油醚	5
氨水	3	丙酮	8
乙二醇单丁醚	5	油溶性锰盐	10
正丁醇	5	辛基酚聚氧乙烯醚	1
煤油	10	水	5
润滑油	10		

制备方法　将上述原料分别溶解、混合、沉淀、分离过滤即可。

原料配方　本配方各组分的质量分数的比例范围为：油酸 3~6，异丙醇胺 1~2.5，氨水 2~3.5，乙二醇单丁醚 3~6，正丁醇 3~6，煤油 7~12，润滑油 8~12，乙醚 20~40，石油醚 4~6，丙酮 6~10，油溶性锰盐 7~12，辛基酚聚氧乙烯醚适量，水 4~8。

3.7.23　汽车燃料系统清洗剂

（1）配方一　该清洗剂的原料主要为椰子油酰胺、2-正丁基磷酸酯、二聚亚油酸、2,8-二叔丁基酚、丁二酰胺、甲苯等，主要用于汽车燃油系统的清洗，可以有效把燃油系统附着的油垢、胶体物质、积碳充分润湿和分散并清除。汽车燃料系统清洗剂的原料配方一见表 3-42。

表 3-42　汽车燃料系统清洗剂的原料配方一（质量分数）

组分	含量/%	组分	含量/%
椰子油酰胺	12.5	2-正丁基磷酸酯	17
二聚亚油酸	17	2,8-二叔丁基酚	3
丁二酰胺	6	甲苯	17

制备方法　在反应釜中将上述组分依次按比例加入后搅拌均匀即可。

原料配方　本配方各组分质量分数的比例范围为：椰子油酰胺 10～15，二聚酸 15～20，丁二酰胺 5～8，有机磷酸酯 15～20，抗氧化防胶剂 2～5，溶剂 15～20，二聚酸采用二聚亚油酸。有机磷酸酯采用磷酸三甲酚酯或 2-正丁基磷酸酯。抗氧化防胶剂采用 2,8-二叔丁基酚、2,6-二叔丁基对甲酚、2,4-二甲基-6-叔丁基酚中的一种和几种的混合物。溶剂采用芳香烃或脂肪烃。

（2）配方二　该清洗剂的原料主要为油酸、异丙醇胺、丁基溶纤维、山梨糖醇酯和水，它主要用于机动车燃料系统和动力系统的清洗。汽车燃料系统清洗剂的原料配方二见表 3-43。

表 3-43　汽车燃料系统清洗剂的原料配方二（质量分数）

组分	含量/%	组分	含量/%
油酸	12	异丙醇胺	3
丁基溶纤维	11	水	10
山梨糖醇酯	2		

制备方法　将原料按比例均匀混合即可。

原料配方　本配方各组分质量分数的比例范围为：油酸 10～15，丁基溶纤维，10～12，山梨糖醇酯 2～3，异丙醇胺 3～6，水 5～15。

3.7.24　汽车发动机用清洗剂

（1）配方一　该清洗剂的原料主要为石蜡烃、烷基磺酸盐、芳烃、磷酸、烷基酚聚氧乙烯醚、乙二胺四乙酸、乳化剂、乙二醇、异丙醇、氢氧化钠、硅酸钾和水，主要用于汽车发动机的清洗。汽车发动机用清洗剂的原料配方一见表 3-44。

表 3-44　汽车发动机用清洗剂的原料配方一（质量分数）

组分	含量/%	组分	含量/%
石蜡烃	25～100	烷基磺酸盐	1～10
芳烃	25～100	磷酸	1～10
烷基酚聚氧乙烯醚	10～25	乙二胺四乙酸	0～1
乳化剂	1～10	乙二醇、异丙醇	1～10
氢氧化钠	10～25	水	0～1000
硅酸钾	1～10		

制备方法　将上述各组分均匀混合于水中即可。

（2）配方二　该清洗剂的原料主要为十二烷基硫酸钠、氢氧化钠、硫酸钠、肼、三聚磷酸钠、硅酸钠和水，主要用于汽车发动机的清洗。汽车发动机用清洗剂的原料配方二见表 3-45。

表 3-45　汽车发动机用清洗剂的原料配方二（质量分数）

组分	含量/%	组分	含量/%
十二烷基硫酸钠	1.2	硫酸钠	1.2
氢氧化钠	1.2	肼	0.1
三聚磷酸钠	1.5	水	93.6
硅酸钠	1.2		

制备方法　将上述各组分均匀混合于水中即可。

原料配方　本配方各组分质量分数的比例范围为：十二烷基硫酸钠 1～2，氢氧化钠 1～1.5，硫酸钠 0.2～1.5，肼 0.05～1.5，水 89.5～95.75。

（3）配方三　该清洗剂的原料主要为二甲苯、高碱值磺酸钙、2,6-二叔丁基苯酚、二烷基二硫代氨基甲酸盐、硝基苯、硫化异丁烯，主要用于汽车发动机的清洗。汽车发动机用清洗剂的原料配方三见表 3-46。

表 3-46　汽车发动机用清洗剂的原料配方三（质量分数）

组分	含量/%	组分	含量/%
二甲苯	15	高碱值磺酸钙	15
2,6-二叔丁基苯酚	7	二烷基二硫代氨基甲酸盐	5
硝基苯	6	硫化异丁烯	3

制备方法　先将芳香烃加入调和釜中，然后加入酚类化合物，搅拌均匀后，再按比例加入硝基化合物、高碱值磺酸钙、抗氧防腐剂、含硫抗摩剂后混合均匀即可。

原料配方　本配方各组分质量分数的比例范围为：二甲苯 10～20，硫化异丁烯 2～4，硝基苯 4～8，高碱值磺酸钙 15～20，2,6-二叔丁基苯酚 5～10，二烷基二硫代氨基甲酸盐 2～5。

3.7.25　电器清洗剂

（1）配方一　该清洗剂的原料主要为烷基多苷的水溶液、柠檬香精、烷基苯磺酸钠、乙醇、异丙醇、尼泊金酯、硅酸钠和去离子水，可用于家用电器在生产和使用过程中的清洗。电器清洗剂的原料配方一见表 3-47。

表 3-47　电器清洗剂的原料配方一（质量分数）

组分	含量/%	组分	含量/%
烷基多苷的水溶液(50%)	0.2	柠檬香精	0.1
烷基苯磺酸钠	0.4	乙醇	20

续表

组分	含量/%	组分	含量/%
尼泊金酯	0.1	异丙醇	50
硅酸钠	0.3	去离子水	28.9

制备方法　首先将去离子水加热到 65~70℃，然后分别加入烷基苯磺酸钠、尼泊金酯、烷基多苷的水溶液、柠檬香精、硅酸钠，搅拌均匀，冷却、均化，冷却至室温后再加入异丙醇和乙醇混合均匀即可。

原料配方　本配方各组分质量分数的比例范围为：烷基多苷 0.1~0.5，烷基苯磺酸钠 0.4~1.2，尼泊金酯 0.1~0.2，硅酸钠 0.3~0.5，柠檬香精 0.1~0.2，乙醇 5~32，异丙醇 35~63，去离子水 28~55。

（2）配方二　该清洗剂的原料主要为氢氟酸、聚氧乙烯烷基酚醚、烷基硫酸钠和乙醇，主要用于家用电器的清洗，在除去电器表面污垢的同时，可以将静电荷释放。电器清洗剂的原料配方二见表 3-48。

表 3-48　电器清洗剂的原料配方二（质量分数）

组分	含量/%	组分	含量/%
氢氟酸	0.25	聚氧乙烯烷基酚醚	0.08
烷基硫酸钠	0.05	乙醇	99.62

制备方法　将上述各组分均匀混合于水中即可。

原料配方　本配方各组分质量分数的比例范围为：氢氟酸 0.25~0.5，聚氧乙烯烷基酚醚 0.06~0.08，烷基硫酸钠 0.05~0.07，乙醇 99.37~99.62。

3.7.26　集成电路芯片清洗剂

集成电路芯片清洗剂的原料主要为椰子油酰二乙醇胺、异丙醇、十八烷基二羟乙烯甜菜碱、乙醇、N-十二烷基丙氨酸、乙醇胺、乙二胺四乙酸、壬基酚聚氧乙烯醚、柠檬酸、碘和去离子水。主要用于集成电路，尤其是超大规模集成电路的清洗。集成电路芯片清洗剂的原料配方见表 3-49。

表 3-49　集成电路芯片清洗剂的原料配方（质量分数）

组分	含量/%	组分	含量/%
椰子油酰二乙醇胺	8	异丙醇	3
十八烷基二羟乙烯甜菜碱	1	乙醇	4
N-十二烷基丙氨酸	1	乙醇胺	1.5
乙二胺四乙酸	1	壬基酚聚氧乙烯醚	8
柠檬酸	0.5	去离子水	加至 100
碘	0.15		

制备方法 先将壬基酚聚氧乙烯醚、椰子油酰二乙醇胺、十八烷基二羟乙烯甜菜碱、N-十二烷基丙氨酸提纯后,再将上述原料加入到 60℃ 的去离子水中,常压下搅拌,并保温一定时间,得到均匀透明的液体。再加入乙二胺四乙酸、柠檬酸,搅拌至完全溶解。静置 24h 后消泡,用乙醇胺调节溶液的 pH 值至 10.5,用乙醇调节溶液的黏度。

原料配方 本配方各组分质量分数的比例范围为:椰子油酰二乙醇胺 2~15,十八烷基二羟乙烯甜菜碱表面活性剂 0~2,N-十二烷基丙氨酸 0~2,乙二胺四乙酸 0~2,柠檬酸 0.5~2,碘 0~0.5,异丙醇 0~6,乙醇 4~6,乙醇胺 1~3,壬基酚聚氧乙烯醚适量,去离子水加至 100。

3.7.27 显像管专用清洗剂

显像管专用清洗剂的原料主要为精制柠檬油烯、苯甲酸钠、十二烷基聚氧乙烯醚、三乙醇胺、十二烷基磺酸钠、烷基苯并咪唑、苯并三氮唑复盐、十二烷基苯磺酸钠、十二伯胺和蒸馏水,主要用于电子显像管的清洗。显像管专用清洗剂的原料配方见表 3-50。

表 3-50 显像管专用清洗剂的原料配方(质量分数)

组分	含量/%	组分	含量/%
精制柠檬油烯	10	苯甲酸钠	1
十二烷基聚氧乙烯醚	5	三乙醇胺	1
十二烷基磺酸钠	2.5	烷基苯并咪唑、苯并三氮唑复盐	1
十二烷基苯磺酸钠	2.5	蒸馏水	75
十二伯胺	1		

制备方法 将上述各组分均匀混合于水中,在 80℃ 保温搅拌 1h,冷却即可。

3.7.28 电子工业清洗剂

电子工业清洗剂的原料主要为脂肪醇聚氧乙烯醚硫酸钠、乙二胺四乙酸、壬基酚聚氧乙烯醚 TX-10、聚醚、椰子油酰二乙醇胺、羧甲基纤维素、乙二醇单丁基醚、异丙醇和去离子水,可以用于清洗计算机硬盘部件的表面。电子工业清洗剂的原料配方见表 3-51。

表 3-51 电子工业清洗剂的原料配方(质量分数)

组分	含量/%	组分	含量/%
脂肪醇聚氧乙烯醚硫酸钠	6	乙二胺四乙酸	0.15
壬基酚聚氧乙烯醚 TX-10	12	聚醚	2

续表

组分	含量/%	组分	含量/%
椰子油酰二乙醇胺	15	去离子水	35～57
乙二醇单丁基醚	2	羧甲基纤维素	0.5
异丙醇	5		

制备方法　将上述各组分在 50～70℃温度范围内加热溶解，搅拌均匀，沉淀萃取，冷却即可。

原料配方　本配方各组分质量分数的比例范围为：脂肪醇聚氧乙烯醚硫酸钠 5～10，壬基酚聚氧乙烯醚 10～20，椰子油酰二乙醇胺或烷基醇酰胺磷酸酯 10～15，聚醚 1～4，乙二胺四乙酸 0.1～0.2，乙二醇单丁基醚或异丙醇 5～10，去离子水加至 100。

3.7.29　船底清洗剂

（1）配方一　该清洗剂的原料主要为磺酸、丁基溶纤剂、色料、壬基酚聚氧乙烯醚、氢氧化钠、二甲苯、软水，主要用于民用或军用船底的清洗，可以有效去除船底的微生物和其他污物，且对环境的污染较小。船底清洗剂的原料配方一见表 3-52。

表 3-52　船底清洗剂的原料配方一（质量分数）

组分	含量/%	组分	含量/%
磺酸	2.0	丁基溶纤剂	3.0
色料	少量	壬基酚聚氧乙烯醚	1.0
氢氧化钠	0.5	软水	92.5
二甲苯	1.0		

制备方法　先将氢氧化钠溶于水中，搅拌均匀，同时依次加入其余原料，搅拌均匀后加入余量水即可。

（2）配方二　该清洗剂的原料主要为双二甲基二硫代氨基甲酰或亚乙基双硫代氨基甲酸锌、四氯异对苯二甲腈、甲基异丁基酮、磷酸三甲苯酚酯、硫酸钡、滑石粉、氯化橡胶、氧化铁红、松香和二甲苯。其主要用于船底、渔网及各种水中材料的防污和清洗，可以有效去除上述外表面的海藻、软体动物等生物污垢，并可以防止再次污染。船底清洗剂的原料配方二见表 3-53。

表 3-53　船底清洗剂的原料配方二（质量分数）

组分	含量/%	组分	含量/%
双二甲基二硫代氨基甲酰或亚乙基双硫代氨基甲酸锌	12	四氯异对苯二甲腈	10

续表

组分	含量/%	组分	含量/%
甲基异丁基酮	9	磷酸三甲苯酚酯	2
硫酸钡	10	滑石粉	11
氯化橡胶	3	氧化铁红	12
松香	15	二甲苯	16

3.7.30　空调水系统清洗剂

空调水系统清洗剂的原料主要为乙二胺四乙酸、羟基亚乙基二膦酸、腐植酸钠、聚磷酸盐和水，可以在系统不停止运转的状态下对中央空调水系统进行清洗。空调水清洗剂的原料配方见表 3-54。

表 3-54　空调水清洗剂的原料配方（质量分数）

组分	含量/%	组分	含量/%
乙二胺四乙酸	25	羟基亚乙基二膦酸	25
腐植酸钠	18	水	加至 100
聚磷酸盐	12		

制备方法　将上述各组分按比例混合均匀即可。

原料配方　本配方各组分质量分数的比例范围为：乙二胺四乙酸 20～30，腐植酸钠 15～20，聚磷酸盐 10～15，羟基亚乙基二膦酸 20～30，水加至 100。

3.8　热镀锌钢板表面清洗技术

轧制后的冷轧钢带表面附有许多轧制油、机油、铁粉和灰尘等污染物。这些杂质的存在，会影响钢板的热镀锌表面质量。采用改良的森吉米尔法生产工艺，是利用燃烧火焰直接快速加热钢带，钢带在退火炉中由火焰直接加热到高温，可以把钢带表面残留的大部分轧制油烧掉，但无法清除钢带表面残留的铁粉等污物，这些铁粉是产生炉辊结瘤，进而在钢带表面产生压印及划伤，影响钢带表面质量的主要原因，也是造成镀锌后的钢带产生表面镀层不均匀，降低热镀锌镀层耐蚀性性能的原因。另外，钢带表面残留的碳化物等也会使镀层的附着力差，甚至产生漏镀，降低了热镀锌镀层的表面质量。采用美钢法生产工艺时采用全辐射管间接加热，无火焰燃烧油脂的功能，对镀锌基板的要求更高。同时，随着国民经济的发展，市场对热镀锌产品的质量要求越来越高，如汽车板，除要求有良好的深冲性、涂装性、耐蚀性外，还需要有良好的涂漆外观和涂层结合力，而轧制后的钢带表面上所附着的轧制油、机油、铁粉和灰尘等污物，只有通过清洗技术才能彻底清除掉，因此热镀锌表面的清洗工艺技术对提高产品的质量和市场的竞争力具有十分重要的意义。

3.8.1　冷轧钢带污物类型及其存在形态

轧制后的冷轧钢带表面附有许多轧制油、机油、铁粉和灰尘等污物。这些污物的存在，将会严重地影响钢带的热镀锌质量，必须经过严格的清洗工序，将其清除掉以保证钢带的热镀锌层质量。

3.8.1.1　污物类型

一般而言，冷轧钢带表面残存的污染类型主要包括金属沫、润滑油和脂，硬水盐以及各种性能的污染物，例如抗氧化剂、乳化剂等。其中有机成分通常是污物总量的 2/3。图 3-7 显示了连续热镀锌生产线上钢带表面污物组成的实例。

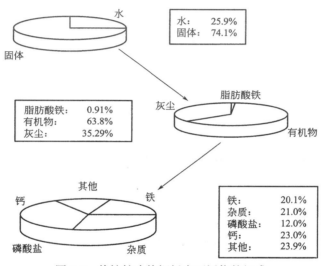

图 3-7　热镀锌冷轧钢板表面污物的组成

3.8.1.2　污物在钢带表面存在的形态

（1）污物靠重力作用沉降而堆积，其表面附着力很弱，容易被清洗掉，例如钢带上的灰尘、矿粒。

（2）污物与钢表面靠分子间作用做力物结合，即污物靠范德华力、氢键力、共价键力吸附于钢带表面，这类污物较难清除。

（3）污物靠静电吸引力吸附于钢表面，这类污物常带有与钢带表面相反的电荷。水的介电常数大，可削弱污物与钢表面的静电引力使这类污物容易清洗。

（4）污物在钢带表面形成变质层，如钢带表面存在的氧化膜，这类污物需用化学或力学方法清洗。

（5）坚硬污物嵌入钢带表面，这是偶然轧制嵌入物，用化学方法可清洗。

3.8.2 清洗剂组成

热镀锌生产线上钢带的清洗，国内外各钢铁厂家采用的清洗剂有很大区别，但清洗剂的主要成分应该大体相似。

3.8.2.1 溶剂

（1）水 清洗过程中使用最广泛，用量最大的溶剂，水有很强的溶解力、分散力，特别对无机盐和有机盐，这些电解质的溶解能力极强；水对一些有机物，如碳水化合物、蛋白质、低碳脂肪酸和醇有很强溶解和分散能力；水与被溶解物质间可发生某些反应，形成水溶液后，使物质反应增强；水有合适的冰点、沸点和蒸汽压，很容易控制温度变化；水有较大比热容和汽化热，在清洗过程，水可以成为冷却物体或储存、传导热的优良载体；水具有不燃性，无臭、无味、无毒。

（2）有机溶剂 有机溶剂有易溶于水的称亲水性溶剂；有易溶于乙醚的称亲油性溶剂；有易溶于乙醇的称醇溶性溶剂。

通常可用于清洗的有机溶剂包括以下几种。

a. 烃类溶剂，如低沸点石油溶剂；芳香烃溶剂；高沸点石油溶剂；松香类溶剂。

b. 卤代烃合成溶剂，如二氯甲烷；1,1,1-三氯乙烷；三氯乙烯；四氯乙烯；三氯三氟乙烯等。

c. 醇类溶剂，如水溶性—元醇溶剂；低水溶性一元醇溶剂；多元醇溶剂。

d. 其他有机溶剂，如酮类溶剂；酯类溶剂。

有机溶剂存在有毒、易燃、易爆等缺点，同时也是环保有严格要求的溶剂。

3.8.2.2 碱剂

清洗过程使用的碱剂主要包括碱和水解呈碱性盐。常见碱剂见表 3-55。

表 3-55　清洗中常用的碱剂

类别	名称	化学结构式	碱含量为1%时水溶液的 pH 值(24℃)
氢氧化物	氢氧化钠 氢氧化铵	NaOH NH_4OH	13.1 11.5
碳酸盐	碳酸钠 碳酸氢钠	Na_2CO_3 $NaHCO_3$	11.2 8.4
磷酸盐	磷酸钠 磷酸氢二钠	Na_3PO_4 Na_2HPO_4	12.0 9.4
聚合磷酸盐	焦磷酸钠 三聚磷酸钠 四聚磷酸钠	$Na_4P_2O_7$ $Na_5P_3O_{10}$ $Na_6P_4O_{13}$	10.2 9.7 8.4
硅酸盐	正硅酸钠 偏硅酸钠	$2Na_2O \cdot SiO_2 \cdot 5H_2O$ $Na_2O \cdot SiO_2 \cdot 5H_2O$	12.8 12.4

3.8.2.3 表面活性剂

（1）清洗对表面活性剂的要求

a. 具有良好的清洗和去污作用。

b. 良好的、恰当的泡沫性能。

c. 良好的电介质相容性，在电解质溶液中溶解度特别好。

d. 对酸、碱和氧化剂的化学稳定性。

e. 乳化能力尽可能低，乳化油脂不利于清洗有效去污。

f. 易于吸附在钢带表面以利于除油膜和去污，冲洗时易于从表面上解吸下来。

（2）表面活性剂的作用与性质

a. 界面吸附、定向排列，表面活性剂的亲水基和亲油基两种结构。决定着它们难溶于水又难溶于油，使之倾向于在界面上定向吸附。

b. 胶束生成与临界胶束浓度

表面活性剂以单分子状态溶于水时，它会完全被水包围，亲水基一端被水排斥，亲水基一端被水吸引。表面活性剂在水中为使其亲油基不被排斥，其分子不停地转动，或者把亲水基留在水中，亲油基伸向空气，在界面形成定向排列的单水子膜，或者是让表面活性剂分子的亲油基互相靠在一起，尽可能减少亲油基和水的接触面积，形成了胶束。即几十到几百个表面活性剂分子相互靠在一起，把亲油基包围在内部几乎不与水接触，把亲水基朝向水中所组成的分子聚集体称为胶束。胶束与水没有排斥作用，以胶束状态存在的表面活性剂可以稳定地分散在水中。

表面活性剂的胶束存在某一临界浓度值，在高于或低于此临界胶束浓度时，其水溶液表面张力及其他物理性质都有很大差异。在低浓度溶液中没有胶束或者只有较小胶束出现。在临界胶束浓度，表面活性剂的表面张力、渗透压、浊点、密度、电导率、黏度以及洗涤去污能力都有一个飞跃式提高，使用表面活性剂时，只有浓度稍高于临界胶束浓度，洗涤去污作用才能充分得以发挥。

c. 润湿渗透作用。表面活性剂的润湿渗透作用，决定于它能降低溶剂的表面张力作用，使其润湿角度变小了，从而增加了润湿或渗透作用。

d. 乳化作用。乳化作用是使两种不相混溶的液体（如油和水）中的一种以极小粒子（粒径 $10^{-6} \sim 10^{-5}$ m）均匀分散于另一种液体中形成乳状液。做乳化作用的表面活性剂，一是可降低两种液体间的稳定作用，使油水排斥力增加，界面张力降低，减少油滴之间的吸引力，防止油滴聚集；二是可在油滴周围形成定向排列亲水分子膜，此坚固膜可防止油滴碰撞时相互聚集。

e. 分散作用。表面活性剂有促进固体分散形成稳定悬浊液的作用。此时表面活性剂可叫分散剂。分散剂原理与乳化剂基本相同，不同点在于被分散的固体颗粒比被乳化的固体颗粒稳定性差一些。

f. 发泡作用。表面活性剂的水溶液都有程度不同的发泡作用，产生的泡沫表面对污物有着强烈的吸附作用，使洗涤剂的耐久力提高，也防止污物在钢带上再沉积。

g. 增溶作用。表面活性剂有增加难溶性或不溶性污物在水中的溶解度的作用。此种增溶作用与表面活性剂在水中是否形成胶束相关，胶束内部实际上是液态的碳氢化合物。苯、矿物油等不溶于水的非极性有机溶质较容易溶解在胶束内部的碳氢化合物中。只有溶液中表面活性浓度在临界胶束浓度以上时，即溶液中存在较大较多胶束时才有增溶作用。由于非离子表面活性剂的临界胶束浓度较低，容易形成胶束，因此非离子表面活性剂有较好的增溶作用。常被用于去除油污洗涤剂的配方。

h. 去污作用。表面活性的去污作用是一个复杂的综合作用，主要是它的润湿、渗透、乳化、分散、增溶等多种作用的综合结果。表面活性剂的去污作用与其本身全部性能有关，是其各种性能协同配合的结果。

3.8.2.4　表面活性剂的种类

这里按表面活性剂在水溶液中的电离特性分类，简单介绍常用清洗剂中的表面活性剂的种类，表 3-56 列出了表面活性剂的分类。

表 3-56　表面活性剂的分类

按离子型分类	按亲水基的种类分类	
阴离子表面活性剂	羧酸类	R—COONa
	硫酸酯盐	R—OSO$_3$Na
	磺酸盐	R—SO$_3$Na
	磷酸酯盐	R—OPO$_3$Na$_3$
阳离子表面活性剂	伯胺盐	R—NH$_2$·HCl
	叔胺盐	$R-\overset{\underset{CH_3}{\mid}}{\underset{\mid}{N}}-HCl$ 上CH$_3$ 下CH$_3$
	季胺盐	$R-\overset{+}{N}(CH_3)_3·Cl$
两性离子表面活性剂	氨基酸型两性离子表面活性剂	R—NHCH$_2$—CH$_2$COOH
	甜菜碱型两性离子表面活性剂	$R-\overset{+}{N}(CH_3)_2-CH_2COO^-$

续表

按离子型分类	按亲水基的种类分类	
非离子表面活性剂	聚氧乙烯型非离子表面活性剂	$R{-}O{-}(CH_2CH_2O)_nH$
	多元醇型非离子表面活性剂	$RCOOCH_2C{-}CH_2OH$ 带有 CH_2OH、CH_2OH 侧基

a. 阴离子表面活性剂　包括羧酸盐、硫酸酯盐、磺酸盐、磷酸酯盐。

b. 阳离子表面活性剂　包括烷基胺类、乙醇胺类。

c. 两性离子表面活性剂　　包括羧酸盐类、硫酸酯型、磺酸盐型、磷酸酯型两性离子表面活性剂。

d. 非离子表面活性剂　包括聚乙二醇型、多元醇型。

3.8.2.5　缓蚀剂

在热镀锌钢板清洗剂中，常常添加缓蚀剂以防钢板在清洗过程中生锈。缓蚀剂有溶于水中水溶性缓蚀剂和溶于油或脂中的油溶性缓蚀剂两大类型。

常用的水溶性缓蚀剂有重铬酸钾、三乙醇胺、单乙醇胺、油酸三乙醇胺、磷酸三钠、三聚磷酸钠、亚硝酸钠、苯甲酸钠、苯甲酸胺、六次甲基四胺、苯并三氮唑等。

缓蚀剂中有些具有表面活性，如烷基苯甲酸盐、油酸盐等，有些没有表面活性，如亚硝酸钠等。缓蚀剂通过与金属生成不溶解致密的氧化薄膜，或者生成难溶的盐类，或者生成难溶铬合物来防止金属生锈。

3.8.2.6　钢板清洗剂

美国 Quaker Chemical Corporation 于 2004 年报道了一种新的"智能清洗剂"（Intelligent Cleaning），该产品配方的设计根据见表 3-57。

表 3-57　热镀锌钢带清洗剂配方设计

工艺条件	配方选择
高温	表面活性剂污斑
电解清洗	表面活性剂量、碱量、放泡沫剂量
水质	螯合剂型和总量
污物再沉淀	分散剂型和量
冷轧油涂层重量	碱含量
泡沫	防泡剂含量
储存/运输系统	产品完整性

钢板清洗剂产品的化学组成见表 3-58。

表 3-58　钢板清洗剂的化学组成

	氢氧化钠
碱剂	氢氧化钾
	硅酸钠
	磷酸盐组分

	烷基羟乙基盐
表面活性剂	羟乙基乙醇
	羟乙基胺
	防泡剂
	复合磺酸盐(去垢剂)
助洗剂	螯合物
	羧酸盐
	分散剂
	磷酸盐

3.8.3 热镀锌钢带清洗的方式和原理

3.8.3.1 有机溶剂清洗

有机溶剂清洗是利用有机溶剂溶解油脂的特点将油污除去，常用的有机溶剂有汽油、煤油、三氯乙烯、四氯化碳、酒精等。对于钢带清洗作业线，大多使用三氯乙烯。

三氯乙烯可采用浸渍清洗，三氯乙烯在光、热、氧和水的作用下，特别在铅、镁等金属的强烈催化下，容易分解出剧毒的光气和强腐蚀性的氯化氢。因此，在使用操作中，应避免将水带入槽内，避免白光直射，而且要及时捞出落入槽内的铅、镁催化剂，槽壁应涂富锌漆等防腐涂层，槽侧需有抽风装置。生产时控制钢板进槽和出槽的速度，防止钢板把蒸汽排出或钢板表面的溶剂来不及挥发而被带出。

三氯乙烯还可以进行蒸汽脱脂清洗。是采用三氯乙烯蒸汽来达到清除钢带表面油污的目的。三氯乙烯在此主要起载体作用，油膜被三氯乙烯包住脱离钢带，流入三氯乙烯溶液中，通过卤化器将油污与三氯乙烯分离，三氯乙烯重新使用。

纯净的三氯乙烯的沸点为87℃。如纯度降低，则三氯乙烯—油混合溶液的沸点升高，降低机组的去油污效果，使效率降低。

采用三氯乙烯清洗无法达到对钢板质量的严格要求。在早期建设的酸洗机组上，热镀锌机组的清洗段一般不采用。

3.8.3.2 化学清洗

化学清洗是利用化学药品的化学作用，将油脂从钢板上除去。

(1) 皂化作用　皂化油(动植物油)在碱液中分解，生成易溶于水的肥皂和甘油，从而除去油污。例如，硬脂酸甘油酯与苛性钠反应，生成硬脂酸钠(肥皂)和丙三醇(甘油)。

$$(C_{17}H_{35}COO)_3C_3H_5 + 3NaOH = 3C_{17}H_{35}COONa + C_3H_5(OH)_3$$

(2) 乳化作用　非皂化油可以通过乳化作用将其除去。当油膜浸入碱液时，机械破裂而成为不连续的油滴。黏附在钢板表面。溶液中的乳化剂起着降低油、水界面张力的作用。

碱性溶液之所以能除去矿物油，这是因为两种互不相溶的物质（两种液体、液体与固体、液体与气体、固体与气体）互相接触时，形成界面张力。界面张力越大，则两者的接触面积就越小。反之，若能降低它们的界面张力，则两者的接触面积就会增大。当黏附油膜的钢带浸入碱性溶液时就出现两个接触界面，一是油与钢带的接触界面，二是油膜与碱性溶液的接触界面。在两个界面上都有一定的界面张力存在。但此时的界面张力与钢带停留在大气中时不同。在大气中气与油间的界面张力使油成为较平的膜附于钢带表面（见图 3-8）。当它浸入碱性清洗溶液中时，由于溶液中的离子和极性分子的作用力比空气中气体分子对油分子的作用力强，所以使油与溶液间界面张力下降，它们的接触面积增大（见图 3-9）。

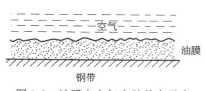

图 3-8　油膜在空气中的状态示意

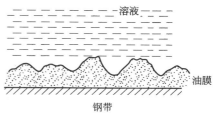

图 3-9　油膜在溶液中的状态示意

通过清洗溶液的渗透、分散作用，油膜破裂形成很多的小油珠。由于机组钢带的快速运行产生剧烈液体摩擦，加快了黏附油膜的撕裂和脱离。在溶液对流作用的机械撞击下，撕裂和脱离的油珠离开钢带表面。同时，乳化剂在油滴进入溶液时，吸附在油滴的表面，不使油滴重新聚集再行黏污钢板。

化学清洗溶液的成分含量允许变化的范围较宽，一般无严格要求。在实际工作中，采用多种碱与适当的表面活性剂及其他化学药品的组合来获得最有效的混合型金属清洗剂。作为化学清洗剂的物质，有以下几种。

氢氧化钠（NaOH）　氢氧化钠或称苛性钠，对于金属清洗工艺来说是最重要的碱。苛性钠具有如下性质。皂化脂肪和油以成为水溶性皂，与两性金属及其氧化物反应形成可溶性盐，将酯分解，破坏有机物，并且能强有力地进行反应，在所有碱中，它具有最高的电导率。但是氢氧化钠的润湿性和乳化作用较差，对铝、锌、锡、铅等金属有较强的腐蚀作用，对铜及其合金也有一定的氧化和腐蚀作用。在氢氧化钠溶液中，清洗时所生成的肥皂难以溶解。因此，清洗溶液中氢氧化钠的含量一般不超过 $100kg/m^3$，往往配合其他碱性物质一起使用。

碳酸钠（Na_2CO_3）　碳酸钠溶液具有一定的碱性，对铅、锌、锡、铝等两性金属没有显著的腐蚀作用，碳酸钠吸收了空气中的二氧化碳后，能部分转变为碳酸氢钠，对溶液的 pH 值有良好的缓冲作用。

磷酸三钠（$Na_3PO_4 \cdot 12H_2O$） 磷酸三钠除具有碳酸钠的优点外，其磷酸根还具有一定的乳化能力，磷酸三钠容易从钢板表面洗净。

焦磷酸钠（$Na_4P_2O_4 \cdot 10H_2O$） 焦磷酸钠除具有和磷酸三钠相似的清洗特点外，焦磷酸根能络合许多金属离子，使钢板表面容易被水洗净。

原硅酸钠（$Na_4SiO_4)_7$ 原硅酸钠是极好的缓冲剂，当它与表面活性剂配合时，是所有强碱中最佳的湿润剂、乳化剂和抗絮凝剂，原硅酸钠具有高 pH 值和高电导率，对钢板清洗剂化合物是极好的缓蚀剂。广泛用于钢铁清洗。但是，原硅酸钠残留在钢板表面较难洗净，经酸液浸蚀后，会变成不溶性的硅胺，对今后钢板与镀层的结合不利，因此应认真冲洗。

乳化剂 洗净剂及三乙醇胺油酸皂等都是乳化剂（表面活性剂），这类物质分子具有亲水基团和憎水（亲油）基团。在清洗过程中，乳化剂以其憎水基团吸附于油与溶液的界面，而将其亲水基团与水分子相结合，在乳化剂分子定向排列的作用下，油—溶液界面的表面张力大为降低，在溶液的对流和搅拌等作用下，油污就能脱离钢板表面，以微小油珠状态分散在溶液中。这时，表面活性剂的分子包围在小油珠表面，防止小油珠重新黏附在钢板上。

洗净剂清洗效果好，但是不易用水把它从钢板表面上洗净。清洗不净时，会降低以后镀层和钢板的结合力。经过含洗净剂的溶液清洗后的钢板，必须加强清洗，浓度也不宜过高。

三乙醇胺油酸皂具有较强的乳化能力，清洗也比较容易，但容易被水中的钙、镁离子沉淀出来。

3.8.3.3 电解清洗

钢带经过碱性化学清洗，但皂化和乳化作用有限，不可能获得洁净的钢带表面。许多油污粒子和铁粉、氧化铁等粒子黏附在钢带表面的空隙里，非常不易清除彻底。钢带还要进行电解清洗。

（1）电解清洗原理 电流通入电解质溶液而发生化学变化的过程称为电解。电解是相应的自发电池反应的逆过程。电解电压不得小于相应的自发电池的电动势。在电解时总是有企图阻碍电解反应的作用，即电动势的作用。

使电解质溶液发生电解时所必需的最小电压称为该电解质的分解电压。分解电压可以从电压-电流曲线上求得（见图 3-10）。当开始加上电压时，电流强度极小，电压的影响不大，这时在电极上观察不出有电解的现象。随着电压的增加，电极产物饱和的程度加大，电流也有少许增加。最后，当电极产物（氢和氧）浓度达到最大而成为气泡逸出时，电

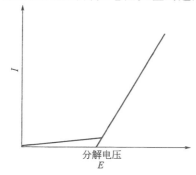

图 3-10 电解清洗的分解
电压与电流的关系

解开始发生（这时使用的电压就是分解电压）。以后如再增加电压，电流就直线上升。

电解时，负极发生还原反应，正极发生氧化反应。电极反应的性质和电解质的种类、溶剂的种类、电极材料、离子浓度、温度等条件有关。

（2）电解清洗过程　把欲清洗的钢带置入碱性溶液中，在通以直流电的情况下，使钢带作为阳极或阴极，以此进行清洗。电解清洗的速度常较化学清洗的速度高好几倍，而且油污清除得更干净。

电化学清洗时，不论钢带作为阴极还是阳极，其表面上都大量析出气体，这个过程的实质是电解水：

$$2H_2O \Longrightarrow 2H_2 + O_2 \uparrow$$

当钢带作为阴极时，其表面上进行的是还原反应并析出氢气：

$$4H_2O + 4e \Longrightarrow 2H_2 \uparrow + 4OH^-$$

当钢带作为阳极时，其表面上进行的是氧化反应并析出氧气：

$$4OH^- - 4e \Longrightarrow O_2 \uparrow + 2H_2O$$

电极表面上大量气体的析出，对油膜产生强大的乳化作用。

当黏附油膜的钢带浸入碱性电解液中时，由于油与碱液间的界面张力减少，油膜产生了裂纹。与此同时，电极由于通电而极化，电极极化虽然对非离子型的油类没有多大作用，但是它却使钢带与碱液间的界面张力大大降低，因此很快地加大了二者间的接触面积，碱液对钢带的润湿性加大，从而排挤黏附着在钢带表面上的油污，使油膜进一步破裂成小油珠。由于电流的作用在电极表面上生成了小气泡（氢气或氧气），这些小气泡易于滞留在油珠上，新的气体不断产生，气泡就逐渐变大。在气泡升力的影响下，油珠离开钢带表面的趋势增大。当气泡的升力足够大时，它就带着油珠脱离钢带表面浮到溶液面上，如图 3-11 所示。

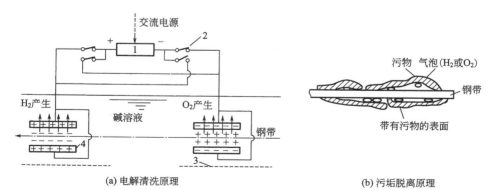

(a) 电解清洗原理　　　　　　　　　(b) 污垢脱离原理

图 3-11　热镀锌钢带电解清洗示意

1—整流器；2—电极转换开关；3—绝缘板；4—电极板

由此可见，碱性溶液中的电解清洗过程是电极极化和气体对油膜机械撕裂作用的综合，这种乳化作用比添加乳化剂的作用要强烈得多，因此加速了脱脂过程。

电解清洗在阴、阳极上都可进行，阴极清洗与阳极清洗特点各不相同。

阴极清洗的特点是：析出的气体为氢气，气泡小，数量多，面积大，所以它的乳化能力大。另外由于 H⁻ 的放电，阴极表面液层的 pH 值升高，因而清洗效率高，不腐蚀钢带。但阴极清洗容易渗氢，阴极上析出的氢容易渗到钢铁基体里可能引起基体氢脆或者渗氢的钢带在热镀时镀层容易起小泡。

阳极清洗效率不及阴极效率高。因为，第一，阳极附近的碱度降低，减弱了皂化反应；第二，阳极析出氧气少，减弱了对溶液的搅拌作用；第三，由于氧气气泡较大，滞留于表面的能力小，所以氧气泡将油滴带出的能力就弱。

另一方面，在阳极清洗过程中，当溶液碱度低，温度低和电流密度高时，特别是当电化学清洗中含有氯离子时，钢带可能受到点状腐蚀。

阳极清洗的优点是：①基体没有发生氢脆的危险；②能去除钢带表面上的浸蚀残渣。

鉴于阴、阳极清洗各有优点，采用这两个过程的组合形式，称为"联合电化学清洗"。

目前在清洗工序中，大量使用的是碱性溶液化学清洗加电解清洗。采用这种清洗方法虽然清洗时间要比有机溶剂清洗长一些，但无毒和不燃是它的一大优点。另外这种方法所需要的生产设备简单，也比较经济。

3.8.4　钢带清洗溶液的性能

碱性清洗溶液应满足以下要求。

（1）对钢带表面的湿润性。

（2）对油污的湿润及渗透性。

（3）能溶解或皂化动植物油和润滑脂，或者暂时乳化、悬浮不溶解的非皂化型的油类及固体污物的颗粒。

（4）用软化水以防止不溶性的钙和镁皂的形成。

（5）漂洗容易。

（6）在清洗或漂洗过程中不形成过量的泡沫或肥皂水。

良好的清洗溶液应具有以下优良性能。

3.8.4.1　良好的皂化作用

清洗溶液主要是从钢带上清除冷轧时使用的棕榈油。油的主要成分为软脂酸 34%～43% 和油酸 38%～40%。其皂化值为 196～210，即 1g 棕榈油皂化需要 190～210mg 的 NaOH。植物油和阴离子活性剂络合很好，容易用碱除掉。

棕榈油和 NaOH 一起加热搅拌进行皂化反应而生成肥皂和甘油，反应过程如图 3-12 所示。

$$\begin{array}{ccccc}
\text{RCOOCH}_2 & & & & \text{CH}_2\text{—OH} \\
| & & & & | \\
\text{RCOOCH} & + 3\text{NaOH} & \longrightarrow & 3\text{RCOONa} + & \text{CH—OH} \\
| & & & & | \\
\text{RCOOCH}_2 & & & & \text{CH}_2\text{—OH} \\
\text{油脂} & \text{氢氧化钠} & & \text{肥皂} & \text{甘油}
\end{array}$$

图 3-12　棕榈油和 NaOH 进行皂化反应的示意

反应生成的肥皂和甘油都易溶于水。

3.8.4.2　良好的乳化作用

钢带表面的油污，主要来自加工过程的冷却、润滑以及人物接触的黏污和油封等。这些油污有三种，包括矿物油、动物油和植物油。按其化学性质可分为皂化和非皂化两大类，动物油、植物油属皂化油，矿物油与碱不发生皂化反应。但是，在一定的条件下，可在碱溶液中进行乳化，形成乳浊液，从钢带表面除去。所谓乳浊液就是两种互不相溶的液体的混合物。混合物中的一种液体呈极细微的颗粒，较均匀地分散到另一种液体之中，从而形成一种乳状液体，称为乳浊液。促进油脂乳化的物质叫乳化剂。

乳化剂是一种表面活性物质。在它的结构里有两个互相矛盾的基团，亲水基团与憎水基团。清洗过程中，乳化剂首先被吸附在油与溶液的两相分界面上。其中，乳化剂首先被吸附在油与溶液的两相分界面上。其中，乳化剂的憎水基团与油分子产生亲和作用，亲水基团则指向清洗液（见图 3-13）。此时，表面张力降低，在热清洗液的对流、搅拌作用下，促进油滴从金属表面逐步呈极细的小珠脱落，形成乳浊状态。

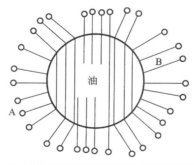

图 3-13　乳化剂在钢带表面形成的吸附膜示意
A—活性基团（亲水基）；B—碳氢化物链（憎水基）

清洗过程中的乳化作用随着皂化反应的进行而加强，这一方面是皂化反应的产物之一肥皂本身就是一种较好的乳化剂，另一方面皂化反应可以在原来油膜较薄的地方首先除尽油污，从而打开缺口，使金属钢带的基体暴露于溶液中［见图 3-14(b)］。金属钢带与碱溶液间的界面张力远较钢带与油膜间的界面张力小，所以碱溶液与钢带间的接触面就要增大，从而它就排挤停留在钢带表面上的油污，使其进一步破裂变成油珠［见图 3-14(c)］，在溶液对流作用的机械撞击下，小油珠就离开钢带表面［见图 3-14(d)］。

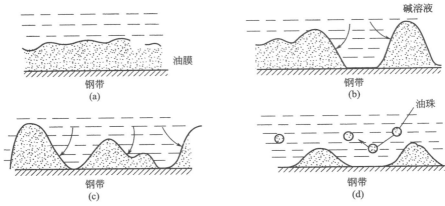

图 3-14　油膜破坏清洗过程

3.8.4.3　高导电性

导电体可分为二类。一类是金属导电体，它们的导电是靠自由电子的运动，当电流通过时，导体本身不发生任何化学变化。电导随着温度的升高而减小；另一类是电解质导电体，例如各种电解质溶液和熔化状态的电解质。它们的导电是靠离子的运动。导电时有化学变化发生，电导随着温度升高而增大。

在电解液中，电解质的分子由水分子的极性作用，其化合键断裂而被分离为阳离子和阴离子。与电解质溶液相接触的金属导体称为电极。导电时的化学变化总是发生在这两种相接触的电极表面，故称为电极反应。当通电时，在负极上总是发生还原作用，亦即吸收电子的作用，反之，在正极总是发生氧化作用，亦即放出电子的作用。在溶液中，阳离子向负极迁移，阴离子向正极迁移。

离子的迁移和电极反应是电解质导电时的基本现象。碱类电离时，总是电离成带负电的 OH^- 和带正电的金属离子。

$$NaOH \Longrightarrow Na^+ + OH^-$$

当对电解液施加电压时，由于强大的电场的吸引力，离子分别跑向自己相反的电极；阳离子跑向阴极，阴离子跑向阳极。在溶液中，正、负离子迁移直接担任输送电子的任务，阳离子向负极迁移相当于负电荷的逆向流动。所以在溶液中，阴、阳两种离子共同担负输送电流的任务。由于两种离子迁移速度的不同，所以输送的电量也有差异。当通电后，两种离子就朝不同方向迁移。如图 3-15 所示。

一种离子迁移的电量与通过溶液总电量之比称为该离子的迁移数。以符号 t 表示。

则阳离子迁移数：

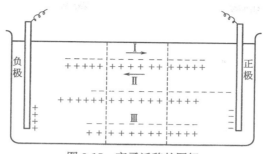

图 3-15　离子迁移的图解

$$t_+ = \frac{\text{阳离子迁移的电量}}{\text{总电量}} \tag{3-3}$$

阴离子迁移数：

$$t_- = \frac{\text{阴离子迁移的电量}}{\text{总电量}} \tag{3-4}$$

很明显，离子的迁移数总是一个分数，而且 $t_+ + t_- = 1$。

设阴离子的迁移速度比阳离子大 3 倍，且离子的迁移呈链状。当 1 个阳离子迁入负极区时，就有 3 个阴离子迁移出去。反之，在正极区就有 1 个阳离子迁移出去，3 个阴离子迁移进来。在中间区域则进出离子数目相等。结果在负极区就多余出 4 个阳离子到电极上放电，在正极区同样有 4 个阴离子放电，而溶液则依然保持为中性。

物质的导电能力可以用电阻的倒数来表示，设 L 表示电导，R 表示电阻，则

$$L = \frac{1}{R} \tag{3-5}$$

如果 R 的单位为 Ω，则 L 的单位为 $1/\Omega$。又称倒欧。电导度和物体的截断面 A 成正比，与长度 L 成反比，故

$$L = X \frac{A}{L} \tag{3-6}$$

其中，X 是比例常数，称为该物质的电导率。

对电解溶液而言，取面积为 $1cm^2$，距离为 $1cm$ 的两个电极，中间放置 $1cm^3$ 溶液时，表现出来的电导称为溶液的电导率。对一定的电解质的水溶液而言，电导率决定于温度、浓度、压力等因素。

电解质的导电是由离子来担任的，浓度增加时离子数目加多，故电导率也增加。但是浓度的增加却使离子间相互吸引力加强而减小了运动的速度。故浓度太高时电导率反而减小。

升高温度减小了液体的黏度，离子运动的速度加快，使电导率增加，通常升高 $1℃$，可使电导率增加 $2\% \sim 2.5\%$。压力对电导率的影响不太大。

溶液电导的大小，在很大程度上决定于离子运动的速度。溶液的电导在电解工业中有很重要的意义，增加溶液的电导能使电解时所耗费的电能大为降低。

电解溶液中不宜使用黏度大的乳化剂。因为它能降低溶液的电导，从而增加槽电压使电能消耗增加，也使溶液的分散能力下降，不利于均匀地清洗钢带，所以，保证电解液具有较高导电性是很重要的。

3.8.4.4　清洗过程中泡沫的形成和控制

泡沫是许多气泡被液体分隔开的体系。是气体分散于液体中的分散体系，气体是分散相（不连续相），液体是分散介质（连续相）。由于气体与液体的密度相差很大，故在液体中的气泡总是很快上升至液面，形成少量液体构成的液膜隔开气体的气泡聚集物，即通常所说的泡沫。

泡沫在形态上的一个特点，就是作为分散相的气泡常常是多面体，而不像乳化液那样，分散相的液体经常是以液珠（球状）的形态而存在的。

当液体中发生很多气泡时，往往成为气泡与气泡之间仅用薄膜来隔开的形状。在液体中所生成的气泡浮达液面而不破坏时，就会聚集起来而形成一种泡沫积成的块状体。

泡沫的块状体可以由液体膜与气体粒子所构成，也可由液体膜、固体粉末和气体粒子所构成，前者称为二相泡沫，后者称多相泡沫。

泡沫中各个气泡相变处（一般是三个气泡相变）形成所谓 Plateau 交界（见图 3-16），液膜中 P 处的压力小于 A 处。于是，液体会自动从 A 处流至 P 处，结果是液膜逐渐变薄，这就是泡沫的排液过程（另一种排液过程，是液体因重力而下降，使膜变薄。但这仅在膜较厚时才有显著作用）。液膜变薄至一定程度则导致膜的破裂，泡沫破坏。

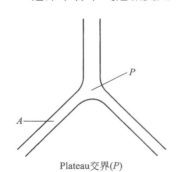

Plateau交界(P)

图 3-16　气泡相变示意

一般形成的泡沫中，气泡大小总是不均匀的。小泡中的气体压力比大泡高。于是气体自高压的小泡中透过液膜扩散至低压的大泡中，造成小泡变小（直至消灭），大泡变大，最终泡沫破坏的现象。此种气体透过液膜的扩散，在浮于液面的单个气泡中清楚地表现为：气泡随时间逐渐变小以至最终消灭。

如将气体吹入纯液体之中，它的气泡往往在浮达液面层即行消灭，但肥皂具有稳定泡沫的性质。因而，主要为皂化油脂的清洗溶液可增加泡沫的稳定性。在某一程度内，泡沫存在的时间因皂化（稳定剂）浓度的增加而延长，此时薄膜抵抗张力的强度也同时加大，在工业生产中过多的泡沫对生产是不利的，在脱脂剂中，尽量少采用产生泡沫作用大的表面活性剂，因为表面活性剂吸附于气—液界面上，形成较牢固的液膜，并使表面张力下降，从而增加液体和空气的接触面积，加上被吸附的表面活性剂对液膜的保护作用，这个液膜比较牢固。

3.8.4.5 浸润能力

润湿是指固体表面上的气体被液体所取代（有时是一种液体被另一种溶液所取代）。在水与低能固体表面组成的体系中，由于水的表面张力比固体临界表面张力高，不能铺展。为改善体系的润湿性质，常在水中加入一些表面活性剂—润湿剂，使水能很好润湿固体降低水的表面张力。最强的表面活性剂也具有最好的润湿作用。

当液体和固体相接触时，通常可用润湿的程度来表示它们之间的关系（见图 3-5）。在水平固体表面 A 和气体 C 的界面 OA 上，放一液滴 B，则液滴即将依靠表面张力的关系而形成一定的形状。若液滴在平面上呈椭圆球的形状，说明液滴 B 在固体表面 A 上不润湿［见图 3-5(b)］；若呈平凸透镜的形状，说明能润湿［见图 3-5(a)］。在几何形状上，可用角度 θ 来区分这两种情形的不同。含液体、固体和气体三相的分界点为 O，角 θ 就是液体与固体间的界面 OA 与液滴表面的切线 OC 所夹的角度，这个角度称为接触角。如 θ 为锐角，即 $\theta < 90°$，则发生润湿现象；若 θ 为钝角，即 $\theta > 90°$，就不能润湿。又如 OA 与 OC 相重合而 θ 为 $0°$，则液体将均匀地分布于固体表面，这种情形称之为完全润湿或理想润湿。

热镀锌钢板表面因为有油膜，造成板面和碱液间的界面张力增大，当铁皂和杂物较多而不易除去可加浸湿剂。用原硅酸钠与水作用生成二氧化硅。

$$Na_4SiO_4 + 2H_2O \longrightarrow 4NaOH + SiO_2$$

二氧化硅的分子结构具有极性，在水中有亲水性（水是极性分子）。因而能充分接触油污并进而渗透到油污内部以减弱油污同金属表面的附着力。

带有油污的钢板浸泡到脱脂剂的溶液中，首先由于脱脂剂的渗透作用，加上机械作用和电解作用，油污从钢板上脱落。由于脱脂剂的乳化分散作用，已经分散的油污就不再附着钢板（叫抗沉降作用）。

3.8.4.6 稳定性及缓冲能力

对连续热镀锌钢带用脱脂溶液来说，保证它有足够的碱度是很重要的。随着皂化反应的进行，必然消耗一部分 NaOH，溶液中的 OH⁻ 浓度就要减少。脱脂剂中的原硅酸钠与水作用的产物起到补充 NaOH 的作用。从而可保证在一定的时期内，脱脂溶液不至于因 pH 值降低而影响清洗速度。

$$Na_4SiO_4 + 2H_2O \longrightarrow 4NaOH + SiO_2$$

3.8.4.7 洗涤能力

洗涤作用是钢板浸在某种介质（一般为水）中去除表面污垢的过程。在此过程中，借助于脱脂剂使污物与钢板表面分离而悬浮于介质中，最后将污物洗净冲走。

脱脂剂一方面去除钢带表面的油污，同时因对油污的分散、悬浮作用，使之不易在钢带表面上再沉积。可用下列关系式表示洗涤作用。

钢板×污垢＋脱脂剂──→钢板×脱脂剂＋污垢×脱脂剂

整个过程是在介质（一般为水）中进行。脱脂剂与钢板及污垢的结合，反映了洗涤过程的主要作用。即污垢与钢板分开，脱离钢带表面，进而被分散，悬浮于介质中，经冲洗后除去。

一般的污垢可分为液体污垢和固体污垢两类。前者包括一般的动、植物油以及矿物油，后者主要为尘土、泥、灰、铁锈、炭黑等。液体污垢和固体污垢经常出现在一起，成为混合污垢，往往是液体包住固体微粒，黏附于钢带表面。

一种洗涤作用为 NaOH 的皂化反应，生成肥皂和甘油，这些产物都是极易溶于水的。另一种洗涤作用，则是通过 Na_4SiO_4 降低界面张力，产生润湿、渗透、乳化、分散等多种作用的综合结果。首先脱脂溶液润湿钢带表面，否则，脱脂剂的洗涤作用就不易发挥。润湿了表面的脱脂溶液如何把油污顶替下来，这是通过"蜷缩"机理而实现的。液体油污原来是以一铺开的油膜存在于表面上，在脱脂溶液润湿的作用下，逐渐"蜷缩"成为油珠，最后被冲洗以至离开表面。

表面张力是表面活性剂水溶液的一种重要物理化学性质，而表面活性剂又是脱脂剂的主要成分，故表面张力与洗涤作用的关系必然有一定的规律。

脱脂溶液，具有较低的表面张力与界面张力。根据固体表面润湿的原理，对于一定的固体表面，较低表面张力的液体有较好润湿能力，从而才可能进一步起洗涤作用。此外，较低的表面、界面张力有利于液体油污的清除，也有利于油污的乳化，因而有利于洗涤作用。

由于表面活性剂在油污及钢板表面的吸附，使洗涤作用产生重要的影响。这一影响主要是由于表面活性剂的吸附，使界面的各种性质（如机械性质、电性质及化学性质）发生变化而产生的。

对于液体油污，表面活性剂在油水界面上的吸附主要导致界面张力降低，从而有利于油污的清洗。界面张力的降低也有利于形成分散度较大的乳化液，同时由于界面吸附所形成的界面膜一般具有较大的强度，这使形成的乳状液具有较高的稳定性，不易再沉积于钢带表面。不管油污多少，乳化作用在洗涤过程中是相当重要的。要使乳化顺利进行，必须加入表面活性强的表面活性剂，使之能最大限度地降低界面张力。这样，只需要最小的机械搅拌即可乳化。在降低界面张力的同时，界面吸附伴随发生，形成有一定强度的界面膜，这有利于乳化液的稳定，油污也不易再沉积于钢板表面。

起泡作用与洗涤作用的关系，不像乳化作用与洗涤作用那样清楚，习惯上，往往把起泡作用与洗涤作用混为一谈，认为一种脱脂溶液的好坏决定其起泡作用。实际上并非如此，二者之间没有直接相应的关系。但在某些场合下，泡沫还是有助于去清洗污。例如脱脂溶液形成的泡沫可以把从钢板表面洗下来的油滴带走。另外，泡沫的存在有时的确可以作为脱脂溶液效率的标志，因为脂肪性油污对脱脂溶液的起泡力往往有抑制作用。

但总的看来，在工业洗涤过程中，很难明显看出泡沫对洗涤作用有直接的帮助。

3.8.5 热镀锌钢带表面液体和固体污物的清洗

热镀锌钢基板表面的污物一般可分为液体污物和固体污物。前者如防锈油、轧制润滑油和机械油，后者如尘土、锈、积炭、泥等。这两类污物经常一起存在，成为混合污物。液体污物和固体污物在物理、化学性质上有比较大的差异，将它们从表面去除的机理也不完全相同。不同性质的污物在不同的金属或不同状态的金属表面上有不同的黏附强度，故从金属表面上清除它的难易程度有很大的区别。在水剂脱脂清洗中，一般说，极性的污物（如动、植物油脂）较非极性污物（如矿物油）容易去除，油污相对分子质量越大，其亲油性越强，就越难去除；在亲水表面上的极性污物比在疏水表面上的难洗去，固体污物较液体油污难去除。

3.8.5.1 热镀锌钢带表面液体油污的清洗

钢带表面的液体油污在水和清洗液中的变化有明显的差别。主要是清洗液可迅速分割油膜，并使之收缩形成分散的小油珠，随之脱离金属表面而上升至液面；而水则使油进一步收缩成一个大油珠，并停留在金属表面不易脱开。这种现象可以根据油污的黏附功来进行解释。

黏附功是固/液界面结合能力及两相分子间相互作用力大小的体现。因此，在油污/清洗液的体系中，油污和金属固体在清洗液中的黏附功 W_{sl} 可以用式(3-7)表示，在油污/水体系中，油和金属固体在水中的黏附功 W_{sw} 可以用式(3-8)表示。

$$W_{sl} = \sigma_{ol} + \sigma_{sl}\sigma_{os} \tag{3-7}$$

式中　σ_{ol}——油污/清洗液的界面张力；

　　　σ_{sl}——金属表面/清洗液的界面张力；

　　　σ_{os}——油污/金属表面的界面张力。

$$W_{sw} = \sigma_{ow} + \sigma_{sw}\sigma_{os} \tag{3-8}$$

式中　σ_{ow}——油污/水界面的界面张力；

　　　σ_{sw}——金属表面/水界面的界面张力；

　　　σ_{os}——油污/金属表面的界面张力。

在上述体系中，油污/金属表面的界面张力 σ_{os} 是不变的，决定油污黏附功发生变化的因素主要在于 σ_{ol}、σ_{sl}、σ_{ow} 和 σ_{sw}。因为清洗液中含有表面活性剂，并在金属或油污界面上发生吸附，所以，存在 $\sigma_{ol} < \sigma_{ow}$、$\sigma_{sl} < \sigma_{sw}$ 的关系，将其代入式(3-7)和式(3-8)可得：

$$W_{sl} < W_{sw} \tag{3-9}$$

这就是说，油污在脱脂清洗剂中与金属表面的黏附功小于油污在水中与金属表面的黏附功。若从润湿的角度来考虑，金属与脱脂清洗液的黏附功大于油污与金属的黏附功，金属就可被脱脂清洗液润湿，而水则不能置换金属表面的油污相，不能润湿金属。所以被油污污染的金属，可以较容易地被脱脂清洗液洗净而不易被水洗净。

脱脂清洗作用的第一步是脱脂清洗液润湿表面，当黏附有油污的金属表面浸渍于脱脂清洗液中时，污物（油）-金属体系表面的空气相被清洗液所置换，构成基质（金属固体）-油污-清洗液三相体系，并形成三相界面。金属表面与清洗液有一定的接触角 θ，如图 3-17 所示。油污-清洗液、金属固体-清洗液、油污-金属固体的界面张力分别为 σ_{BC}、σ_{AC} 和 σ_{AB}，当三者平衡时，满足方程（3-10）。

θ 角的值满足接触部位三相界面自由能平衡时的关系式，即：

$$\sigma_{AB} = \sigma_{AC} + \sigma_{BC}\cos\theta \tag{3-10}$$

(a) 金属固体表面上的油膜　　　　　　(b) 清洗时过程油膜"卷缩"成油珠

图 3-17　金属固体表面油污清洗过程油膜脱离过程示意

由于清洗液中的表面活性剂易于在金属固体和油污表面吸附，故 σ_{AC} 和 σ_{BC} 降低，为了维持方程（3-10）的新平衡状态，$\cos\theta$ 也需要发生相应的变化。由于清洗液/油污和清洗液/金属固体的界面张力 σ_{AC} 和 σ_{BC} 降低的越大，$\cos\theta$ 就变得越大，即 θ 角逐渐变小。即 θ 角从图 3-17(a) 中的大于 90° 变为图 3-17(b) 中的小于 90°。当清洗条件适宜时，接触角 θ 将接近于 0°，此时清洗液完全润湿金属固体表面，油膜就会自动收缩为油珠而从金属固体表面脱落。

一般油污向上卷离时，将会受到一个向内挤压的作用力（这里以 F 表示），F 的值是整个清洗体系中各界面的张力变化的合力，它满足如下关系式：

$$\sigma_{AB} = F + \sigma_{AC} + \sigma_{BC}\cos\theta \tag{3-11}$$

若令 $\Delta J = \sigma_{AB}\sigma_{AC}$，并让 ΔJ 成为油污脱落因子，则它就是三相体系的润湿特性，其值表示金属固体表面的油污相被单位面积的液相置换时，界面自由能的变化值。

所以式(3-11) 可以写成：

$$\Delta J = F + \sigma_{BC}\cos\theta \tag{3-12}$$

由式(3-12) 可以看出：

当 $\Delta J \geqslant \sigma_{BC}\cos\theta$ 时，油珠向内挤压，油污与金属固体表面的接触角 θ 为 180°，油膜自动卷离金属固体表面；

当 $\Delta J < \sigma_{BC}\cos\theta$ 时，油珠也向内挤压，但当 $F = 0$ 时停止，金属固体表面与清洗液两相间的接触角为 θ_0，则：

$$\cos\theta_0 = \frac{\Delta J}{\sigma_{BC}} \tag{3-13}$$

这时需外部做功才能使油污发生卷离，该功称为剩余功，它的大小取决于接触角 θ_0 和 σ_{BC}。油污和金属固体间的接触角 θ 随 θ_0 的增加而减小，θ_0 越小，σ_{ow} 越小，对清洗越有利。

根据黏附功的概念，也可以说明油污脱落金属固体表面的条件，金属固体/清洗液的黏附功可以用式(3-14) 表示：

$$W_{sl} = \sigma_s + \sigma_l \sigma_{sl} \tag{3-14}$$

金属固体/油污之间的黏附功为：

$$W_{so} = \sigma_s + \sigma_o \sigma_{os} \tag{3-15}$$

式中　σ_s——金属固体的表面张力；

$\quad\quad\sigma_l$——清洗液的表面张力

$\quad\quad\sigma_o$——油污的表面张力；

$\quad\quad W_{sl}$——金属固体与清洗液的黏附功；

$\quad\quad W_{so}$——金属固体与油污的黏附功；

$\quad\quad\sigma_{sl}$——金属固体与清洗液的界面张力；

$\quad\quad\sigma_{os}$——油污与金属固体的界面张力。

将式(3-14) 和式(3-15) 相减整理得：

$$\sigma_{os}\sigma_{sl} = (W_{sl}\sigma_l) - (W_{so}\sigma_0) \tag{3-16}$$

金属固体浸入清洗液中浸湿的过程，按黏附张力 A （浸润功）的定义，式(3-18) 可写为：

$$A_{sl}A_{so} = \sigma_{os}\sigma_{sl} = \sigma_{ol}\cos\theta \tag{3-17}$$

式中　A_{sl}——金属固体与清洗液的黏附张力；

$\quad\quad A_{so}$——金属固体与油污的黏附张力。

由此可知，油污在金属固体表面被脱脂清洗液"卷离"的过程，主要取决于油污和脱脂清洗液与金属固体表面的黏附张力，并且当满足 $A_{sl}A_{so} \geqslant \sigma_{ol}$ 的条件时，金属固体表面的油污才能完全被去除。也就是说，当脱脂清洗液对金属固体的黏附功超过油污对金属固体的黏附功的量，大于或等于清洗液对油污的界面张力时，油污才能被脱脂清洗液完全除去。所以，当脱脂清洗液与金属固体表面的接触角为零时，也就是油污与固体表面的接触角 θ 为 180°时，油污可自发地脱离金属固体表面（油污不能润湿金属表面）；若油污与金属固体表面的接触角 θ 大于 90°而小于 180°时，油污虽不能自发地脱离固体表面，但可在清洗液液流的冲力、密度差和浮力等的作用下脱离；若油污与金属固体表面的接触角小于 90°时，即使有运动的清洗液液流的冲击，也仍有少量油污残留在金属固体表面，这时需要更多的机械功或通过较高浓度的表面活性剂溶液的增溶作用，方能除去此残留的油污。

表面活性剂溶液对油污的增溶作用，实际上可以看作是油污溶解于脱脂清洗液中。因此，增溶作用是去除金属固体表面少量液体油污的重要机理。在局部集中使用脱脂清洗剂的场合，增溶作用乃是清除表面油污最主要的因素。但是，许多试验发现，油污的增溶过程并不是黏附于表面的油污直接溶于脱脂清洗液中，而是按油污"卷离"的机理，先脱离固体表面形成悬浮的油滴，然后再增溶于胶束中。

综上所述，金属固体表面液体油污去除的"卷离"机理可简单地叙述为：原来以油膜铺展状态存在于固体表面的油污，在清洗液优先润湿的作用下，逐渐卷缩成油珠，最后被冲洗离开金属固体表面。

3.8.5.2　热镀锌钢带表面固体污物的清洗

固体污物的清洗系统与液体油污的清洗系统相比要复杂得多，脱除的机理也有所不同。因为液体油污一般是指在被清洗物上附着成一层较薄的均匀或不均匀的油膜层，而固体污物，如泥土、灰尘、磨料、金属氧化物和锈蚀物等，通常都是指立体的、体积很小的分散的颗粒，它们在金属固体表面的黏附很少发生在较均匀和较大区域表面上，而往往仅在较小的一些点上与表面发生接触或黏附。

从黏附性质来看，液体污物与固体表面的黏附强度可以用固/液界面的黏附自由能来表示，而固体污物粒子与固体（基质）表面的黏附性质，不仅与污物粒子的大小和形状有关，而且与固体表面性质和状态、周围介质条件（温度、湿度等）以及时间因素等有关。例如，黏附的主要作用力是范德华引力，而静电吸力等其他的力则弱得多。但通过摩擦引起的静电荷增加后，可加速空气中的灰尘在固体表面的黏附。随着固体污物粒子与金属固体表面接触时间的增长，其黏附强度也逐渐增加。在潮湿大气中的黏附强度大于在干燥空气中的黏附强度，水基清洗液对固体污物的去除，主要是表面活性剂分子在污物粒子和金属固体表面吸附作用的结果。如前所述，表面活性剂的吸附作用引起固体/清洗液和污物/清洗液界面的力学、电和化学性质发生改变。这种改变又是表面活性剂发挥清洗效能的重要条件。如果说，对于液体油污，表面活性剂在油污/水界面的吸附主要导致界面张力的降低，从而有利于油污的卷离、乳化，并得到较好的清洗效果的话，那么对于固体污物，则由于表面活性剂的吸附，不仅影响污物与表面的黏附功，而且也影响污物与固体表面的表面电势。

固体污物的清洗过程首先发生的是清洗液对污物质点与金属固体表面的润湿。清洗液能否润湿污物粒子和金属固体表面，可以从金属固体表面是否被浸润（或铺展）来判断。按铺展系数 K 和浸润功 W 的定义，满足如下关系：

$$K_{ls} = \sigma_s \sigma_l \sigma_{ls} \tag{3-18}$$

$$W_l = \sigma_s \sigma_{ls} \tag{3-19}$$

式中，下角 s 表示"金属固体"，包括金属基体表面和污物粒子，l 表示"脱脂清洗液"。当 $K_{ls} > 0$ 或 $W_l > 0$ 时，则清洗液能在污物粒子和金属固体表面铺展开来并形成浸渍润湿，若清洗液中含有表面活性剂时，由于表面活性剂在固/液界面和溶液表面产生吸附，则使得 σ_{sl} 和 σ_l 的值明显下降，铺展系数 K_{ls} 的值可能变得大于零，此时，清洗液能较好地润湿污物粒子和金属固体表面。

在这种情况下，清洗液中污物质点在金属固体表面的黏附功也将相应地发生改变，可以用式(3-20)表示：

$$W_s = \sigma_{s1l} + \sigma_{s2l} - \sigma_{s1s2} \tag{3-20}$$

式中　σ_{s1l}——金属固体/脱脂清洗液界面的表面张力；

　　　σ_{s2l}——污物粒子/脱脂清洗液界面的表面张力；

　　　σ_{s1s2}——金属固体/污物粒子界面的界面张力。

由于表面活性剂在固/液界面的吸附作用，σ_{s1l} 和 σ_{s2l} 的值将降低，黏附功变小，污物粒子较容易从表面除去。

在水介质溶液中，固体表面和污物粒子的固/液界面上都存在着扩散双电层。一般来说，污物粒子与固体表面所带电荷相同，从而包围着污物粒子和固体表面的双电层会阻碍两者的接近，即发生相斥作用，从而使黏附强度减弱。

对于固体污物的清洗系统，污物粒子与固体表面的黏附（或分散）取决于两者间的范德华引力和静电排斥力的平衡状况。清洗液中表面活性剂分子吸附于污物粒子和固体表面上，使固体/清洗剂和污物粒子/清洗剂的界面自由能降低，黏附功变小，如果加入了阴离子表面活性剂，将使在水中带负电荷的污物粒子和固体表面的 ζ 电位提高（通常人们以 ζ 电位作为粒子间是否产生斥力的量度），从而减弱了它们之间的黏附力，所以有利于除去污物粒子。同时，分离了的污物粒子也不易再沉积于金属固体表面上。

非离子型表面活性剂虽不能明显地改变界面电势，但被吸附的非离子表面活性剂可以在金属固体表面上形成较好的空间障碍，有利于防止污物粒子的再沉积。从非离子表面活性剂在疏水性粒子表面的吸附状态上看，在很多情况下，非极性的碳氢链大部分与金属固体表面相接触，亲水的聚氧乙烯链则仅有小部分与金属固体表面相接触，而大部分都伸向水中形成较厚的水化层（粒子保护层）。这就形成了防止污物粒子相互接近的空间障碍，从而提高了分散体系的稳定性。因此，用非离子型表面活性剂清洗金属固体表面污物的总体效果还是较好的。应该指出，对于固体污物，若只依靠表面活性剂的表面活性力，而不加机械作用，也是很难除去的。这是因为黏附在金属固体表面的污物粒子不是流体，清洗液较难渗入到金属固体表面和污物粒子之间。所以，需要加入机械力以帮助清洗液的渗透。外加机械力越大，污物粒子越大，则越容易除去。

3.8.6　热镀锌钢带的碱洗脱脂机理和清洗过程

关于热镀锌钢带表面的脱脂过程可以用图 3-18 所示的油脂脱离过程示意表

示，从图 3-18 中可以看出，油脂的脱离过程可以分为 4 个阶段。

（1）油膜的收缩。

（2）油脂的集中。

（3）油脂从半球形变成球形。

（4）油脂脱离钢带表面。

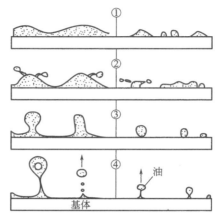

图 3-18　热镀锌钢带脱脂过程示意

当油膜较厚时，上述（1）、（2）和（3）三个过程进行得较快，油滴也较大，油脂的脱离也较快。但是，当脱脂进行到接近 50％的时候，也就是油膜的厚度为 2～4μm 时，（1）～（4）过程将逐渐变慢。

对于（1）～（3）的过程，假如这时的油膜是以圆形状态随机分布的，为了集中成为一个一定大小的油滴，油膜需要移动一定的距离，此外，由油膜生成油滴并脱离钢带表面，要考虑扩散和乳化相的破乳、上浮。假如油污从钢带表面的脱离是由扩散所控制的，那么粒径为 r 的油滴在 t 时间后可能到达距离为 Δx 的位置，若扩散系数为 D，则根据菲克扩散定律可知：

$$\Delta x = \frac{2Dt}{r} \tag{3-21}$$

油滴的直径越小，Δx 的值越大，则油污越容易从钢带表面脱离。另外，如果乳化状态的油滴相分离上浮是控制因素，那么在 t 时间后所到达的距离 Δx 按 Stokes 公式可以表示为：

$$\Delta x = Vt = \frac{r^2 g(d_1 - d_2)t}{18} \tag{3-22}$$

在这种情况下，油滴的直径越大越容易分离，而且老化后的脱脂液在放置时，油污的上浮速度在 1cm/h 以上，试样表面脱离的油滴直径大部分在 1μm 以上。

碱洗脱脂后，用水浸润钢带基板表面，对于钢带基板表面被水润湿，目测达到 100％时认为脱脂过程完全结束的看法已经成为过去。对于已经可以被水全部润湿的表面，采用 X 荧光方法、螯合物示踪原子吸收光度法等方法进行的测试表明，在这样的钢带表面上仍有部分厚度为微米级的油膜残留。如果用润湿的机理来说明碱洗脱脂的过程，则难以解释表面残留的油滴。而用碱液脱脂过程中不同阶段的油滴的直径控制脱脂过程的机理则可以定量地解释脱脂过程。

在采用碱液进行脱脂处理时，脱脂过程是油膜在表面活性剂的作用下形成油滴，油滴扩散、乳化脱离钢带基板表面，先后经过三个阶段来完成。

在脱脂的最初阶段，由于表面活性剂的浸润作用，钢带表面的油膜被部分地集中、切除，油滴进入溶液，被表面活性剂乳化而从钢带表面分散开来。同时由于基板表面附近油的浓度相对较大，由于相互的碰撞和排液作用，以及内压差的吸收等多种原因，油滴粒子在短时间内会进一步变大，很难再以很快的速度回到表面，实现再次附着。这些油滴将最终进入乳化液而完成钢带的脱脂过程。在这一阶段，由于在基板与脱脂溶液的界面处——界面膜，污物油的浓度较高，生成的油滴的直径也较大。

随着脱脂的继续进行，当脱脂进行到一半的时候（用水润湿面积达到 60％以上时），钢带基板表面和脱脂液之间的界面膜内，油滴的浓度变得越来越低，形成的油滴也开始变小，钢带基板上的油膜开始逐渐变薄。此时，钢带基板表面上的油膜也大部分被除去。

相当于能被水浸润的表面面积达到 93％以上时，由于在基板与脱脂液的界面中的油的浓度充分稀薄，钢带基板上的油层厚度也逐渐变薄，膜层中油滴也处于扩散乳化速度最慢、相分离速度最慢的状态，成为最难以移动的油滴。这时油滴的直径与残存的油膜的厚度一致。显然，如果这时的平均油滴直径为 r_∞，则 r_∞ 越小，残存的油膜将越薄。

在脱脂的过程中，由基板表面脱离的油滴中，有在扩散乳化和上浮分离中最难移动的直径为 r_∞ 的油滴存在。根据油滴在层流相分离上浮和静止条件下扩散，可以推导出在碱溶液脱脂中的不同阶段的脱脂进程公式。在这些公式的推导过程中，简化掉了温度变化和搅拌速度变化对碱液脱脂速度变化的影响。但是，这些公式仍能得出与实际相近的清洗结果。

如果用 dT/dt 表示油膜的厚度 T 随脱脂时间 t 减少的速度；r_a 表示在脱脂的过程中油滴的平均直径；H_0 表示油膜的表观厚度；r_∞ 表示最难移动的油滴（与脱脂末期油膜厚度相当的）的直径；C_1 表示与表面活性剂有关的常数；r_{min} 表示表面活性剂能形成的最小的油滴直径；H 表示脱脂完成时（水能全面润湿时）实际残留的油膜的厚度；σ 表示在不同浓度的油含量时，r_a 的标准偏差值，则在脱脂的不同阶段所导出的相应公式如式(3-23)。

在碱洗脱脂的初始阶段（水可润湿的比例不大于 0.59）导出的脱脂速度公

式为：

$$\frac{dT}{dt}=0.002r_a\sqrt{r_\infty H_0\sqrt{r_\infty}}\qquad(3\text{-}23)$$

由此可见，脱脂时油膜的减少速度与脱脂液和钢板间形成的界面内生成的油滴的平均直径 r_a 以及 r_a 与油膜厚度比 H_0/r_∞ 大致成比例关系。因此，如果采用的表面活性剂，其 r_a 和 r_∞ 较大时就可以获得较快的脱脂速度。

在脱脂的中间阶段，（润湿的比例不大于 0.93 时）导出的脱脂公式如式(3-24)：

$$\frac{dT}{dt}=-C_1r_a\frac{H_0-r_{min}}{r_\infty}-0.004\sqrt{r_\infty}\qquad(3\text{-}24)$$

$$C_1=0.002e^{-0.9[\ln(r_\infty/17)]^2}$$

$$r_{min}=0.07r_\infty\sim0.08r_\infty e^{-0.22\sigma}$$

在脱脂的中间阶段，残留的油膜的减少速度变小，减少的速度几乎成为常数。这时的边界膜的厚度只有初始阶段油浓度低时平均厚度（即油滴直径）的 0.07 倍左右。但是，这时也不能认为它是最终控制脱脂效果的最小油滴直径。

脱脂的结尾阶段是指在用水润湿检查时，可润湿面积比不小于 0.93 的阶段。此时平均油滴直径 r_a 和最难移动油滴直径 r_∞（相当于残存的油膜度）几乎相等。这时油滴直径与脱脂速度的关系可以用式(3-25) 表示。

$$\frac{dT}{dt}=-Cr_a=-0.0004\sqrt{r_\infty}\qquad(3\text{-}25)$$

由式(3-25) 可见，脱脂的速度主要取决于油滴的直径，而且 r_∞ 值越大越受油滴形成和油滴直径控制。

由以上三个脱脂阶段的机理可知，钢带表面的脱脂过程受三个方面的因素控制：一是在脱脂液的界面膜中油滴的平均直径 r_a；二是在脱脂进行至结尾阶段时，界面膜中当油滴直径最小时的油滴直径 r_∞；三是附着油膜的厚度 H_0 与在界面膜内形成的油滴直径 r_∞ 的比 H_0/r_∞。

在这三个控制脱脂进程的因素中，有两个因素即 r_∞ 和 r_a 是与表面活性剂的特性相关的。不同的表面活性剂在稀浓度油污溶液中的平均油滴直径和标准偏差值不同，表 3-59 列出了不同表面活性剂除去的油滴的直径。

表 3-59　含不同表面活性剂的溶液可除去的油滴的直径

表面活性剂	油污浓度 /mL·L^{-1}	$r_\infty/\mu m$	$r_a/\mu m$	σ
聚氧乙烯壬基苯基醚＋天然高级脂肪醇硫酸钠	1 10 100	4	13 25	2.1

续表

表面活性剂	油污浓度 /mL·L^{-1}	$r_\infty/\mu m$	$r_a/\mu m$	σ
天然高级脂肪醇硫酸钠	1	2.0~1.6	1.7	
	3		1.2	1.3
	5		5.2	1.0
	10		7.4	1.0
	100		12	0.5
聚氧乙烯壬基苯基醚	0.1	0.02	0.024	
	5	10	10	
	10		13	
	100		20	0.6
聚氧乙烯烷基醚硫酸钠	1	0.4~0.6	0.5	
	10		0.6	0.7
	100		2.0	

3.8.7　热镀锌冷轧钢带清洗的主要型式

　　热镀锌基板用冷轧钢带清洗主要有化学清洗、电解清洗、物理清洗和超声波清洗等，为了适应现代化热镀锌生产线高速生产的需要，往往将上述几种方式进行最佳组合。在组合的各个单元中，清洗污物的重点对象各有差别，各单元完成清洗污物总量的一部分，图 3-19 显示了一种清洗工序中各个清洗单元所完成清洗污物的情况。通常热浸镀冷轧钢带清洗主要有三种型式。

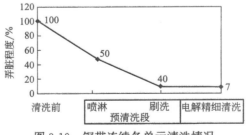

图 3-19　钢带连续各单元清洗情况

　　（1）化学清洗＋电解清洗＋物理清洗　这种型式的设备组成如图 3-20 所示。
　　其中电解清洗槽等的形状有立式槽，也有卧式槽，具有清洗速度快，清洗质量高等特点。清洗后钢带的表面质量完全可以满足汽车面板的要求。对采用美钢联法采用全辐射管加热炉的生产线，一般采用以上清洗型式。
　　（2）化学清洗＋物理清洗　这种型式的设备组成如图 3-21 所示。

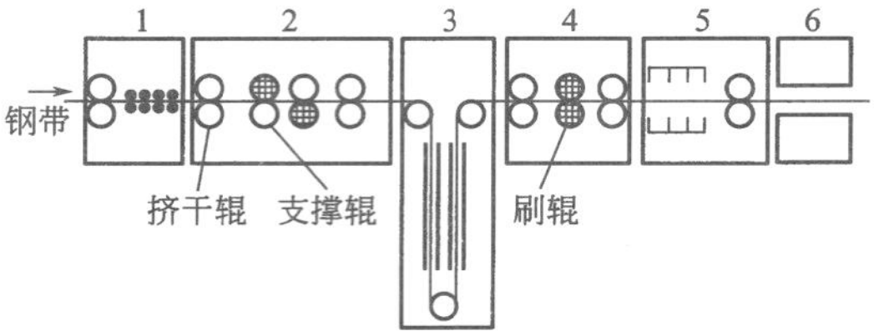

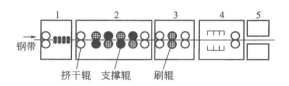

图 3-20　化学清洗＋电解清洗＋物理清洗示意

1—碱液喷洗槽；2—碱液刷洗槽；3—电解清洗槽；

4—热水刷洗槽；5—热水清洗槽；6—干燥器

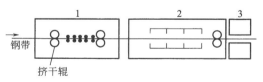

图 3-21　化学清洗＋物理清洗示意

1—碱液喷洗槽；2—碱液刷洗槽；3—热水刷洗槽；4—热水清洗槽；5—干燥器

　　这种型式投资省，清洗效果好。但很难清洗掉钢带表面的二氧化铁或铁粉。攀钢冷轧连续热镀锌机组就采用这种型式，钢带在进入清洗段前，如表面含油 $50 \sim 150 \mathrm{mg/m^2}$（单面），表面含铁污量 $65 \sim 110 \mathrm{mg/m^2}$（单面），在作业线上以 $170 \mathrm{m/min}$ 速度运行时，设计清洗率可达 90％以上。

　　（3）物理清洗　这种型式的设备组成如图 3-22 所示。

图 3-22　物理清洗方式示意

1—热水清洗槽；2—热水高压清洗槽；3—干燥器

　　物理清洗作业线短，可以清洗掉钢带表面的部分污物，清洗率只有 60％～70％，清洗效果不十分理想。

　　（4）清洗方式对清洗效果的影响　Michael 对各种清洗方法的组合进行研究发现，对钢带表面的残留碳，去除效果依次为：浸洗＋刷洗＋电解清洗＞浸洗＋刷洗＞浸洗＋电解清洗＞电解清洗＞刷洗。而对钢带表面的残留铁，去除效果依次为：浸洗＋刷洗＋电解清洗＞浸洗＋电解清洗＞浸洗＋刷洗＞电解清洗＞刷洗＞浸洗。

3.8.8　热镀锌基板冷轧钢带电解清洗工艺及设备

保证电解清洗快速、高效的一个重要条件是电流密度。其选择应能保证析出足够量的气泡，它既能使油珠机械撕离，又能搅拌电解溶液。当钢带表面油污一定时，电流密度越大，清洗速度越快。但是，电流密度不能无限地提高，因为这种关系并不永远成正比，电流密度加大到一定程度后，清洗速度的增加不再明显；相反却造成清洗槽电压过高，使电流消耗加大，因此设计时必须选择合适的高电流密度。

（1）高电流密度和效率　要提高电流密度，必须提高电路中的电流量和效率或减少通电面积。在实际生产中，能源消耗是一个重要的经济指标，单纯依靠提高整流器的电容量达到增加电流密度，不考虑电流的效率，会造成能源浪费，产品的成本增加，电流的效率主要由电路的压降引起，压降除了小部分在整流器内部、钢带中产生外，绝大部分在电解质中产生。这是因为在一个闭合电解反应的整流直流回路中，极板与钢带之间的电解质（如碱液）具有弱导电性（与金属导体比较），间距的大小影响着电路产生的阻抗值，间距越小电荷运动阻力越小，有效能量越大。反之，电荷运动阻力越大，无效能耗越大。

试验表明，钢带与极板间电解质产生的电压降有如下关系式：

$$E_j = 10DH/Q \tag{3-26}$$

式中　　E_j——电降压，V；

D——电流密度，A/dm^2；

H——钢带与极板间距，dm；

Q——电解质导电率，$\mu\Omega/cm^2$。

在同样电解质条件下，间距 10mm 的电压降仅为 80mm 时的 1/8。高电流密度型电解区域小，钢带易产生大张力，间距一般设在 8～12mm，因此具有很高的电流利用效率。普通型电解清洗装置一般极板较长或数量较多，钢带难以形成大张力，如果钢带与极板间距太小，由于钢带垂度或板形不好、高速运行波动等因素，容易造成钢带与极板接触，产生电弧击穿钢带现象。因此间距一般设在 51～125mm，电流密度为 5.4～21.6A/dm²，这就使得普通型电流利用效率较低。

（2）高电流密度电解清洗装置的型式和特点　国际上通常把电解清洗装置分为 2 种类型：电流密度在 100～210A/dm² 以上的称为高电流密度；电流密度在 50A/dm² 以下的称为普通电流密度。高电流密度装置的主要型式有卧式极板液垫型、喷嘴/极板兼容型和辊子缠绕型等。

①卧式极板液垫型　钢带通过一对封闭的极板空间，由上下两侧喷嘴喷射电解液并形成紊流，下侧喷嘴喷出的液体压力与上侧喷嘴液体压力和区间钢带重

力之和相平衡，如图 3-23(a) 所示，即下侧极板空腔压力液体形成液垫，阻止钢带因重力和其他因素产生的挠度 h，如图 3-23(b) 所示，使钢带保持在较高水平度状态运行。因钢带板形是变化的，在高速运行状态下，电解液喷射压力的控制跟踪是一个较复杂的问题。这种型式极板与钢带间距一般设置为 9～12mm，电流密度可达 200A/dm^2。

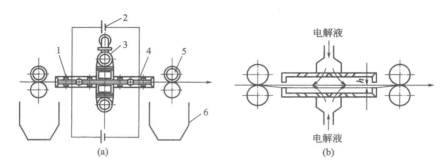

图 3-23　卧式极板液垫型工作示意
1—绝缘块；2—电源；3—电解液喷管；4—极板；5—密封辊；6—电解液收集槽

②　喷嘴/极板兼容型　利用电解对油污进行破碎、剥离的新工艺，极板与钢带间距约为 10mm，如图 3-24 所示。这种型式是通过较小的电解液喷流量、较小的电流密度（100A/dm^2），当钢带通过喷嘴（极板）区域时，在其表面产生密集的微小气泡使油污层面和内部产生破裂；同时油污层上面的碱液从裂缝中渗入油污底部，经连续几组喷嘴（极板）电解作用，油污层底部完全乳化而脱离钢带表面，呈独立状态，如图 3-25 所示。与其他高电流密度型式在电解区完成清洗污垢性质不同，喷嘴/极板兼容型在电解区仅对油污进行活化，再经后道刷洗装置清洗油污。据国外资料，清洗油污干净的电解时间应大于 0.04s。喷嘴/极板兼容型的电解区域窄（喷嘴开口度为 1～11mm）。

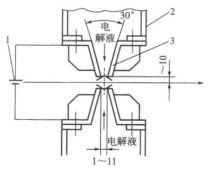

图 3-24　喷嘴/极板兼容型工作示意图
1—电源；2—托架；3—喷嘴

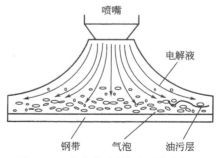

图 3-25　喷嘴/极板兼容型清洗机理

③ 辊子缠绕型　辊子缠绕型分为导电辊型和极对极型，图 3-26 为导电辊型，采用 2 个导电辊将电流直接传到钢带上，然后通过电解质返到弧形极板上，每个辊子和极板腹腔头部设有特殊的溶液集管喷头装置，使喷出的电解液呈流线型快速流过极板和钢带间的弧型腹腔，极板和钢带间距 8～12mm，最大电流密度 $220A/dm^2$。由于钢带是辊式缠绕，张力较大，钢带与辊子贴得紧，在电解区域不会产生波动或挠度问题，因此尽管间距小，钢带也不会与极板碰触，适合高速生产线。但是，金属导体的导电性与截面积有关，如果钢带板形不好，钢带高速运行过程中和导电辊缠绕，局部易产生气隙，导致尖端接触放电，击穿钢带。钢带和导电辊之间时有电弧产生，但是板形好的情况下不会出现上述问题。

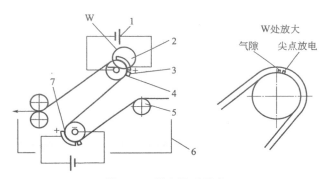

图 3-26　导电辊型示意

1—电源；2—栅极板；3—喷嘴；4—导电辊；5—转向辊；6—电解液收集槽；7—电解液

图 3-27 为极对极型。其在导电辊型基础上进行了改进，它采用 2 个衬胶辊起钢带转向作用，电流从阳极板通过电解质传到钢带上，然后再通过电解质返到阴极板上。采用衬胶辊的主要优点：①钢带与辊子绝缘，可以消除因板形不良产生的电弧现象；②增加了钢带与辊子间的摩擦力，使高速运行的钢带不易跑偏；

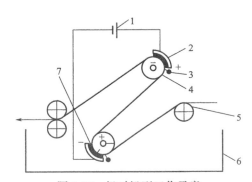

图 3-27　极对极型工作示意

1—电源；2—栅极板；3—喷嘴；4—衬胶辊；5—转向辊；6—电解液收集槽；7—电解液

③减少了无用功能耗。因导电辊型不论钢带宽窄，整个辊身都通电，耗电量较大，而且为一恒定值。衬胶辊不导电，耗电量大小根据钢带宽度决定，因此宽度大耗电量大，宽度小耗电量低。极对极型同时具有缠绕型张力大的优点，适合高速运行机组。

3.8.9　热镀锌钢带电解清洗工艺特点

3.8.9.1　工艺条件

电解碱洗主要是依靠电极极化作用及电极上析出气体的机械搅拌和剥离作用来除去油污，所以电解碱洗的 NaOH 含量应适当低些；使用表面活性剂还要防止产生大量的泡沫，否则产生的氢气和氧气难以逸出，待这些气体在泡沫层里混合后，遇到电极接触不良而打火时，就会发生爆炸。

在电解碱洗中最常用的是中间导电体法，即钢带不直接和电源相连接，电源是接在电极板上的，当入口部分的极板接阳极时，出口部分的极板便接阴极，此时，电流从阳极经过碱洗液到达钢带，到达与出口部分的极板相对应的位置，并从钢带经过碱洗液到达阴极。

在入口部分，与阳极极板相对应的钢带相对于阳极极板来说，电位要负，钢带作为阴极，此时在钢带上析出氢气，当钢带运行到出口部分与阴极极板相对应的位置时，钢带相对于阴极极板来说，则电位要正，钢带作为阳极，此时在钢带上析出氧气，这样，钢带经过电解清洗槽时，就经历了先阴极后阳极的过程。

中间导电体法中两组极性可自动转换，一般是 2h 更换一次。通过极性转换还可清除钢带表面在钢带为阴极时析出的某些杂质。

钢带为阴极时析出的氢气量比钢带为阳极时析出的氧气量要大一倍，所以钢带为阴极时的清洗速度快，效果好，但析出的氢气渗入钢带内部会使钢带产生氢脆现象。

3.8.9.2　影响电解碱洗效果的因素

（1）电流密度的影响　选择电流密度时，要保证能析出足够的气泡以提高碱洗速度，一般电流密度的控制范围在 $10 \sim 30 A/cm^2$。电流密度的计算公式为：

$$J = \frac{I\eta}{2LB} \tag{3-27}$$

式中　J——电流密度，A/dm^2；

$\quad\quad I$——由整流器给出的电流，A；

$\quad\quad \eta$——电解效率；

$\quad\quad L$——电极的总长度，dm；

$\quad\quad B$——钢带的宽度，dm。

提高电流密度可以提高清洗速度，阴极清洗的渗氢作用增大，可提高除掉被轧入钢带表面油污的能力，但是电流密度过高，反而造成槽电压过高。在钢带为阴极时，由于氢气大量析出，带出大量的碱雾污染空气，钢带为阳极时还可能腐蚀钢带表面，严重时可能出现点状腐蚀，所以要根据表面油污量来选择适当的电流密度，使其控制在一定的范围内，达到将钢带清洗干净的目的。

（2）电解持续时间的影响　电解持续时间和电流密度综合作用的电流量直接影响到钢带表面的清洗效果，电流量越大，清洗效果越好。电流量的计算方法如下：

$$C=J\frac{L}{V} \tag{3-28}$$

式中　C——电流量，C/m^2；

　　　J——电流密度，A/dm^2；

　　　L——电极的总长度，dm；

　　　V——机组运行速度，dm/s。

电流量目前还没有一个统一的界限，但根据经验，氢气泡发展的持续时间决不应低于 0.25s，一般可把 0.3～0.5s 作为氢气泡发展的标准停留时间。实际上大多数设计使钢带在电解槽内电极板间停留的总时间（氢气泡发展的持续时间＋氧气泡发展的持续时间）大于 1.0s。

（3）电解碱洗温度的影响　电解碱洗的温度一般控制在 40～80℃，温度高能加强乳化作用，增强清洗效果，还可以降低溶液的电阻，提高导电能力，加快清洗过程，但是温度太高，和化学碱洗时一样，由于消耗的热能增加，溶液大量蒸发会恶化工作环境。

（4）电解液的影响　冷轧钢带清洗用的电解液一般采用氢氧化钠溶液，浓度为 2%～5%，氢氧化钠可以与油气发生皂化作用，此外它还是一种强电解质，在溶液中能完全电离，使溶液具有良好的导电能力，因而提高氢氧化钠的浓度可以增大清洗时的电流密度，加快清洗速度。再者，由于氢氧化钠溶液对钢带表面有钝化作用，可以防止在阴极清洗时使钢带遭受腐蚀。

（5）电解液的循环　溶液的循环起着搅拌溶液的作用，因搅拌溶液能更换高速运行着的钢带周围的乳化液层，同时由于机械的力量，可以从钢带表面带走油滴，此外还能提高所用的电流密度。

3.8.9.3　电解清洗的缺陷

如果钢带在电解槽里接触了钢带，如钢带板形太差或断带时，只要这些栅极还有电压的话，就会出现烧痕缺陷，在这种情况下必须自动控制整流器及时断路。

3.8.10　清洗工艺对清洗质量的影响

3.8.10.1　清洗液工作条件对钢带表面残留物的影响

碱液的工作温度为 $60\sim95℃$，压力为 $0.1\sim0.5MPa$，较高的温度与压力可增大清洗效果，但是会形成较多泡沫，使工作条件变坏，尤其是过渡到下一个处理部分时，会在中间导致钢带干燥。碱液浓度（质量分数）一般为 $2\%\sim5\%$，正常使用为 $2\%\sim3\%$，对于表面状态不良的钢带，要求浓度提高到 $5\%\sim6\%$，超过此限，对清洗效果影响已不太明显。供碱量与钢带运行速度、钢带宽度、钢带表面清洁度等有关。

清洗液的使用时间取决于清洗液的容量、浓度，从钢带表面除去的油脂量、金属颗粒和污染物的量、污染物密度以及带走的损耗量。

随着清洗液的使用，碱的浓度逐渐降低，应在一定限度内补充清洗剂至浓度恢复，使清洗继续进行。但超过限度时，即使补充清洗剂能使含碱量恢复，但清洗所需的有效碱量不能恢复，即出现清洗液老化或疲劳。

用电解清洗去除污垢可使表面活化，同时引起钢带表面电解析出其他物质。这些物质在后部工序中起有害作用，因此必须考虑有关电极极性的配列、最终电极的极性和使用液的选择。

3.8.10.2　漂洗条件对钢带表面残留物的影响

水量越大，温度、压力越高，漂洗效果越好。考虑到水的消耗量不至于太大，一般漂洗温度 $\leqslant95℃$，压力为 $0.1\sim0.5MPa$。在漂洗前段一般采用工业水，为保证钢带的清洁性，后段要求使用脱盐水，水量与钢带运行速度、钢带宽度等有关。

为减少水的消耗，后段的脱盐水可梯流至前段漂洗槽循环使用，漂洗水同样可用于碱液刷洗循环槽与碱液喷洗循环槽。

参　考　文　献

[1]　李国英主编. 表面工程手册. 北京：机械工业出版社，1997.
[2]　李金桂，肖定全编. 现代表面工程设计手册. 北京：国防工业出版社，2000.
[3]　周静好编著. 防锈技术. 北京：化学工业出版社，1988.
[4]　陈旭俊主编. 工业清洗剂及清洗技术. 北京：化学工业出版社，2002.
[5]　秦国治，田志明编著. 工业清洗及应用实例. 北京：化学工业出版社，2003.
[6]　李德福，张学发主编. 工业清洗技术. 北京：化学工业出版社，2003.
[7]　李东光. 缓蚀剂配方与制备 200 例. 北京：化学工业出版社，2012.
[8]　张启富，刘邦津，黄建中. 现代钢带连续热镀锌. 北京：冶金工业出版社，2007.
[9]　李东光. 工业清洗剂配方与制备. 北京：中国纺织出版社，2009.

［10］　徐宝财，韩富，周雅文. 工业清洗剂配方与工艺. 北京：化学工业出版社，2009.

［11］　顾大明，刘辉，刘丽丽. 工业清洗剂—示例·配方·制备方法. 北京：化学工业出版社，2013.

［12］　顾民，吕静兰. 工业清洗剂. 北京：中国石化出版社，2008.

［13］　李东光. 实用工业清洗剂配方手册. 北京：化学工业出版社，2010.

［14］　秦国治，田志明. 工业清洗剂及应用实例. 北京：化学工业出版社，2003.

第4章
除锈

4.1 概述

4.1.1 不同金属锈蚀的特征

各种金属锈蚀的特征取决于金属的种类和所处的环境，一般锈蚀的金属表面有下列共同特征：①失去金属光泽，并沿锈蚀中心向周围蔓延；②堆积有锈蚀产物，在锈蚀中心和边沿具有不同的深度和色泽。各种金属的锈蚀特征可见表4-1。

表 4-1　各种金属的锈蚀特征

金属材料	锈蚀特征	锈蚀产物的颜色
钢及铸铁	开始是金属表面发暗，轻锈呈暗灰色，进一步发展会变为褐色或棕黄色，严重的呈棕色或褐色疤痕甚至锈坑，刮去锈蚀产物后底部呈暗灰色，边缘不规则，钢铁的氧化皮是氧化物的多层组成，最内层FeO，外层为$FeO+Fe_3O_4$，Fe_3O_4，最外层为Fe_2O_3	$Fe(OH)_3$ 黄色；Fe_3O_4 黑色；$FeO(OH)$ 棕色；Fe_2O_3 红色；FeS 黑色；$FeCl_3$ 暗褐色；$FeCl_2$ 暗绿色
发蓝（氧化）和磷化的钢件	通常呈黄褐色的层锈，也有呈点状、斑状	$Fe(OH)_3$ 黄色；Fe_3O_4 黑色；$FeO(OH)$ 棕色；Fe_2O_3 红色；FeS 黑色；$FeCl_3$ 暗褐色；$FeCl_2$ 暗绿色，由于发蓝、磷化后钢铁表面呈黑或灰色，所以锈蚀产物的颜色多加深
铜合金	铜的锈蚀呈绿色，也有呈橘红色或黑色薄层，铝青铜的锈蚀可呈白色、暗绿及黑色薄层，严重时呈斑点或层状突起，除去绿色锈蚀产物后，底部有麻坑，铅青铜的锈蚀有时呈白色。黄铜有脱锌腐蚀、锈蚀性破裂（即季裂）等	CuO 黑色；Cu_2O 橘红色；CuS 黑色；$CuCl_2$ 绿色；$Cu(OH)_2 \cdot CuCO_3$ 绿色
铝合金	初期呈灰白色斑点，发展后出现灰白色锈蚀产物，刮去锈独产物后底部出现麻孔，硬铝会出现局部腐蚀、剥蚀、晶间腐蚀	Al_2O_3 白色；$Al(OH)_3$ 白色；$AlCl_3$ 白色

金属材料	锈蚀特征	锈蚀产物的颜色
锌、镉、锡及其镀层	初期呈灰白色斑点，发展后生成黑色、灰白色点蚀，并有灰白色锈蚀产物，除去锈蚀产物后有坑，锌、镉在有机气氛下，腐蚀产物如白霜，俗称"长白毛"，锡、锌、镉在应力及湿度作用下会产生"晶须"	ZnO、$ZnCO_3$、$Zn(OH)_2$、ZnS、$Cd(OH)_2$、$CdCO_3$、$Sn(OH)_2$、$Sn(OH)_3$ 均为白色；CdO、CdS 为黄色；SnS 灰褐色
银及其镀层	在空气中易氧化变暗，常见的锈蚀呈暗灰、黑色，也有呈黄或棕褐色，银有通过陶瓷、塑料、云母、玻璃迁移，并能向铜、金中扩散	AgO 褐色；Ag_2S 灰黑色；$AgCl$ 白色
镍及其镀层	初期呈暗灰色斑点，发展后锈蚀产物为绿色粉末疏松物，镍基高温合金在高温燃气作用后，在大气条件下也会产生绿色锈点	$Ni(OH)_2$、$NiCl_2$、$NiCO_3$ 均为浅绿色
镁合金	初期呈灰白色斑点，发展后在锈蚀处出现灰白色粉末，除去锈蚀产物后底部有黑坑。镁合金锈蚀一直沿阳极区伸入，呈深孔交错状	MgO 白色；$Mg(OH)_2$ 白色；$MgCO_3$ 白色
铅及其镀层	一般呈白色或黑色薄层，也有呈红褐色或棕色。镀层腐蚀严重时，会露出基体金属	$Pb(OH)_2$、$PbCO_3$、$PbCl_2$ 均为白色；PbS 黑色；PbO 黄色；PbO_2 棕、褐色；Pb_3O_4 鲜红色
钴钨合金	锈蚀产物一般呈橘红色	$CoCl_2 \cdot 6H_2O$ 玫瑰红色

4.1.2　不同金属锈蚀的鉴别

　　不同金属锈蚀的鉴别方法可见表 4-2。鉴别锈蚀时用的工具及适用范围可见表 4-3，腐蚀类型的鉴别可见表 4-4，常用鉴别金属锈蚀用试剂可见表 4-5。

表 4-2　鉴别锈蚀的方法

鉴别方法	适　用　范　围
肉眼观察（照相或记录）	用肉眼观察锈蚀的进行过程（在可能的情况下）及试样（或实物）的表面状态；通常锈蚀后其表面有下列共同特征：(1)失去金属光泽，并沿锈蚀中心向周围蔓延、膨胀、剥落；(2)堆积面积大小、分布、形状不规则。当锈蚀产物脱落后留下粗糙、带坡度的斑点或凹坑，边缘模糊。钢铁锈蚀程度可分为以下几类（其他金属锈蚀的参考分类）。 (1)初锈(微锈)　金属光泽消失，仅呈暗迹象。 (2)浮锈(轻锈)　金属呈现黄色或淡红色，有细粉末状的色迹。 (3)迹锈(中锈)　表面呈现红褐色、淡赭色或黄色，为堆粉末状。 (4)层锈　表面呈现黑色、片状锈层或凸起锈斑。 以上可以锈蚀严重、较轻、轻微等表示之，视具体要求而确定，此法的优点是简单可行，缺点是受视觉误差的影响，仅作定性用

续表

鉴别方法	适 用 范 围
选用合适的试剂对金属阳离子进行化学分析鉴定	常用的鉴别锈蚀用试剂及其使用方法见表 4-5,此法的优点是简单可行,缺点是受视觉误差的影响,仅作定性用
宏观分析	用放大镜或实体显微镜来观察,可以看出腐蚀的特性、陷坑深度及腐蚀产物的分布,钢件锈蚀在显微镜下呈杂色"乱线状",它与机械损伤和疲劳现象不同(可借助典型样品和图谱参照分析)
显微分析	用金相显微镜、X 射线衍射仪、红外光谱仪等来检查观察。用金相显微分析可看出腐蚀陷坑的深度和性质,观察正在腐蚀的过程。能直接查明晶间腐蚀,通常用来区分化学腐蚀类型,评定合金成分的相对腐蚀,了解晶型结构变化,所以是最佳的辅助观察方法,缺点是有时不能定量分析,仅作定性分析
测定重量变化	分测定失重和测定增重两种情况,前者适用于腐蚀产物可以除去的情况。后者适用于腐蚀产物不溶解并紧密地附着样品上时的情况。这种方法通常在腐蚀速度均匀的情况下使用,优点是简单、定量、直接,缺点是受样品清洁度误差的影响,不能用在特殊类型的化学腐蚀(如晶间腐蚀)上,要求多份样品
其他方法	除上述方法外,还可测定锈蚀后金属物理性质(如硬度、冲击韧性等)的变化、电阻的变化、表面对光反射能力的变化来判断其锈蚀情况

表 4-3　鉴别锈蚀时用的工具及适用范围

工具或仪器	适 用 范 围
放大镜	放大 5~20 倍观察外形
双筒实体显微镜	放大 20~100 倍后进一步观察腐蚀特征如陷坑、产物等
内腔检查仪	用以检查内腔锈蚀情况。选用光导纤维的检查仪有管细、像清晰等特点,并可拍照,放大
金相显微镜	在低倍(100 倍)放大后,能准确地判断锈蚀的形态、特征,并区别是否材料缺陷,必要时可加大倍数放大,并拍照
电子探针	对微量的腐蚀产物做定性分析,其优点是可局部检验,并不需破坏零件
X 射线衍射仪	对微量的腐蚀产物作定性分析,并可测出其结构
红外线光谱仪	可对有机化合物作分析,以区别是否为锈蚀产物
激光微区分析仪	在难以刮取腐蚀产物或很小腐蚀量的部件处,定性或半定量地利用本仪器进行测量
椭圆仪	可以测量几微米或 $1\mu m$ 以下的氧化膜及其他膜的厚度

表 4-4　腐蚀类型的鉴别

腐蚀类型	特 征
均匀腐蚀	在金属表面产生的均匀腐蚀
点蚀	在金属表面产生一系列小坑,呈针状、点状或小孔状,常产生于轮廓分明、小的局部区域
电偶腐蚀	在两种金属相连并暴露于电解液时产生,表现为双金属结合部有腐蚀产物堆积

续表

腐蚀类型	特　征
丝状腐蚀	在有机涂层下的某些金属表面上产生细小的沟槽,以纤维方向向外扩展,常发生于紧固件周围和蒙皮接缝处
应力腐蚀	通常出现细裂纹,而无明显的腐蚀蔓延,是金属和合金在腐蚀环境与拉应力同时作用下产生的开裂
剥落腐蚀	铝合金表面凸胀或起泡,成层状脱落,是晶间腐蚀的一种形式
微生物腐蚀	发生于整体油箱中,由燃油中的细菌和霉菌引起

表 4-5　常用鉴别金属锈蚀用试剂

材料	鉴别试剂	使用说明
钢铁	盐酸 $1.5\sim2mL$ 亚铁氰化钾 $1g$ 亚砷酸钠 $0.5g$ 蒸馏水 $100mL$	将试剂滴在预鉴别之处,1min 左右,在锈蚀处便出现白色变蓝色,若无锈蚀,则无此反应。该溶液对基体金属在 $10\sim20min$ 内不反应。原理:$4Fe^{3+}+3[Fe(CN)_6]_3\downarrow$ 蓝色 注:当有大量 Cu^{2+} 时,此方法不可靠,因为 Cu^{2+} 与亚铁氰化钾生成化合物沉淀 $Cu_2Fe(CN)\downarrow$(玫瑰色胶体),干扰结果
铜	硫酸 10%水溶液 硫氰酸钾 5%	将试剂滴在鉴别处,在锈蚀处出现黑色(用新配的溶液)。原理:$Cu^{2+}+2SCN^-\longrightarrow Cu(SCN_2)\downarrow$(黑色)
镁合金	$1mol/L$ 苛性钠溶液 镁试剂 0.1%	$MgCO_3$ 或 MgO 与镁试剂反应生成蓝色沉淀
铝合金	0.1%茜素的酒精溶液	将溶液滴于鉴定处,铝锈 $[Al(OH)_3$ 或 $Al_2O_3]$ 与茜素酒精溶液生成难溶解的亮红色化合物(注意:铜的干扰,铜盐溶液用氨处理时与茜素作用生成玫瑰红色)

4.2　不同金属腐蚀产物的去除

4.2.1　机械方法除锈

去除腐蚀产物的方法分为机械方法、化学或电化学方法,选用的方法取决于金属种类及腐蚀程度,有关机械方法除锈系统地归纳于表 4-6～表 4-8。在机械清理中,工人需要戴手套,有些工种不允许戴手套时,可采用液体手套,液体手套的配方见表 4-9,便于安全和劳动保护,液体手套常常用于手取已清洗干净的零件,以防手汗引起金属零件生锈。

表 4-6　机械方法除锈

方　法	材料及工具	应用范围	备　注
刮削	非金属刮刀:由木片、竹片、胶木板或塑料板做成 金属刮刀:分硬金属(如钢片)、软金属(如铜、铝片)两种	用非金属刮刀可铲除浮锈,对基体金属无损伤,适用于精密面。钢刮刀有损于金属基体,只适用于粗糙表面除厚锈层用,铜、铝刮刀不宜用于精密面,它们虽然无损于金属基体,但铜、铝屑会残留在锈坑和缝隙内,会引起电偶腐蚀,故多适用于一般加工面	金属刮刀中的硬、软应按刀与生锈金属的硬度来划分,也可按是否能被刮刀划伤来分 在刮削时,可用煤油疏松或清洗锈蚀产物

续表

方法	材料及工具	应用范围	备注
砂纸（布）打磨	不同精度号的砂纸（布）、不同磨料的砂纸（布）	粗号砂纸（布）用于非加工金属面，细号砂纸（布）用于非配合加工金属面，砂纸（布）一般禁止在导轨面、轴承滚道和滑动面上使用，因砂粒的残留会引起机件在运转过程中磨损加速。用砂纸（布）除锈时，会除去一层基体金属，影响尺寸精度。润滑油打磨可用于较精密的表面	
刷除	钢丝刷、铜丝刷、尼龙刷、滑石粉、煤油等	适用于非加工面除锈，以及去除机件加工表面的厚层锅巴锈，其中长丝刷适用于齿轮等曲折表面，短丝适用于平面	除锈前可先用煤油润湿一下，然后沾上滑石粉后刷涂 用软的毛刷如铜、尼龙刷刷除可使钢铁基体不受损失
研磨	研磨膏、擦铜油、皮布、帆布、绒布、棉布、棉纱	研磨膏是由适当的磨料与一定的载体、润滑剂配成 一般在粗磨中选用 100～320 号粒度的磨料，在精细研磨中选用 W28、W5 粒度的磨料 研磨后一般不影响机件粗糙度及尺寸精度	用布或棉纱沾研磨膏用力往复摩擦即可，注意研磨后立即清洗干净，并采取适当防锈措施
抛光	氧化铬（Cr_2O_3）、抛光膏、布轮、抛光机	抛光后一般不影响机件粗糙度及尺寸精度	抛光后应立即清洗，并采取适当防锈措施

方法	材料及工具	应用范围			备注
干喷砂	河砂、石英砂、钢玉砂等，喷砂室、空压机	喷砂用砂粒尺寸及空气压力			在封闭式的喷砂室中进行，空气压力约 0.59MPa，喷砂室应有旧砂回收装置，喷距约 200mm。当喷射角大于 30°时，主要是锤击作用，小于 30°时，则为切削和冲刷作用，当比较细的磨粒和很小的角度喷射时，可获得精度很高的表层
		物体种类	空气压力/kPa	砂粒尺寸/mm	
		大型铸件、钢锻件、3mm 以上板材等	202～405	2.5～3.5	
		3mm 以下板材	101～202	1.0～2.0	
		薄的、小的零件	50～101	0.5～1.0	
		有色金属铸件	101～150	0.5～1.0	
		1mm 以下板材	30～50	0.05～0.15	

方法	材料及工具	应用范围		备注
湿喷砂	石英砂、硅藻土等，喷砂机、空压机，在干喷砂基础上加水，并添加水溶性缓蚀剂、乳化剂等	喷射时粒度对精整度的影响		干砂罐工作压力约 0.49～0.59MPa，水罐工作压力约 0.34MPa，砂、水在离开喷嘴前汇合，形成水罩，防止粉末飞扬，喷距约 100mm
		粒度/目	表面精整度	
		30～50	很粗	
		50～120	粗	
		120～250	光滑	
		250～500	很光滑	
		500～900	只需轻轻擦光，即可得镜状	

续表

方 法	材料及工具	应 用 范 围	备 注
喷丸或抛丸	玻璃丸、钢丸、核桃壳等,喷丸粒度为 M6～M50	适用于较精密零件去除锻皮、铸皮及锈蚀,并可提高金属的疲劳强度	喷丸用于小件,压力约 0.49MPa,抛丸适用于大量及大面积工件,但不适用于薄壁及较脆弱件
滚筒及振动精整流	滚筒或振动设备	可用于去锈并使工作去毛刺、圆角(R 可达 0.125mm),提高粗糙度(可达 $\overset{0.16}{\bigtriangledown}$),并使尺寸变化在 12.5μm 内	
高压水喷射	矿物质的磨料及水,高压水喷射设备,压力大于 9.8MPa 的高压水泵	清理铸件	

表 4-7 不同金属基体腐蚀产物机械去除法

项目	铝及铝合金	镁及镁合金	钢 铁	钛合金
1	保护邻近区域	保护邻近区域	保护邻近区域	保护邻近区域
2	去除油脂和污物	去除油脂和污物	去除油脂和污物	去除油脂和污物
3	脱除残留漆层	脱除残留漆层	脱除残留漆层	—
4		用铝绒擦除疏松腐蚀产物	—	—
5	选择砂纸去除轻度腐蚀产物	选择砂纸去除轻度腐蚀产物	选择砂纸去除轻度腐蚀产物	用柔软的布和铝合金抛光剂手工抛光,直至全部腐蚀痕迹或表面斑点都被去除,用软布去除抛光剂
6	去除严重腐蚀的产物可用镶硬质合金刮刀或带有细槽的转锉或 400 号粒度氧化铝砂纸,以及不锈钢丝刷	去除严重腐蚀的产物可用镶硬质合金刮刀或带有细槽的转锉或 400 号粒度氧化铝砂纸,以及不锈钢丝刷	去除严重腐蚀的产物可用镶硬质合金刮刀或带有细槽的转锉或 400 号粒度氧化铝砂纸,以及不锈钢丝刷	—
7	用玻璃丸干喷法去除大面积腐蚀,空气压力为 0.3～0.55MPa	用干喷法去除大面积腐蚀,空气压力为 0.07～0.25MPa	用干喷法去除大面积腐蚀,空气压力为 0.3～0.5MPa	—
8	用 10 倍放大镜检查,确信所有腐蚀产物已被去除	用 10 倍放大镜检查,确信所有腐蚀产物已被去除	用 10 倍放大镜检查,确信所有腐蚀产物已被去除	用 10 倍放大镜检查,确信所有腐蚀产物已被去除
9	清洗、整理除锈区	清洗、整理除锈区	清洗、整理除锈区	—
10	将去除腐蚀产物后形成的凹陷处修整成流线型,准备进行返修	—	—	—

表 4-8 去除腐蚀产物所用的磨料

要处理的金属或材料	热处理到1517MPa以上的结构钢		结构钢		铝合金，除包铝外		包铝		镁合金		钛合金
限制	不要使用酸基除锈剂，不要使用用手握的机动工具		热处理至抗拉强度>1517MPa的钢不要使用		不要用金刚砂磨纸		砂纸打磨限制在去除很轻的划痕				清洁并抛光
操作	去除腐蚀或整形	抛光	去除腐蚀或整形	抛光	去除腐蚀或整形	抛光	去除腐蚀或整形	抛光	去除腐蚀或整形	抛光	
砂纸或砂布　氧化铝	150①~更细	400	150~更细	400	150~更细	400	240~更细	400	240~更细	400	150~更细
金刚砂（碳化硅）	150~更细		180~更细								180~更细
石榴石					7/0~更细		7/0~更细				
打磨用织物或垫	细到极细		细到极细		非常细和极细		非常细和极细		非常细和极细		

① 单位为目，余同。

表 4-9　液体手套的配方

配方组成	配方编号		
	Ⅰ	Ⅱ	Ⅲ
干酪素	100g	100g	100g
蒸馏水	250~260mL	240mL	280mL(普通水)
无水碳酸钠	8~10g	8~10g	—
甘油	40mL	35mL	80mL
酒精	250~260mL	240mL	360mL
邻苯二甲酸二丁酯	70g	—	—
苯甲酸钠	—	—	0.5~1g
乳香胶	8~10g	—	—
氨水	—	—	17mL(125%浓度)

4.2.2　化学或电化学方法除锈

各种金属化学除锈工艺可见表 4-10；黑色金属化学或电化学除锈工艺见表 4-11；不锈钢制件用除锈工艺见表 4-12；钢与某些有色金属组合件用的除锈工艺见表 4-13；铝、镁合金化学除锈工艺见表 4-14；铜和铜合金化学除锈工艺见表 4-15；其他有色金属合金制件化学除锈工艺见表 4-16；铜、锌、镉镀层化学除锈工艺见表 4-17。电化学除锈工艺也叫清除腐蚀产物所用的电化学清洗工艺，见表 4-18。

表 4-10　各种金属化学除锈工艺

基体材料	化学或电化学除锈工艺
碳素钢及低、中合金钢	(1)用硫酸除锈,继以中和及水洗 ①一般浸渍或喷射除锈:H_2SO_4 5%~15%,缓蚀剂(若丁、硫脲等)适量,工作温度 65℃或稍高;②经过热处理的轴类、齿轮类等,对尺寸变化限制较严的零件的电解除锈:H_2SO_4(1.84g/mL)4.75g、(1.19g/mL)10.3g/L,NaCl 22.5g/L 或 $SnSO_4$ 10g/L。铅(锡或高硅铸铁)为阳极,工件为阴极,电流密度为 7.5A/dm^2,温度 65~80℃。锈除掉后,新表面上即镀上铅或锡,最后可在温度 93℃的 NaOH 90g/L、Na_3PO_4 30g/L 液中,阳极处理退镀 (2)用盐酸除锈,继以中和及水洗:HCl 5%~20%(质量分数),温度为室温~40℃ (3)用磷酸除锈,继以中和及水洗 ①H_3PO_4 10%~20%(质量分数) ②先在 H_2SO_4 中除锈,再在 H_3PO_4 2%~10%(质量分数)中处理 ③H_3PO_4 中加少量 HNO_3、H_2F_2 及 CH_3COOH 用于处理硅钢 磷酸处理后,表面得钝化膜。磷酸残余可用阳离子交换树脂回收。处理时,需加热 (4)碱液电解除锈的零件作阴极,槽作阳极,在 NaOH 液中,可加螯合剂,如 EDTA,适于锈蚀严重机械修复前的处理 (5)膏剂除锈适于大型或固定装备

基体材料	化学或电化学除锈工艺
不锈钢及耐蚀合金	(1)先在 HNO_3(1.42g/mL)10%(体积分数)、H_2F_2(1.24g/mL)2%(体积分数)液中处理,温度 82~93℃ (2)氢氧化钠浴处理:含有 NaOH 0.75%~2.5%的 NaOH 浴,在 399℃熔融,工件上的氧化物部分被还原。处理后淬火水中时发生大量蒸汽,使氧化皮撕裂。处理后最好再经 H_2SO_4 或 $HNO_3+H_2F_2$ 处理 (3)氧化盐浴处理:温度在 480~540℃,处理时间 15min,水淬后再进行 H_2SO_4 或 $HNO_3+H_2F_2$ 处理,此法对铬、不锈钢较有效
钛合金	氧化盐浴处理:应在 510℃内,水淬后,继以酸浸:HNO_3(1.42g/mL)10%、H_2F_2(1.20g/mL)0.25%
锆合金	HNO_3(1.42g/mL)10%(体积分数)、H_2F_2(1.24g/mL)40%(体积分数)
铸铁	用 H_2F_2 20g/L、HCl 20(40 或 80)g/L;表面上有针状石墨存在的,用 H_2SO_4 10%(体积分数)、H_2F_2(1.16g/mL)5%~10%(体积分数)
铜及铜合金	(1)高温氧化皮较重时,用 H_2SO_4 配成 5%~10%(体积分数)液,在室温浸渍或加热到 79℃,浸 1~1.5min (2)去除失泽层后,可在 HNO_3 40%、H_3PO_4 30%、CH_3COONa 20%、NaCl 1.0%的 66℃液中浸 4min
镍及其合金	去除镍上薄的氧化层,可在 HNO_3(1.36g/mL)2.25L、H_2SO_4(1.84g/mL)1.50L、NaCl 30g 液中浸几秒,继以热水洗,如有残酸,以氨水中和
锌及其合金	用 H_2SO_4(1.84g/mL)1 份和 HNO_3(1.41g/mL)1 份配成混合酸,再以 10 倍的水稀释,于室温下处理 1min,铸件则至气体开始产生为止
铝及其合金	(1)轧制合金在 CrO_3 35g/L、H_2SO_4(1.84g/mL)172g/L、H_2F_2(1.19g/mL)5g/L 的混合酸中,65℃去锈 1~3min,经洗净后,在浓硝酸(1.42g/mL)中浸 10~15min (2)铸造合金在 HNO_3(1.42g/mL)中,室温下浸 10~15s→中间洗净→在 45g/L 的 NaOH 液中,60~70℃浸 10s→在 HNO_3(1.42g/mL)3 份、H_2F_2(1.19g/mL)1 份混合酸中,室温下浸 3~5s→中间洗净→在 HNO_3(1.42g/mL)中,室温下浸 10~15s (3)富硅铸造铝合金在 CrO_3 35g/L、H_2SO_4(1.84g/mL)172g/L 液中,65℃下浸 1~5min→中间洗净→HNO_3(1.42g/mL)3 份、H_2F_2(1.19g/mL)1 份混合酸中处理→中间洗净→在 CrO_3 35g/L、H_2SO_4(1.84g/mL)172g/L 混合酸中,65℃下处理 1min
镁及镁合金	10% HNO_3 处理。先以 5 倍水稀释的 HNO_3(1.42g/mL)处理,继以 50 倍水稀释的 HNO_3(1.42g/mL)室温处理。锻件也可以 28g/L 醋酸及 80g/L 硝酸钠处理,铸件尚可在 80% H_3PO_4 的稀释液中处理,压铸件在铬酸、浓 HNO_3 及 H_2F_2 中去铸皮

化学或电化学方法除锈在工业实践中常常称为化学酸洗或是电化学酸洗。金属表面的锈,对钢铁而言,主要是铁的氧化物（Fe_3O_4、Fe_2O_3、FeO）,钢铁浸入酸溶液中,可去除钢铁表面的锈,以硫酸为例,其除锈机理为:

$$Fe_3O_4+4H_2SO_4 \longrightarrow FeSO_4+Fe_2(SO_4)_3+4H_2O$$

$$Fe_2O_3+3H_2SO_4 \longrightarrow Fe_2(SO_4)_3+3H_2O$$

$$FeO+H_2SO_4 \longrightarrow FeSO_4+H_2O$$

$$Fe+H_2SO_4 \longrightarrow FeSO_4+H_2 \uparrow$$

表 4-11　黑色金属化学或电化学除锈工艺

序号	槽液成分（除锈）		温度/℃	时间/min	后处理	槽液特性
1	CrO_3 H_3PO_4（$\rho=1.71g/mL$） H_2SO_4（$\rho=1.84g/mL$） 水	15% 15%~20% 0.5% 余量	85 至沸腾	30~60	（1）冷水洗 （2）中和： 　Na_2CO_3　30~40g 　水　1L （3）冷水洗 （4）钝化：$K_2Cr_2O_7$　0.1g 　水　100g 　1~2min （5）冷水洗 （6）干燥：吹干、擦干或烘干（110~120℃，20~30min） （7）防锈	只能除轻锈，对基体不腐蚀，用于精密件，配方中的 H_2SO_4，在无黑皮时，可不加入
2	CrO_3 H_2SO_4（$\rho=1.84g/mL$） 水	150g 15g 余量	80~90	数分~数小时		对基体腐蚀影响不大，用于精密件
3	$10\%H_2SO_4$ 40%甲醛水（按体积）	99% 1%	10~35	数秒		用于对尺寸要求不严格的零件
4	H_2SO_4（$\rho=1.84g/mL$） NaCl 硫脲 水	19% 5% 0.4% 余量	65~80	25~40		防锈能力强，用于清理铸铁的大块氧化皮，对于有型砂者，可加入 2%~5%的 HF
5	HCl（$\rho=1.19g/mL$） $SnCl_2$ 甲醛	100mL 2g 2g	10~35	0.5~3	后处理同上；HCl 是除锈剂，$SnCl_2$ 和甲醛可保护基体金属	除锈能力比序号 1 强，同时能保护基体光亮

续表

序号	槽液成分 除锈		温度/℃	时间/min	后处理	槽液特性
6	H_3PO_4 ($\rho=1.71g/mL$) 正丁醇 乙醇 对苯二酚 水	500mL 150mL 20~30mL 3~5g 加至1L	10~35	1~5	后处理同上;溶液配法:先将对苯二酚溶于乙醇,再依次加水、酸和正丁醇	除锈后表面稍呈钢灰色,对质量无影响
7	H_2SO_4 ($\rho=1.84g/mL$) $SnCl_2$ 水	100mL 20g 加至1L	10~35	0.5~5		用于重锈除锈
8	H_2SO_4 ($\rho=1.84g/mL$) HNO_3 ($\rho=1.39g/mL$) HF ($\rho=1.15g/mL$) 水	20g 120g 20g 加至1L	18~25	视需要	(1)冷水洗 (2)光化 HNO_3 (1.39g/mL) 50mL HCl (1.19g/mL) 50mL 水 50mL 10~70℃ 1~5min (3)冷水、热水洗	(1)允许用下列溶液去黑灰: CrO_3 90g H_2SO_4 30mL 水 1L (2)用不锈钢除锈
9	CrO_3 HF ($\rho=1.15g/mL$) 水	60g 120g 加至1L	60~80	视需要	冷、热水清洗	用于不锈钢除锈
10	HNO_3 ($\rho=1.39g/mL$) HF ($\rho=1.15g/mL$) 水	280~560g 25~50g 1L			冷、热水清洗	用于不锈钢除锈

续表

序号	除　锈 槽液成分		温度 /℃	时间 /min	后处理	槽液特性
11	NaOH 葡萄糖钠 H₂O	225g 56g 加至 1L	85~95	20~30	冷、热水清洗	用于多种钢材,对基体无腐蚀
12	NaOH Zn 粒 H₂O	5% 少许 余量	80~90	20~40	冷、热水清洗	用于多种钢材,对基体无腐蚀,但有大量氢析出
13	盐酸 三氧化锌 氯化锡	1000mL 20g 50g	20~25	1~25	冷、热水清洗	强烈搅拌溶液
14	氢氧化钠 锌(碎) 蒸馏水	50g 200g 加至 1000mL	80~90	30~40	冷、热水清洗	锌粉易自燃,注意安全
15	氢氧化钠(碎) 锌(碎) 蒸馏水	200g 50g 加至 1000mL	80~90	30~40	冷、热水清洗	锌粉易自燃,注意安全
16	柠檬酸铵 蒸馏水	200g 加至 1000mL	75~90	20	冷、热水清洗	
17	盐酸 六亚甲基四胺 蒸馏水	500mL 3.5g 加至 1000mL	20~25	10	冷、热水清洗	按需要,可延长时间

表 4-12 不锈钢制件用除锈工艺

合金	配　　　　方		处理温度/℃	处理时间/min	简要说明
不锈钢	硝酸 蒸馏水	100mL 加至 1000mL	60	20	
	柠檬酸铵 蒸馏水	150g 加至 1000mL	70	10～60	
	柠檬酸 硫酸 缓蚀剂(二原甲苯基硫脲或喹啉乙基碘) 蒸馏水	100g 50mL 2g 加至 1000mL	60	5	
	氢氧化钠 高锰酸钾 柠檬酸铵 蒸馏水	200g 30g 100g 加至 1000mL	沸点	5	
	硝酸($\rho=1.42$g/mL) 氢氟酸($\rho=1.155$g/mL) 蒸馏水	100mL 20mL 加至 1000mL	20～25	5～20	
	氢氧化钠 锌粉 蒸馏水	200g 50g 加至 1000mL	沸点	20	空气中锌粉自燃着火,要注意安全

表 4-13 钢与某些有色金属组合件用的除锈工艺

配　　　方		处理温度/℃	处理时间/min	简　要　说　明
磷酸 铬酐 水	80～120g 160～200g 1L	80～90	10～30	适用于表面粗糙度低、要求精密的钢-铜组合件除锈
硝酸 磷酸 铬酐 重铬酸钾 水	5% 5% 10% 3% 余量	10～35	1～1.5	适用于无深孔隙的钢-铜组合件除锈。除锈后用 2%碳酸钠水溶液中和 2min,再用水冲洗,擦干即可封存
磷酸 乙醇 丁醇 对苯二酚 水	55% 15% 5% 1% 余量	室温	10～30	适用于钢-铝组合件的除锈

表 4-14　铝、镁合金化学除锈工艺

序号	除锈			后处理	槽液特性
	槽液成分	温度 /℃	时间 /min		
1	CrO$_3$　　　　80g H$_3$PO$_4$(ρ=1.71 g/mL)　200mL 水　　加至1L	10～35	1～10	(1)冷、热水洗 (2)干燥 (3)防锈	(1)不能除重锈,对基体腐蚀不大,除锈后金属上有灰绿色膜 (2)用于铝合金
2	HNO$_3$(ρ=1.39 g/mL)　5% K$_2$Cr$_2$O$_7$　　1% 水　　加至1L	10～35	1～10		(1)对基体腐蚀 (2)用于尺寸不严的铝合金
3	NaOH　　　50g NaCl　　5～10g 水　　加至1L	50～60	<1	(1)冷水洗 (2)15%～40% HNO$_3$ (3)冷、热水洗 (4)阳极化	(1)对基体腐蚀严重 (2)用于铝合金
4	NaOH　　30～50g NaF　　5～10g 水　　加至1L	10～35	1～5	(1)冷水洗 (2)硅铝合金光化后仍有黑灰时可用湿布擦	能除重锈,NaF能加快铝合金除锈速度,增加光泽
5	HNO$_3$(ρ=1.39 g/mL)　50～80g NaF　　2～5g 水　　加至1L	15～35	视需要		除锈时间: 铝及铝镁合金 0.5～2min 铝锰合金 2～5min 铝硅合金 3～5min
6	CrO$_3$　　50～100g H$_3$PO$_4$(ρ=1.71 g/mL)　150～200mL NaF　　4～8g 水　　加至1L	15～30	1～5		用于铝合金精密件,也能除重锈,又有氧化作用,并使金属生成一层灰绿色膜
7	CrO$_3$　　2% 水　　80%	10～35	8～10	(1)冷水洗,热水洗 (2)钝化 K$_2$Cr$_2$O$_7$ 50g HNO$_3$ 110g NaCl 1g 水　加至1L 70～80℃ 2～1.5min (3)冷、热水洗 (4)干燥	用于镁及其合金的除锈
8	CrO$_3$　　2% 水　　98%	60～70	8～10		用于镁及其合金的防锈

序号	除　锈		温度/℃	时间/min	后处理	槽液特性
	槽液成分					
9	磷酸 硅酸钠 水	10% 2% 余量	15~30	15~20	先用冷水洗,再用热水冲洗	用于镁及其合金的除锈
10	硝酸($\rho=1.42\text{g/mL}$)		20~25	1~3		为出光工序,去除新形成的腐蚀产物和疏松的腐蚀产物
11	三氧化铬 铬酸银 蒸馏水	100g 10g 加至1000mL	沸点	1		使用银盐是为了沉淀氯化物,用于镁合金
	三氧化铬 硝酸银 硝酸钡 蒸馏水	200g 10g 20g 加至1000mL	20~25	1		使用钡盐是为了沉淀硫化物,用于镁合金

表 4-15　铜和铜合金化学除锈工艺

配　方		处理温度	处理时间	简　要　说　明
硫酸($\rho=1.84\text{g/mL}$) 水	100mL 900mL	室温	数分钟至30min	对基体金属腐蚀不大,但除锈后常留有痕迹
草酸 水	10% 90%	室温	8~9min	适用于铍青铜
硫酸($\rho=1.84\text{g/mL}$) 铬酐 氯化钠 水	30mL 90g 1g 加至1L	室温	1~1.5min	有除锈和钝化作用,但处理时间过长时能溶解基体金属,不适用于铍青铜
硫酸($\rho=1.84\text{g/mL}$) 重铬酸钾 水	160g 50g 加至1L	室温	数分钟至数十分钟	对基体金属腐蚀不大,除锈后表面较净
磷酸($\rho=1.71\text{g/mL}$) 硫酸($\rho=1.84\text{g/mL}$) 硝酸($\rho=1.39\text{g/mL}$) 铬酸 水	80mL 10mL 20mL 55g 加至1L	15~30℃	20~60s	适用于精密铜制件的除锈,对铜基体金属腐蚀不大

续表

配　　方		处理温度	处理时间	简　要　说　明
硫酸氢钠 水	100g 加至 1L	室温	1～30min	不适用于铍青铜
盐酸(ρ＝1.19g/mL) 蒸馏水	50mL 加至 1000mL	20～ 25℃	1～3min	采用纯氮对溶液脱氧,以减少对金属基体的腐蚀
氰化钠 蒸馏水	4.9g 加至 1000mL	20～ 25℃	1～3min	拥有去处硫酸法不能去除的硫酸铜腐蚀产物
硫酸 蒸馏水	54mL 加至 1000mL	40～ 50℃	30～60min	采用纯氮对溶液脱氧,刷去腐蚀产物,再浸泡 3～5s
硫酸 重铬酸钠 蒸馏水	120mL 30g 加至 1000mL	20～ 25℃	5～10s	去除硫酸处理后的再沉积铜

表 4-16　其他有色金属合金制件化学除锈工艺

合金	配　　方		处理温度	处理时间	简要说明
镍合金	盐酸 水	10% 90%	15～ 30℃	1～3min	适用于钢镀镍,先用冷水冲洗,再用热水冲洗
	盐酸 水	50% 50%	15～ 30℃	1～3min	先冷水冲洗后,再用热水冲洗
	磷酸(体积分数) 硝酸 硫酸 水	45%～60% 8%～15% 15%～25% 10%～12%	60～ 90℃	1～3min	适用于尺寸要求不严制件的光亮处理
	硫酸(ρ＝1.84g/mL) 蒸馏水	100mL 加至 1000mL	20～ 25℃	1～3min	
锡合金	盐酸 水	50mL 加至 1000mL	15～ 30℃	10min	也适用于钢镀锡

表 4-17 铜、锌、镉镀层等化学除锈工艺

序号	除锈			后处理	槽液处理
	槽液成分	温度/℃	时间/min		
1	$HNO_3(\rho=1.39g/mL)$ 5% $H_3PO_4(\rho=1.71g/mL)$ 5% CrO_3 10% $K_2Cr_2O_7$ 3% H_2O 77%	10～35	1～1.5	(1)冷水洗 (2)中和Na_2CO_3 2% 水 98% 1～2min (3)冷水洗,干燥	用于无深孔隙的组件(钢-铜组件)去锈
2	$H_2SO_4(\rho=1.84g/mL)$ 5%～10% H_2O 余量	室温	5～15		适用于紫铜,对基体腐蚀不大
3	CrO_3 15% $H_3PO_4(\rho=1.71g/mL)$ 20% H_2O 65%	室温	0.5～5	(1)冷水、热水洗 (2)中和:Na_2CO_3 2% 水 98% (3)冷水洗,干燥	适用于含铁高的铜合金,加0.2%～0.3%草酸可适用于铝青铜
4	$H_3PO_4(\rho=1.71g/mL)$ 80mL $H_2SO_4(\rho=1.84g/mL)$ 10mL $HNO_3(\rho=1.39g/mL)$ 20mL CrO_3 55g 冰醋酸 20mL 水 20mL	15～30	0.5～1	(1)冷水洗、热水洗 (2)干燥	适用于较精密件的铜合金除锈,对基体腐蚀不大
5	CrO_3 8%～10% H_2O 余量	室温	1～10	冷、热水清洗	适用于锌及镀锌层除锈
6	醋酸铵饱和水溶液	室温	1～10	冷、热水清洗	适用于锌及镀锌层除锈,也适用于铅、镉等
7	NaCN 5% H_2O 余量	室温	1～10	冷、热水清洗	适用于镉及镀镉层除锈,也适用于锌、银等
8	醋酸铵 5% 水 余量	室温	1～10	冷、热水清洗	适用于锡及锡镀层除锈
9	$HCl(\rho=1.19g/mL)$ 50% H_2O 50%	15～30	1～3	中和后,冷、热水清洗	适用于镍合金除锈,也可用于锡及锡镀层

表 4-18　清除腐蚀产物所用的电化学清洗工艺

合金	配方		处理温度	处理时间	简要说明
铁、铸铁、钢	氢氧化钠 硫酸钠 碳酸钠 蒸馏水	75g 25g 75g 加至 1000mL	20～25℃	20～30min	使用石墨、铂或不锈钢阳极，阳极电流密度为 100～200A/m²
	硫酸 缓蚀剂(二原甲苯基硫脲或喹啉乙基碘) 蒸馏水	28mL 0.5g 加至 1000mL	75℃	3min	使用石墨、铂或铅阳极，阳极电流密度 2000A/m²
	柠檬酸铵 蒸馏水	100g 加至 1000mL	20～25℃	5min	使用石墨或铂阳极，阳极电流密度 100A/m²
铅与铅合金	硫酸($\rho=1.84$g/mL) 缓蚀剂(二原甲苯基硫脲或喹啉乙基碘) 蒸馏水	28mL 0.5g 加至 1000mL	75℃	3min	使用石墨、铂或铅阳极，阳极电流密度 2000A/m²
铜与铜合金	氯化钾 蒸馏水	7.5g 加至 1000mL	20～25℃	1～3min	使用石墨或铂阳极，阳极电流密度为 100A/m²
锌和镉	磷酸氢钠 蒸馏水	50g 加至 1000mL	70℃	5min	使用石墨、铂或不锈钢阳极，阳极电流密度为 110A/m²，试样进入溶液前先通电
	氢氧化钠 蒸馏水	100g 加至 1000mL	20～25℃	1～2min	使用石墨、铂或不锈钢阳极，阳极电流密度为 110A/m²，试样进入溶液前先通电

　　由于锈溶解于酸中，实现了金属表面锈的清除。盐酸的除锈能力较强，如在 10%、20%HCl 比同浓度的硫酸对锈的溶剂速度快 10 倍和 27 倍，氢脆现象也较轻，酸洗时不必加热，成本较低，所以，采用盐酸进行酸洗除锈十分广泛，根据不同的金属和酸液，往往要添加缓蚀剂，以防止发生过腐蚀。

参 考 文 献

[1]　肖纪美，曹楚南编著. 材料腐蚀学原理//现代腐蚀科学和防蚀技术全书. 北京：化学工业出版社，2002.

［2］ 肖纪美. 腐蚀总论//腐蚀与防护全书. 北京：化学工业出版社，1994.

［3］ 防锈工作手册编写组. 防锈工作手册：增订本. 北京：机械工业出版社，1975.

［4］ 张康夫等主编. 机电产品防锈、包装手册. 北京：航空工业出版社，1990.

［5］ 李金桂，肖定全编著. 现代表面工程设计手册. 北京：国防工业出版社，2000.

［6］ 李金桂主编. 腐蚀控制设计手册. 北京：化学工业出版社，2006.

［7］ 周静好编. 防锈技术. 北京：化学工业出版社，1988.

［8］ 陈旭俊主编. 工业清洗剂及清洗技术. 北京：化学工业出版社，2002.

［9］ 秦国治，田志明编著. 工业清洗及应用实例. 北京：化学工业出版社，2003.

第5章
防锈剂

5.1 概述

在本书第 1 章 "概论" 中曾指出，人们认识金属腐蚀是从棕黄色的 "铁锈" 开始的，这种棕黄色的 "铁锈" 就是钢铁在大气条件下的腐蚀产物，习惯上称为锈，而腐蚀过程则称为生锈、锈蚀。铜的腐蚀产物是绿色的，铝的腐蚀产物是白色的，由于习惯，在防锈行业，常将所有金属在环境条件作用下发生的腐蚀过程都称为生锈。而防止金属在环境条件作用下发生的腐蚀则称为防锈。防锈技术是防止金属制品在加工、储存、运输和使用过程中锈蚀的技术。它对保证金属制品的精度与使用性能有着重大意义。

就防锈材料而言，我国现已有一批相当于美军 P 系列和日本 NP 系的防锈材料，并在此基础上初步形成了我国自己的防锈材料系列，详见 GB 4879《防锈包装》。就防锈标准而言，已制定了一批防锈材料与基础性、工艺性技术标准，对控制防锈材料质量、提高防锈技术水平起了积极的保证作用。就防锈管理与装备而言，已制定了符合行业与企业实际情况且行之有效的防锈工艺规程（守则）、防锈包装规程及防锈管理制度等，并自制或引进了一批清洗、防锈、包装生产线。就行业组织而言，已成立全国性的防锈协会。即中国腐蚀与防护学会缓蚀剂专业委员会和中国表面工程协会防锈专业委员会，他们开展的活动对提高整个防锈行业水平起了积极的促进作用。

防锈技术的发展方向：①开发高效多功能防锈添加剂，例如高效非磺酸盐型的油溶性缓蚀剂、新型水溶性添加剂、多金属通用气相缓蚀剂；②加强自动化防锈工艺成套装备以及又快又准的测试方法的研制；③重视防锈包装及美观包装的结合。

在大气条件下防止金属腐蚀的方法很多，最常见的就是油漆、电镀、热喷涂等，但它们在产品使用中是不需去除的，也可理解为非暂时性的。而防锈油类、气相防锈材料却仅用于产品在生产、运输、储存过程中，是暂时性保护防腐蚀用的，"暂时" 不是指这类方法防锈期的长短，而是指经过一段时间后，不需要时，可方便去除而言。

国际标准化组织 1987 年发表 ISO 6743/8 R 组，即名为《有关润滑剂、工业润滑油和有关产品（L 类）的分类第 8 部分 R 组（暂时保护防腐蚀）》，其中主要的材料是防锈油品。防锈包装标准最早见于美军 1945 年制定的 MIL-P-116，20 世纪 50～60 年代形成了美国军用标准 MIL-P 系列，MIL-P-116B（preservative）将防锈油品分为五类 20 个品种：溶剂稀释型，防锈脂型，润滑油型，指纹去除型和气相型。仿照美国 116B，日本建立了 JIS K2246—1994《防锈油》，将防锈油品分为五类 16 个品种，这五类中，没有润滑油型，加了普通防锈油型。2000 年我国等效采用日本 JIS K2246—1994，建立了石油行业标准 SH/T 0692—2000《我国防锈油脂产品标准分类》。

GB 4879 与 GJB 145A 防锈包装颁布于 1993 年，在 2000 年作了修订，其结构形式大致与相应的 MIL 规格、JIS 规格相似，但防锈材料系列和具体标准仍未与上述两个标准接轨，照顾了国内 20 世纪 80 年代的水平。作为石化行业标准 SH/T 0692—2000 防锈油品，已等效采用了 JIS K 2246（1994），已具有国际接轨的含义。

缓蚀剂或防锈添加剂是指只需添加少量通过介质达到金属表面后，能阻止或减缓金属腐蚀的物质。通过不同的介质添加某些缓蚀剂，可以形成不同的防锈剂，能水溶的缓蚀剂称为水溶性缓蚀剂，相应的就有水基防锈剂出现，例如：①防锈水剂；②防锈切削液。如果通过的介质是油脂类缓蚀剂，就称为油溶性缓蚀剂，相应的就有各类别的油脂防锈，例如：①置换型防锈油；②溶剂稀释型防锈油；③乳化型防锈油；④防锈润滑油；⑤防锈脂。如果通过的介质是空气，就称为气相缓蚀剂；气相缓蚀剂除了具有缓蚀性能外，在常温下还需要有一定的蒸气压，相应有气相防锈材料，例如：①气相防锈油；②气相防锈粉末；③气相防锈纸；④气相防锈薄膜。国内防锈油脂的品种已达八十多种，其种类和用途与日本 JIS 标准规格相似。但是，由于种种原因所致，我国防锈剂的效率与质量水平还不高。防锈油分类以及日本、美国、中国防锈油规格的对照见表 5-1 和表 5-2。

表 5-1　防锈油分类（SH/T 0692 之表 1）

种　　类			代号（L-）	膜的性质	主　要　用　途
除指纹型防锈油			RC	低黏度油膜	除去一般机械部件上附着的指纹,达到防锈目的
溶剂稀释型防锈油	Ⅰ		RG	硬质膜	室内外防锈
	Ⅱ		RE	软质膜	以室内防锈为主
	Ⅲ	1 号	REE-1	软质膜	以室内防锈为主（水置换型）
		2 号	REE-2	中高黏度油膜	
	Ⅳ		RF	透明硬质膜	室内外防锈

续表

种　　类			代号 (L-)	膜的性质	主　要　用　途
脂型防锈油			RK	软质膜	类似转动轴承类的高精度机加工表面的防锈,涂敷温度 80℃以下
润滑油型防锈油	Ⅰ	1 号	RD-1	中黏度油膜	金属材料及其制品的防锈
		2 号	RD-2	低黏度油膜	
		3 号	RD-3	低黏度油膜	
	Ⅱ	1 号	RD-4-1	低黏度油膜	内燃机防锈。以保管为主,适用于中负荷、暂时运转的场合
		2 号	RD-4-2	中黏度油膜	
		3 号	RD-4-3	高黏度油膜	
气相防锈油		1 号	RQ-1	低黏度油膜	密用空间防锈
		2 号	RQ-2	中黏度油膜	

表 5-2　日本、美国、中国防锈油规格对照

日本 JIS K 2246(1994)			美国 军用规格 MIL-P-116J(1991)				中国 SH/T 0692—2000	
类型	符号	名称	类型	符号	规格号	名称	符号	名称
溶剂稀释型防锈油	NP-1	1 种,硬质膜	薄膜防锈油	P-1	MIL-C-16173E(1993) 1 号	干燥硬膜,常温用	RG	硬质膜
	NP-2	2 种,软质膜		P-2	MIL-C-16173E(1993) 2 号	软膜,常温用	RE	软质膜
	NP-3-1	3 种 软质膜		P-3	MIL-C-16173E(1993) 3 号	水置换型软膜	REE-1	软质膜
	NP-3-2	中高黏度油膜					REE-2	中高黏度油膜
	NP-19	4 种,透明、硬质膜		P-19	MIL-C-16173E(1993) 4 号	非黏着型透明膜	RF	透明、硬质膜
石油脂型防锈油	NP-6	1 种,软质膜,80℃以下使用	防锈剂	P-6	MIL-C-11796C(1986) 3 号	轻质,软膜	RK	软质膜

续表

日本 JIS K 2246(1994)				美国 军用规格 MIL-P-116J(1991)				中国 SH/T 0692—2000	
类型	符号	名称		类型	符号	规格号	名称	符号	名称
润滑防锈油	NP-7	3号	中黏度油膜	防锈油	P-7	MIL-PRF-3150D(1997)	中质,常温用	RD-1	中黏度油膜
	NP-8 (1种)	2号	低黏度油膜		P-8	MIL-L-3503	轻质,低温用	RD-2	低黏度油膜
	NP-9	1号	低黏度油膜		P-9	VV-L-800	极轻质,低温用	RD-3	低黏度油膜
	NP-10-1 (2种)	1号	低黏度油膜		P-10	MIL-L-21260C(3种)	发动机用,常温用	RD-4-1	低黏度油膜
	NP-10-2	2号	中黏度油膜					RD-4-2	中黏度油膜
	NP-10-3	3号	高黏度油膜					RD-4-3	高黏度油膜
	NP-0	1种,指纹除去型防锈油				MIL-C-15074E(1991)	指纹除去型防锈油	RC	低黏度油膜
气相防锈油	NP-20-1 (1种)	1号	低黏度油膜	气相防锈油	P-20-1	MIL-P-46002C(2000)		RQ-1	低黏度油膜
	NP-20-2	2号	中黏度油膜		P-20-2	MIL-P-46002C(2000)		RQ-2	中黏度油膜

5.2 水基防锈剂

5.2.1 防锈水剂的特性

防锈水剂是指以水为基础，加入一定量的水溶性缓蚀剂（即中性介质缓蚀剂）配制而成的防锈水溶液，通常称为防锈水。防锈水剂主要用于钢铁，有的适用于有色金属。大都用在工序间防锈，也有用于封存的。用于封存时，又常称水剂防锈剂。防锈水剂具有以下特点：

（1）使用与去除都方便，施工现场清洁；

（2）配制方便，可根据需要配成各种浓度；

（3）适用于各种施工工艺，浸涂、浸泡、喷淋均可，冷热皆宜；

（4）节约油料，价廉；

（5）安全，不起火。

5.2.2 防锈水剂的配制和使用

防锈水剂的配制比较简单，将各组成成分加入水中溶解即成，甚至不需加热亦可溶解，故防锈水剂一般可由使用者自行配制。

防锈水剂配制用水一般可用自来水，对于作为长期封存或特殊精密制品使用的防锈水剂，则一定要用蒸馏水或去离子水（即离子交换树脂处理过的水）来配制。

防锈水剂配制时需调整 pH 值。如苯甲酸钠防锈水中常用碳酸钠或三乙醇胺使呈微碱性，即 pH 值在 9～10 范围内。有时加入增稠剂（如甘油、羧甲基纤维素或淀粉等），使防锈水剂在物品上附着性增强，流失减慢，并增强抗潮湿气候的能力。防锈水剂在实际使用时，对于防锈水剂种类的选择和浓度的确定，一般可按下列情况而定。

（1）按金属品种选择　如对有色金属可用铬酸盐或重铬酸盐型防锈水剂；对黑色金属用亚硝酸钠防锈水剂，且用于铸铁件防锈时，其浓度较高，对钢铁件浓度较低。

（2）按防锈期选择　金属防锈期长时要求浓度高，防锈期短的可使用较低的浓度。

（3）按使用工艺选择　如在室温冷浸涂，浓度要高；热浸涂、全浸泡或喷淋时，其浓度可以低些。

（4）按气候变化选择　一般在高温、多雨夏天季节，霉季，雾季，使用浓度较高；干燥寒冷季节使用浓度较低。

（5）按水质条件选择　如果在水中含有不溶性固体微粒和氯化物时，一般要求浓度高，水质好时，使用浓度较低。

由于缓蚀剂的"协同"效应，近年来，国内外都采用两种以上的缓蚀剂配成防锈水剂，以提高其防锈性能并适用于多种金属。

防锈水剂在工序间使用的方法有全浸、冷浸涂、热浸涂及喷淋等。防锈水剂用于封存防锈时其工艺有全浸法：将制件全浸泡于玻璃瓶内的防锈水中，然后盖好玻璃瓶；包装纸法：将制件冷浸涂防锈水剂后，用浸有防锈水剂的纸包裹，再用防水的蜡纸或塑料膜包装。作为封存包装，防锈水剂只能使用于简单制件。对于装配件，缓冲剂进入狭缝、孔洞后不易清洗干净。特别是有摩擦面的制品，如轴承，在取用、涂润滑油前缓蚀剂如果清洗不干净，结晶析出时会造成工作面划伤或磨损。

不论是工序间防锈，还是作为封存包装，在使用防锈水剂前，都必须将工件清洗干净。

部分防锈水剂配方及使用说明见表 5-3，有些已经淘汰。由于近代环保意识的提高，这些配方在逐步淘汰之中，但与油基比较，水基防锈剂具有：①闪点高,不易着火;②不像油基含有芳香烃,污染环境,水基防锈剂是一种环境友好型防锈剂,要积极开展研究。近年研究成功的 D. K8 号水溶性防锈剂就是环境友好型防锈剂。

表 5-3   部分防锈水剂配方和使用说明

序号	配方(质量分数)/%		使 用 说 明
1	亚硝酸钠 无水碳酸钠 水	6～8 0.5～0.6 余量	适用于大批量生产的黑色金属小零件工序间和中间库喷淋防锈,每班喷 1～2 次,防锈期 1～2 周,更换期 3～6 个月
2	亚硝酸钠 苯甲酸钠 甘油 无水碳酸钠 水	15 5 30 0.6 余量	适用于钢球、轴承封存防锈,但成本较高。工件浸涂 2～3min,再用浸过此防锈水的湿纸包裹,最后用石蜡纸或塑料薄膜包封,装盒或装箱,更换期 2～4 周
3	铬酸钾 水	5 余量	适用于铝和铝合金。热浸涂:温度 90℃,浸涂 5min
4	重铬酸钾 三氧化铬 水	30 1 余量	适用于黄铜。热浸涂:温度 95℃,浸涂 6min

注:亚硝酸钠防锈效果好,但易致癌,使用时注意操作与环境保护。

5.2.3　工业用水基防锈剂配方

防锈剂是一种高效的合成渗透剂,具有强力渗入铁锈、腐蚀产物的能力,从而可以轻松地清除金属表面的锈蚀和腐蚀产物。并可以在金属表面形成一层保护膜,抑制腐蚀介质及其他化学成分在金属表面的富集,避免金属的进一步腐蚀。工业防锈剂一般可以分为水溶性防锈剂、油溶性防锈剂、乳化型防锈剂和气相防锈剂等,工业上常用的水基防锈剂的配方如下。

5.2.3.1　水性防锈剂

(1) 配方一　该防锈剂原料主要为聚乙二醇、苯甲酸叔丁酯、硫脲、三乙醇胺、亚硝酸环己胺、磷酸三钠、亚硝酸钠、苯甲酸钠、海波和水等,主要用于钢材、铸铁、铜材等有防腐要求的材料,尤其适用于机械零件之间的防锈。水性防锈剂的原料配方一见表 5-4。

表 5-4   水性防锈剂的原料配方一 (质量分数)

组分	含量/%	组分	含量/%
聚乙二醇	5	硫脲	0.15

续表

组分	含量/%	组分	含量/%
苯甲酸叔丁酯	5	三乙醇胺	3
亚硝酸环己胺	3	磷酸三钠	3
亚硝酸钠	7	海波	0.01
苯甲酸钠	3	水	70.84

制备方法 将苯甲酸钠加温熔化，将其余原料常温下加入到反应釜中，均匀搅拌至完全溶解即可。

原料配方 本配方各组分质量分数的比例范围为：聚乙二醇 0.5～1.2，苯甲酸叔丁酯 2～10，亚硝酸环己胺 0.5～5，亚硝酸钠 1～16，苯甲酸钠 0.1～6，硫脲 0.1～0.2，三乙醇胺 0.6～9，磷酸三钠 0.3～5，海波 0.005～0.015，水加至 100。

（2）配方二 该防锈剂原料主要为丙烯酸酯、三乙醇胺、水性聚氨酯、乳酸锌或胡敏酸锌、乌洛托品、OP-10、乙二醇、醇酯-12 和水，主要用于钢铁构件的防锈处理。水性防锈剂的原料配方二见表 5-5。

表 5-5 水性防锈剂的原料配方二（质量分数）

组分	含量/%	组分	含量/%
丙烯酸酯	75	三乙醇胺	1
水性聚氨酯	30	OP-10	0.2
乳酸锌或胡敏酸锌	1	乙二醇	8
乌洛托品	1	醇酯-12	5
水	18.8		

制备方法 将上述原料配方按比例均匀混合即可。

原料配方 本配方各组分质量分数的比例范围为：成膜剂 30～75，缓蚀剂 0.5～6.0，助剂 2～16，水余量。

（3）配方三 该防锈剂原料主要为山梨醇、三乙醇胺、苯甲酸、碳酸钠、硼酸和水，主要用于钢铁及铸铁构件的防锈处理。水性防锈剂的原料配方三见表 5-6。

表 5-6 水性防锈剂的原料配方三（质量分数）

组分	含量/%	组分	含量/%
山梨醇	38～44	碳酸钠	4～8
三乙醇胺	25～30	硼酸	13～25
苯甲酸	10～23	水	加至 100

制备方法 将上述原料配方在 50～80℃ 温度下，按比例均匀混合即可。

5.2.3.2 水基金属防锈剂

(1) 配方一 该防锈剂原料主要为二元酸、聚乙二醇、三乙醇胺、一乙醇胺、三嗪类杀菌剂、苯并三氮唑、合成硼酸酯和水，主要用于金属的防锈处理。水基金属防锈剂的原料配方一见表5-7。

表 5-7 水基金属防锈剂的原料配方一 （质量分数）

组分	含量/%	组分	含量/%
二元酸	15	聚乙二醇	70
三乙醇胺	35	三嗪类杀菌剂	10
一乙醇胺	10	苯并三氮唑	1
合成硼酸酯	100	水	759

制备方法 将适量水加入反应釜中，升温至35～50℃，加入反应量的二元酸混合，然后再加入反应量的三乙醇胺和一乙酸醇搅拌，保持反应温度40～42℃反应3.5～5h，最后加入反应量的苯并三氮唑并充分搅拌。再在反应釜中加入反应量的聚乙二醇和剩余的水，在搅拌下加入反应量的合成硼酸酯，混合充分，反应温度控制在20～80℃反应35～50min。将上述两种反应后的混合液加入到一起进行反应，搅拌0.8～1.2h，反应温度控制在0～80℃。随后再向反应釜中加入反应量的杀菌剂，混合搅拌25～35min即可。

原料配方 本配方各组分质量分数的比例范围为：二元酸12～15，三乙醇胺35～38，一乙醇胺6～10，合成硼酸酯74～100，聚乙二醇70～80，三嗪类杀菌剂10～20，苯并三氮唑1，水759～769。上述二元酸为防锈剂常用二元酸。

(2) 配方二 该防锈剂原料主要为植酸、聚丙烯酰胺、三乙醇胺、硼砂和水，主要用于金属的防锈处理。水基金属防锈剂的原料配方二见表5-8。

表 5-8 水基金属防锈剂的原料配方二 （质量分数）

组分	含量/%	组分	含量/%
植酸	12	聚丙烯酰胺	2
三乙醇胺	13	水	65
硼砂	8		

制备方法 在室温下将上述原料按配方比例均匀混合即可。

原料配方 本配方各组分质量分数的比例范围为：植酸2～4，三乙醇胺4～16，硼砂4～9，聚丙烯酰胺1～6，水65～89。

5.2.3.3 水溶性防锈剂

(1) 配方一 该防锈剂原料主要为石油磺酸钡、癸二酸、二壬癸基磺酸钡、油酸三乙醇胺皂、钼酸钠、山梨醇酐单油酸酯、钼酸铵、聚丙烯酸酯、石油磺酸钠、甘油和水，主要用于金属的防锈。水溶性防锈剂的原料配方一见表 5-9。

表 5-9 水溶性防锈剂的原料配方一（质量分数）

组分	含量/%	组分	含量/%
石油磺酸钡	8	癸二酸	4
二壬癸基磺酸钡	2	油酸三乙醇胺皂	5
钼酸钠	3	山梨醇酐单油酸酯	3
钼酸铵	3	甘油	2
聚丙烯酸酯	5	水	加至 100
石油磺酸钠	15		

制备方法 将上述原料按配方比例均匀混合即可。

原料配方 本配方各组分质量分数的比例范围为：石油磺酸钡或二壬癸基磺酸钡 2～10，钼酸钠或钼酸铵 1～6，癸二酸 0～10，油酸三乙醇胺皂 3～20，山梨醇酐单油酸酯 2～6，甘油 0～8，聚丙烯酸酯 2～10，石油磺酸钠 0～15，水加至 100。

（2）配方二 该防锈剂原料主要为苯甲酸钠、亚硝酸钠、苯并三氮唑、β-环糊精、添加剂、丙二醇和蒸馏水，主要用于金属的防锈或暂时性防锈处理。水溶性防锈剂的原料配方二见表 5-10。

表 5-10 水溶性防锈剂的原料配方二（质量分数）

组分	含量/%	组分	含量/%
苯甲酸钠	20	添加剂	0.1
亚硝酸钠	8	丙二醇	200
苯并三氮唑	6	蒸馏水	45
β-环糊精	0.9		

制备方法 将苯甲酸钠、亚硝酸钠和苯并三氮唑加入蒸馏水中溶解，将溶液加热至 45～55℃，然后加入 β-环糊精、添加剂，搅拌均匀后在室温下加入丙二醇搅拌均匀即可。

原料配方 本配方各组分质量分数的比例范围为：苯甲酸钠 12.5～25，亚硝酸钠 3.5～14，苯并三氮唑 2.4～8.2，β-环糊精 0.5～1.2，添加剂 0.05～0.15，丙二醇 18～31，蒸馏水 36～58。

（3）配方三 该防锈剂原料主要为苯甲酸钠、淀粉、亚硝酸钠、烧碱、尿素和水，主要用于黑色金属制品或机械零部件的防锈处理。水溶性防锈剂的原料配方三见表 5-11。

表 5-11 水溶性防锈剂的原料配方三（质量分数）

组分	含量/%	组分	含量/%
苯甲酸钠	9.5	淀粉	2.4
亚硝酸钠	9.5	烧碱	0.44
尿素	6	水	72.16

制备方法 将上述原料按配方比例均匀混合即可。

原料配方 本配方各组分质量分数的比例范围为：苯甲酸钠 8~10，亚硝酸钠 8~10，尿素 4~6，淀粉 2~2.5，烧碱 0.4~0.45，水加至 100。

5.2.3.4 水溶性金属防锈剂

(1) 配方一 该防锈剂原料主要为硼酸、六亚甲基四胺、氨水、OP-10、氢氧化钠和水，主要用于表面有油污的钢铁材料铜材、铝材等金属材料的防锈处理。水溶性金属防锈剂的原料配方一见表 5-12。

表 5-12 水溶性金属防锈剂的原料配方一（质量分数）

组分	含量/%	组分	含量/%
硼酸	1	六亚甲基四胺	0.07
氨水(27%)	0.1	OP-10 乳化剂	0.04
氢氧化钠	0.036	水	7

制备方法 将上述原料按配方比例均匀混合即可。

原料配方 本配方各组分质量分数的比例范围为：硼酸 1~1.5，六亚甲基四胺 0.5~1，氨水（27%）0.6~2，OP-10 乳化剂（聚氧乙烯烷基苯酚醚）0.3~0.5，氢氧化钠 0.01~0.03，水余量。

(2) 配方二 该防锈剂原料主要为三乙醇胺、$NaHCO_3$、苯甲酸钠、丙三醇、$NaNO_2$、NaH_2PO_4 和水，主要应用金属的防锈。水溶性金属防锈剂的原料配方二见表 5-13。

表 5-13 水溶性金属防锈剂的原料配方二（质量分数）

组分	含量/%	组分	含量/%
三乙醇胺	4	$NaHCO_3$	0.9
苯甲酸钠	1.5	丙三醇	0.8
$NaNO_2$	10	水	加至 100
NaH_2PO_4	0.15		

制备方法 将三乙醇胺、苯甲酸钠加入水中充分混合，依次加入 $NaNO_2$、$NaHCO_3$、NaH_2PO_4 在 30~40℃使其完全溶解，再向上述溶液中加入丙三醇并充分搅拌即可。

原料配方 本配方各组分质量分数的比例范围为：三乙醇胺 4~6，苯甲酸钠 1.5～3，$NaNO_2$ 10～15，NaH_2PO_4 0.15～0.3，$NaHCO_3$ 0.9～1.1，丙三醇 0.8～1.1，水加至 100。

5.2.3.5 水基冷轧润滑防锈液

水基冷轧润滑防锈剂原料主要为氢氧化钡、氢氧化钾、四硼酸钠、纯碱、乙二胺四乙酸二钠、蓖麻油酸和水，主要用于冷轧钢板的清洗和防锈。水基冷轧润滑防锈液的原料配方见表 5-14。

表 5-14　水基冷轧润滑防锈液的原料配方（质量分数）

组分	含量/%	组分	含量/%
氢氧化钡	3～5	乙二胺四乙酸二钠	0.3～0.7
氢氧化钾	30～35	蓖麻油酸	200～210
四硼酸钠	60～65	水	693.7～666.3
纯碱	13～18		

制备方法　将氢氧化钡和蓖麻油酸在 110～130℃下反应制成防锈单体，氢氧化钾与蓖麻油酸在 80～95℃下制成润滑单体，然后将四硼酸钠、乙二胺四乙酸二钠、纯碱和水加入反应釜中，在 80～95℃条件下充分反应，将上述溶液均匀混合即可。

原料配方　本配方各组分质量分数的比例范围为：氢氧化钡 3～5，氢氧化钾 30～35，四硼酸钠 60～65，纯碱 13～18，乙二胺四乙酸二钠 0.3～0.7，蓖麻油酸 200～210，水 693.7～666.3。

5.2.3.6 清洗防锈剂

清洗防锈剂原料主要为乙二胺四乙酸溶液、聚丙烯酸溶液、三乙醇胺溶液、三嗪类杀菌剂溶液、一乙醇胺溶液、合成硼酸酯溶液和水，主要用于钢材、铝材的清洗和防锈。清洗防锈剂的原料配方见表 5-15。

表 5-15　清洗防锈剂的原料配方（质量分数）

组分	含量/%	组分	含量/%
乙二胺四乙酸溶液	1.5	聚丙烯酸溶液	7
三乙醇胺溶液	3.5	三嗪类杀菌剂溶液	1
一乙醇胺溶液	1	水	81
合成硼酸酯溶液	5		

制备方法　将配比为 50％的水加入反应釜内，升温至 40℃，按配比加入乙二胺四乙酸溶液、三乙醇胺溶液和一乙醇胺溶液进行反应，在温度为 40℃条件下保温 4h，即形成水基防锈剂。

在反应釜中加入另外的 50％的水，并在搅拌条件下按配比加入聚丙烯酸溶液进行充分混合，然后在搅拌下再加入合成硼酸酯溶液进行反应，反应温度不高于 40℃，反应 40min，得到反应溶液。

将反应后的水基防锈剂添加到后面的反应溶液中进行反应，温度保持在 42℃，搅拌 1h。再向反应后的溶液中加入三嗪类杀菌剂溶液，进行均匀搅拌混合，搅拌时间 30min 后即可。

原料配方 本配方各组分质量分数的比例范围为：乙二胺四乙酸溶液 1～2，三乙醇胺溶液 3～4，一乙醇胺溶液 0.5～1，合成硼酸酯溶液 5～10，聚丙烯酸溶液 5～10，三嗪类杀菌剂 1～3，水 77～81。

5.2.3.7 高效除锈防锈剂

（1）配方一 该防锈剂原料主要为磷酸、氢氧化铝、柠檬酸、乙醇、明胶、明矾、邻二甲苯硫脲、辛基酚聚氧乙烯醚、磷酸锌和水，其广泛应用于金属构件涂装前的清洗预处理。高效除锈防锈剂的原料配方一见表 5-16。

表 5-16　高效除锈防锈剂的原料配方一（质量分数）

组分	含量/%	组分	含量/%
磷酸（85%）	60	柠檬酸	0.1
氢氧化铝	2.5	乙醇	0.5
明胶	0.01	邻二甲苯硫脲	0.01
明矾	0.1	辛基酚聚氧乙烯醚	0.01
磷酸锌	6.5	水	加至 100

制备方法 先将磷酸和氢氧化铝均匀混合，适当加热至溶液完全溶解，后加入邻二甲苯硫脲，搅拌至溶解，再加入明胶、明矾和适量水，加热至溶解，再依次加入磷酸锌、柠檬酸、乙醇、辛基酚聚氧乙烯醚和水，搅拌至全部溶解即可。

原料配方 本配方各组分质量分数的比例范围为：磷酸（85%）15～70，氢氧化铝 2.5～4，明胶 0.01～0.1，明矾 0.10～0.5，磷酸锌 0.5～2，柠檬酸 0.1～1，乙醇 0.5～2.5，邻二甲苯硫脲 0.01～0.1，辛基酚聚氧乙烯醚 0.01～0.1，水加至 100。

（2）配方二 该防锈剂原料主要为重铬酸双四正丁基铵、硝酸钠、磷酸三钠、烷醇聚氧乙烯醚、氧化锌、正磷酸、四氧化三铁、羟丙基甲基纤维素、钼酸钠和水，主要用于金属表面的防锈处理。高效除锈防锈剂的原料配方二见表 5-17。

表 5-17　高效除锈防锈剂的原料配方二（质量分数）

组分	含量/%	组分	含量/%
重铬酸双四正丁基铵	5	氧化锌	6
硝酸钠	4	正磷酸	160
磷酸三钠	8	四氧化三铁	1
烷醇聚氧乙烯醚	4	羟丙基甲基纤维素	8
水	300	钼酸钠	1

制备方法　将上述原料按配方比例均匀混合即可。

原料配方　本配方各组分质量分数的比例范围为：重铬酸双四正丁基铵 1～5，硝酸钠 0.5～4，磷酸三钠 1～8，烷醇聚氧乙烯醚 1～4，氧化锌 1～6，正磷酸 80～160，四氧化三铁 0.5～1，羟丙基甲基纤维素 1～8，钼酸钠 0.01～1，水 200～300。

5.2.3.8　除油除锈防锈剂

除油除锈防锈剂原料主要为氢氧化钠、环氧乙烷、铝粉、六亚甲基四胺、磷酸、聚氯乙烯脂肪醇醚和水，主要用于金属表面防锈处理。除油除锈防锈剂的原料配方见表 5-18。

表 5-18　除油除锈防锈剂的原料配方（质量分数）

组分	含量/%	组分	含量/%
氢氧化钠	6	环氧乙烷（体积）	12
铝粉	13	水	300
六亚甲基四胺	13	磷酸（浓度为 85%）（体积）	650
聚氯乙烯脂肪醇醚	6		

制备方法　取氢氧化钠、铝粉、六亚甲基四胺、聚氯乙烯脂肪醇醚、置取环氧乙烷 12ml，将上述原料放入预先清洗洁净的搪瓷容器，加入 300ml 水，此时发生强烈的放热反应，反应温度达 95℃±5℃，放置在室温下自然冷却至 35℃，再慢慢加入磷酸（浓度为 85%），将 pH 值调整为 1.5。

原料配方　本配方各组分质量分数的比例范围为：铝粉（俗称银粉）12～15，氢氧化钠 6～10，六亚甲基四胺 12～15，聚氯乙烯脂肪醇醚 6～10，环氧乙烷 12～15（体积），水 250～350，磷酸 600～700（体积）。

5.2.3.9　乳化型金属防锈剂

乳化型金属防锈剂原料主要为二元酸、十二烯基丁二酸、三乙醇胺、N-油酰肌氨酸十八胺盐、一乙醇胺、苯并三氮唑、合成硼酸酯和水，主要用于金属的防锈。乳化型金属防锈剂的原料配方见表 5-19。

表 5-19　乳化型金属防锈剂的原料配方（质量分数）

组分	含量/%	组分	含量/%
二元酸	20	十二烯基丁二酸	80
三乙醇胺	60	N-油酰肌氨酸十八胺盐	50
一乙醇胺	10	苯并三氮唑	1
合成硼酸酯	60	水	719

制备方法　将反应量的二元酸加入反应釜中，再加入反应量的三乙醇胺和一乙醇胺进行反应，控制反应温度 40～42℃，反应时间为 3.5～4.5h，加入反应量

的苯并三氮唑，搅拌 0.5～1.5h，再加入反应量的水即形成水溶性防锈剂。

将反应量的 N-油酰肌氨酸十八胺盐加入到反应釜中，在 75～80℃ 的温度下，搅拌反应 35～45min。再将反应量的合成硼酸酯和十二烯基丁二酸加入到反应釜中，在 75～85℃ 的温度下，搅拌反应 0.5～1.5h，降至室温后即得到乳化型防锈剂成品。

原料配方　本配方各组分质量分数的比例范围为：二元酸 2～2.5，三乙醇胺 6～6.5，一乙醇胺 1～1.5，合成硼酸酯 5～6.5，十二烯基丁二酸 8～10，N-油酰肌氨酸十八胺盐 4.5～6，苯并三氮唑 0.1，水 66.9～73.4。上述二元酸为十一碳二元酸或十二碳二元酸或者上述两者的混合物。

5.2.3.10　金属除锈防锈剂

（1）配方一　该防锈剂原料主要为磷酸、丙三醇、乙酸、碳酸锰、$FePO_4$ 和水，主要用于处理金属表面锈蚀的除锈和防锈。金属除锈防锈剂的原料配方一见表 5-20。

表 5-20　金属除锈防锈剂的原料配方一（质量分数）

组分	含量/%	组分	含量/%
磷酸	41	丙三醇	0.5
乙酸	10	碳酸锰	0.2
$FePO_4$	13	水	加至 100

制备方法　将磷酸与适量水在反应釜内混合，然后向其加入乙酸后，再向其中加入丙三醇和碳酸锰，搅拌均匀即可。

原料配方　本配方各组分质量分数的比例范围为：磷酸 36～41，乙酸 8～10，丙三醇 0.1～0.5，碳酸锰 0.1～0.2，$FePO_4$ 9～13，水加至 100。

（2）配方二　该防锈剂原料主要为磷酸三钠、乌洛托品、硅酸钠、尿素、工业亚硝酸钠和水，主要用于金属材料和金属制品的表面预处理或防锈处理。金属除锈防锈剂的原料配方二见表 5-21。

表 5-21　金属除锈防锈剂的原料配方二（质量分数）

组分	含量/%	组分	含量/%
磷酸三钠	35	乌洛托品	2
硅酸钠	2	尿素	5
工业亚硝酸钠	4	水	加至 100

制备方法　将上述原料按配方比例均匀混合即可。

原料配方　本配方各组分质量分数的比例范围为：磷酸三钠 10～40，乌洛托品 0.5～3，硅酸钠 0.5～3，工业亚硝酸钠 3～9，尿素 4～9，水 40～70。

（3）配方三　该防锈剂原料主要为山梨醇、甘油、三乙醇胺、马丙共聚物、苯甲酸、氢氧化钠、硼酸、碳酸钠、山梨酸钾和植酸等，主要用于金属的防锈。金属除锈防锈剂的原料配方三见表 5-22。

表 5-22　金属除锈防锈剂的原料配方三（质量分数）

组分	含量/%	组分	含量/%
山梨醇	35	甘油	9
三乙醇胺	27	马丙共聚物	8
苯甲酸	17	氢氧化钠	24
硼酸	21	碳酸钠	5
山梨酸钾	35	植酸	0.8

制备方法　将山梨醇加热至完全融化后再加入三乙醇胺，搅拌均匀；在上述混合物中缓慢加入苯甲酸，升温至 100～110℃，使苯甲酸完全溶解；再在上述混合物中缓慢加入硼酸，并升温至 110～120℃，使硼酸完全溶解；在温度为 (120±10)℃ 的情况下保温 1.5～2h，室温冷却到 90～100℃ 时，停止搅拌。继续冷却至 80～90℃ 时，向其中加入含有氢氧化钠和碳酸钠的混合水溶液，使其完全溶解于水中；再在上述溶液中加入山梨酸钾、马丙共聚物、甘油、植酸搅拌均匀，加水到规定容量即可，此时，溶液的 pH 值控制在 9～10。

原料配方　本配方各组分质量分数的比例范围为：山梨醇 30～50，三乙醇胺 20～29，苯甲酸 13～17，硼酸 18～22，山梨酸钾 20～50，甘油 5～10，马丙共聚物 5～10，氢氧化钠 15～25，碳酸钠 4～6，植酸 0.7～0.9。

5.2.3.11　钢铁表面防锈剂

钢铁表面防锈剂原料主要为铬酸、磷酸、硼酸、过氧化氢、十二烷基苯磺酸和水，广泛用于各种钢铁材料的表面处理。钢铁表面防锈剂的原料配方见表 5-23。

表 5-23　钢铁表面防锈剂的原料配方（质量分数）

组分	含量/%	组分	含量/%
铬酸	0.5	磷酸	60
硼酸	2	过氧化氢	适量
十二烷基苯磺酸(钠)	1	水	加至 100

制备方法　取铬酸 0.5 份，加 5 份水，溶解后，加入适量的过氧化氢，使其显示出绿色；取硼酸 2 份，加 10 份水，加热搅拌使其全部溶解；取十二烷基苯磺酸（钠）1 份，用 10 份热水溶解，将上述三种溶液加到磷酸中，分别用水洗净容器，然后用水稀释到 100。使用时将原液和水按 1：3 体积稀释。

5.2.3.12　钢铁除锈防锈剂

钢铁除锈防锈剂原料主要为亚硝酸钠、三乙醇胺、草酰胺、苯甲酸钠、乌洛托品、液态氢氧化钠和蒸馏水，用于钢铁材料表面除锈。钢铁除锈防锈剂的原料配方见表5-24。

表 5-24　钢铁除锈防锈剂的原料配方（质量分数）

组分	含量/%	组分	含量/%
亚硝酸钠	20	三乙醇胺	1.4
草酰胺	15	苯甲酸钠	0.4
乌洛托品	0.04	蒸馏水	加至100
液态氢氧化钠(调整 pH 值)	适量		

制备方法　取将各组分溶于水中，搅拌混合均匀即可。

5.2.3.13　钢铁表面除锈防锈剂

钢铁表面防锈剂原料主要为磷酸、磷酸二氢锌、醋酸钠、三氧化二铬、硫酸镍、酒石酸、柠檬酸、月桂酸环氧乙烷缩合物、防锈添加剂、醇聚氧乙烯醚和水，主要用于钢铁表面除锈防锈。钢铁表面除锈防锈剂的原料配方见表5-25。

表 5-25　钢铁表面除锈防锈剂的原料配方（质量分数）

组分	含量/%	组分	含量/%
磷酸	40	磷酸二氢锌	10
醋酸钠	15	三氧化二铬	3
硫酸镍	5	酒石酸	2
柠檬酸	2	月桂酸环氧乙烷缩合物	1
防锈添加剂	0.2	水	20
醇聚氧乙烯醚	1.8		

制备方法　在总量水中先取少量水，分别将钠盐、镍盐、锌盐、三氧化二铬、酒石酸和柠檬酸溶解。把剩余的水注入耐酸搅拌器中，一边搅拌，一边缓缓注入磷酸和溶解后的钠盐、镍盐、锌盐、三氧化二铬、酒石酸和柠檬酸以及防锈添加剂、醇聚氧乙烯醚、月桂酸环氧乙烷缩合物，均匀搅拌 10～30min 后，把上述混合液定量注入容器中即可。

原料配方　本配方各组分质量分数的比例范围为：磷酸 5～50，醋酸钠 0.1～20，磷酸二氢锌 0.1～15，硫酸镍 0.01～3，三氧化二铬 0.1～10，酒石酸 0.1～15，柠檬酸 0.1～10，防锈添加剂 0.05～10，醇聚氧乙烯醚 0.01～2，月桂酸环氧乙烷缩合物 0.01～2，水 5～50。上述的钠盐是醋酸钠、硝酸钠、硅酸钠、碳酸钠、甲酸钠；上述的镍盐是硫酸镍、磷酸镍；上述的锌盐是硝酸锌、磷酸锌、硫酸锌，磷酸二氢锌等。

5.3 防锈油与置换型防锈油

基础油、油溶性缓蚀剂、成膜剂和助剂（起助溶、增塑、分散、防霉、消泡等作用）等组成的混合物称为油溶性防锈剂、防锈油或油溶性缓蚀剂。缓蚀剂以三种主要的状态存在于基础油中：①一部分在金属表面形成定量吸附层，阻止有害物质对金属表面的侵蚀；②另一部分以分子状态在基础油中随时补充和修复金属表面的缓蚀剂吸附层；③还有一部分以胶冻状态存在于基础油中，补充分散状态缓蚀剂分子的消耗。这类缓蚀剂必须基本具备的性质是容易吸附于金属表面上，吸附层越稠越厚，吸附越好，防腐蚀效果越好。

油溶性缓蚀剂包括下列品种：①除指纹型防锈油；②溶剂稀释型防锈油；③防锈脂；④防锈润滑油；⑤气相防锈油。

防锈油品按用途还可分为工序间防锈油、防锈润滑两用油和封存防锈油；按油品状态可分为液体防锈油、硬膜油和溶剂稀释型防锈油。现国内防锈油品按国标 GB/T 4879—2016《防锈包装》附录 B、国军标 GJB 145A—93《封存包装通则》附录 A 和石油部 SY 有关标准进行分类。

5.3.1 防锈油的选择

防锈油的种类很多，用户常难以确定哪种材料才是他们所需要的，但又必须选择得正确，否则就不能达到所要求的防护，有时还可能因选用错了防锈油而造成弊多利少。一般就给定的工件选取最合适的防锈油时要考虑以下几点。

（1）零件所处的环境条件

① 在机械工厂如轴承厂，工序间防锈和成品封存防锈所选择的防锈油应有所不同。

② 如果零件计划在仓库中储放一些时候才运输，甚至漂洋过海，如空运或海运到亚、非、拉美等热带或寒带地区时，选择防锈油时应加以调整，仅仅涂一层只适用于室内存放的防锈油是不够的。

③ 如能判断物件出厂后，用户直接使用还是长期储藏，对选择防锈油也有影响。如预先不能作任何判断时，则为了可靠，应选用长期封存用的防锈油。

（2）零件的复杂程度

① 简单零件（如轴键、齿轮等）和组合件（如滚珠和滚珠轴承）之间选择防锈油时应有所区别。

② 机械的精密程度即金属表面的加工精度和它的种类，如零件是铸件或锻件和粗磨或粗机械加工件，则可不用防锈油。

③ 零件有复杂的低凹处（如孔、凹陷、退刀槽等），则不能用厚膜防锈油，因难于均匀涂覆，并难于清除干净。

④ 装配零件的内部可能存有空气，所以对复杂的零件或装配零件不能用重

质的防锈油。

⑤ 检查在零件中是否有橡皮、纤维等制品，这类制品应用防菌防湿剂处理，否则对所用防锈油脂是有影响的。

（3）零件的数量　当处理大量的常年不变的零件时，最经济的是选用最适合于这些物件的防锈油或专用防锈油，使用一些最合理地利用防锈油的装备，以便实行机械化、自动化。当每次只有几个零件要处理或者零件的大小、形状都不同，最好采用现成的"通用"防锈油。

（4）防锈油的其他性能　使用防锈油时，首先要考虑的是防锈油对各种金属和零件的适用范围。如有的防锈油仅适用于黑色金属，有的则仅适用于有色金属，有的则黑色金属和有色金属均能适用。除此之外，还往往要求防锈油有其他的性能，如除防锈性外，还要有润滑性，可选用防锈润滑两用油，使用前，不必将防锈油除去。

5.3.2　防锈油的使用方法

防锈油的使用方法也不尽相同，现以轴承行业较常使用的 204-1 置换型（亦可称溶剂稀释型）防锈油的使用方法和使用时应注意的事项为例说明。

（1）金属面的洗净　对于加工已久，并已生锈的金属表面，应把锈迹（即使是一点微小的锈斑）设法除去。对于新加工成的金属面，应把面上的铁屑、油腻、汗液之类的脏物，用汽油或煤油洗干净。对于要更换防锈油脂的设备、器具，应把原来涂在上面的防锈油脂除去，然后再涂更换品。

（2）油的稀释　可选择下述任何一种方法进行稀释。

① 取油品一份，加 1.5～2 份溶剂汽油进行稀释，搅拌至全部溶化，即可使用。

② 取油品一份，加 2～2.5 份洗涤煤油进行稀释，充分搅拌至全部溶化（允许在低温），即可使用。

③ 取油品一份，加 6～7 份 5 号洗涤煤油进行稀释，充分搅拌至全部溶化（允许在 50～60℃的温度，但不宜长久加热），即可使用。

（3）涂油方法　可根据具体条件，采用下述方法中的任何一种，或结合起来进行涂油。

① 浸渍法　对于零星小件，像中、小轴承，钢球、滚针等较为适用。即把小件浸入溶化好的防锈油中保持 1min，使油均匀地附在上面，取出后使其流尽残油即可。

② 刷涂法　对大件设备，多采用毛刷蘸上溶化好的防锈油，向已清洁了的大型设备上刷涂，直到全面涂满，但要尽量使油层均匀，不要有厚、有薄，并不要有刷毛痕迹。

③ 喷雾法　也称喷涂法，最适用于大件设备，即把溶化好的防锈油倒入喷

壶里，然后开动空气泵，使其成雾状喷至工件表面，具有进度快、用料省、油膜均匀的特点。

④ 充填法　适用于有内腔的制品。充填时应注意使内腔表面全部涂覆防锈油脂，多余的防锈油应放出，如不放出时，应留有能容纳因受热而膨胀的油脂所需的空隙。制品的开口处应密封，不允许有泄漏现象。

（4）工序间防锈　油品如用于工序间清洗防锈，可把稀释度增大，即可用 1∶（5～8）份的汽油或 1∶（9～10）份的煤油稀释。用时只要把零件在稀释油中浸漂 2min 就行（取出或浸在里面均可）。

（5）包装　已涂好防锈油的制件，应停留 3～4h，目的是使汽油挥发掉［如果用煤油或 5 号高速机油（即 N7 机油）来稀释，则时间可相对地延长］或用热风干燥，然后再包装。

包装宜用聚乙烯塑料薄膜，但也可用中性石蜡纸或苯甲酸钠纸，或一面涂苯甲酸钠、一面涂蜡的防锈包装纸来包装。包装时涂苯甲酸钠的一面应朝内。对于大件设备，在条件许可的情况下也可采用上法，如条件不许可，则可用油布或其他包装材料把整个设备遮盖起来，使其不被雨水淋漓和灰尘沾污，并避免油膜被破坏。

5.3.3　使用防锈油应注意的事项

（1）若防锈油忌霉菌，则无论存放在包装纸或包装箱内，都要防止发霉。

（2）所用的稀释剂都要求中性无腐蚀性。所用的汽油，都忌用含四乙铅（防振爆剂）的车用汽油，而应用溶剂汽油。

（3）使用防锈油时，要注意清洁，防止尘灰进入油中。油封车间内空气相对湿度不宜超过 70%，温度最好保持 10～35℃。注意防火与安全。

5.3.4　置换型防锈油的配方、性能、用途

防锈油中的油溶性缓蚀剂是具有不对称结构的表面活性物质，当其分子极性比水分子极性更强、与金属的亲和力比水更大时，便可将金属表面的水膜置换掉，从而减缓金属的锈蚀程度，当防锈剂的浓度超过临界胶束浓度时，防锈剂分子就会以极性基团朝里、非极性基团朝外的"逆型胶束"状态溶存于油中，吸附和捕集极性的腐蚀性物质，并将其封存于胶束之中，使之不与金属接触，起到防锈作用。置换型防锈油一般以具有强烈吸附性的磺酸盐为主要防锈剂，能置换掉金属表面上已沾附的水分和汗渍，同时本身却吸附于金属表面生成牢固的保护膜，防止外来腐蚀介质的侵入。因此，还可大量用于工序间短期防锈和长期封存前的表面预处理，即封存防锈前的清洗用。置换型防锈油又称为除指纹型防锈油，其技术指标可见我国石化标准 SH/T 0692 和美国军标 MIL-C-15074E—1991，某些置换型防锈油的配方可参见表 5-26。

表 5-26   某些置换型防锈油配方实例

序号	名　称	配方(质量分数)/%		使用说明
1	901 浓缩防锈油	石油磺酸钡 羊毛脂镁皂 30 号机械油 苯并三唑 司本-80	25 15 59.7 0.1 0.2	稀释使用,作工序间防锈及短期封存;适用于有色、黑色金属
2	FY-3 置换型防锈油	石油磺酸钡 油酸 二环己胺 30 号机械油 煤油	15 1.93 1.07 25 57	适用于黑色金属工序间防锈
3	902 置换型防锈油	石油磺酸钡 羊毛脂镁皂 10 号机械油 苯并三唑 司本-80 煤油	5～7 2～4 12～15 0.02～0.05 0.2 余量	适用于有色及黑色金属,用于工序间防锈及短期油封防锈

5.3.5   工业用油性防锈剂配方

5.3.5.1   油性防锈剂

（1）配方一　该防锈剂原料主要为改性丙烯酸、亚磷酸酯、二甲基硅油、1,1,1-三氯乙烷、石油磺酸钡、硅酮、水杨酸甲酯、醋酸丁酯、二甲苯和正丁醇的混合液，主要用于油管的防锈处理。油性防锈剂的原料配方一见表 5-27。

表 5-27   油性防锈剂的原料配方一（质量分数）

组分	含量/%	组分	含量/%
改性丙烯酸	380	亚磷酸酯	5
二甲基硅油	4	1,1,1-三氯乙烷	200
石油磺酸钡	50	水杨酸甲酯	5
硅酮	10	醋酸丁酯、二甲苯和正丁醇的混合液	346

制备方法　将上述原料按比例配方均匀混合即可。

原料配方　本配方各组分质量分数的比例范围为：改性丙烯酸 350～450，亚磷酸酯 5～7，二甲基硅油 4～6，1,1,1-三氯乙烷 200～240，石油磺酸钡 50～55，水杨酸甲酯 5～7，硅酮 10～13，醋酸丁酯、二甲苯和正丁醇的混合液 330～350。

（2）配方二　该防锈剂原料主要为蓖麻油、羊毛脂镁皂、十二烯基丁二酸、环烷酸锌、石油磺酸钙、防锈可剥离膜、二壬基萘磺酸钡、二甲基硅油、N-油酰肌氨酸十八胺，主要用于钢轨的防锈处理。油性防锈剂的原料配方二见表 5-28。

表 5-28　油性防锈剂的原料配方二（质量分数）

组分	含量/%	组分	含量/%
蓖麻油	72	十二烯基丁二酸	1
羊毛脂镁皂	8	环烷酸锌	1
石油磺酸钙	11	防锈可剥离膜	1.5
二壬基萘磺酸钡	3	二甲基硅油	1.5
N-油酰肌氨酸十八胺	1		

制备方法　向反应釜中加入蓖麻油加热至 120～180℃后加入羊毛脂镁皂，并在此温度下搅拌 1～2h，冷却至 75～85℃后加入石油磺酸钙、二壬基萘磺酸钡、N-油酰肌氨酸十八胺、十二烯基丁二酸、环烷酸锌、防锈可剥离膜和二甲基硅油搅拌均匀即可。

原料配方　本配方各组分质量分数的比例范围为：蓖麻油 60～84，羊毛脂镁皂 1～12，石油磺酸钙 4～17，二壬基萘磺酸钡 1～8，N-油酰肌氨酸十八胺 0.1～4，十二烯基丁二酸 0.1～3，环烷酸锌 0.1～3，防锈可剥离膜 0.1～3，二甲基硅油 0.1～3。

5.3.5.2　道轨螺栓长效防锈脂

道轨螺栓长效防锈脂原料主要为 N46 号机械油、羧酸类磺酸盐、二元乙丙橡胶、磷化改性二氧化硅、双硬脂酸铝、有机膨润土、2402 树脂、邻苯二甲酸二丁酯和石油树脂，具有良好的防锈性、耐磨性和疏水性，滴点大于 180℃，黏附性好，不怕高温暴晒，主要用于道轨螺栓的防锈处理。道轨螺栓长效防锈脂的原料配方见表 5-29。

表 5-29　道轨螺栓长效防锈脂的原料配方（质量分数）

组分	含量/%	组分	含量/%
N46 号机械油	20	羧酸类磺酸盐	6～8
二元乙丙橡胶	1	磷化改性二氧化硅	5～8
双硬脂酸铝	3	有机膨润土	6～8
2402 树脂	2	邻苯二甲酸二丁酯	0.2
石油树脂	4		

制备方法　向反应釜中加入 N46 号机械油，升温至 120℃，搅拌 30min 后加入二元乙丙橡胶，搅拌后再加入双硬脂酸铝、2402 树脂、石油树脂、羧酸类磺酸盐，搅拌 2h 后倒入皂化釜中皂化，再加入磷化改性二氧化硅和有机膨润土及

邻苯二甲酸二丁酯搅拌，并降温至85℃左右后，进行胶体研磨，待冷却即可。

原料配方 本配方各组分质量分数的比例范围为：N46号机械油15～25，羧酸类磺酸盐6～8，双硬脂酸铝2～4，磷化改性二氧化硅5～8，有机膨润土6～8，二元乙丙橡胶0.5～1.5，2402树脂1～3，邻苯二甲酸二丁酯0.1～0.3，石油树脂3～5。

5.3.5.3 发动机用薄层防锈油

发动机用薄层防锈剂原料主要为石油硫酸钡、邻苯二甲酸二丁酯、二壬基萘磺酸钡、聚异丁烯、十二烯基丁二酸、航空润滑油和苯并三氮唑，可用于多种金属，如钢、铝、铜、镁、银及各种镀层材料或多种金属组合件的防锈处理。可与洗涤汽油混合使用，作为易锈蚀零件的清洗，并可以提高短期的暂时防锈。发动机用薄层防锈油的原料配方见表5-30。

表5-30 发动机用薄层防锈油的原料配方（质量分数）

组分	含量/%	组分	含量/%
石油硫酸钡	2.5	邻苯二甲酸二丁酯	3
二壬基萘磺酸钡	7	聚异丁烯	4
十二烯基丁二酸	0.9	航空润滑油	加至100
苯并三氮唑	0.3		

制备方法 将航空润滑油倒入高温反应釜中，加温至110～120℃充分脱水后降至室温，然后将其余原料缓慢加入到反应釜中，并不断搅拌使其完全溶解即可。

原料配方 本配方各组分质量分数的比例范围为：石油硫酸钡2～3，二壬基萘磺酸钡4～7，十二烯基丁二酸0.5～0.9，苯并三氮唑0.1～0.5，邻苯二甲酸二丁酯1～5，聚异丁烯3～5，航空润滑油加至100。

5.3.5.4 链条抗磨防锈专用脂

链条抗磨防锈剂原料主要为烯基丁二酸酯、聚乙烯酯、抗氧剂、85号地蜡、硬脂酸丁酯、基础油、二丁基二硫代氨基甲酸钼、硅油消泡剂等，具有优异的防锈性能和抗磨性能，能满足车用链条使用过程中的防锈、润滑和抗磨要求；具有优良的黏附性能，能牢固地吸附在摩擦面上，可以延长补有时间，主要用于链条防锈。链条抗磨防锈专用脂的原料配方见表5-31。

表5-31 链条抗磨防锈专用脂的原料配方（质量分数）

组分	含量/%	组分	含量/%
烯基丁二酸酯	40	聚乙烯酯	50
抗氧剂	8	85号地蜡	50
硬脂酸丁酯	8	基础油	800
二丁基二硫代氨基甲酸钼	40	硅油消泡剂	4

制备方法　将烯基丁二酸酯、抗氧剂、硬脂酸丁酯、二丁基二硫代氨基甲酸钼分散剂、聚乙烯酯充分混合搅拌，在高温反应釜中加热至 120℃，保温 2～4h 后冷却，将 85 号地蜡和基础油加入反应釜中后再加热至 120℃，保温 2～4h 后冷却至 80℃，将硅油消泡剂加入并搅拌均匀即可。

原料配方　本配方各组分质量分数的比例范围为：烯基丁二酸酯 3～5，抗氧剂 0.5～1，硬脂酸丁酯 0.5～1，二丁基二硫代氨基甲酸钼 3～5，聚乙烯酯 0.1～15，85 号地蜡 0.1～15，硅油消泡剂 0.1～0.5，基础油加至 1000。

5.3.5.5　长效防锈油脂

长效防锈剂原料主要为机械油、十二烯基丁二酸、石油磺酸钡、羊毛脂、苯并三氮唑和失水山梨醇单油酸酯等，主要用于金属表面的防锈处理，具有防锈效果好，长效且在恶劣环境下具有良好的作用。长效防锈油脂的原料配方见表 5-32。

表 5-32　长效防锈油脂的原料配方（质量分数）

组分	含量/%	组分	含量/%
机械油	89.8	十二烯基丁二酸	0.9
石油磺酸钡	5	羊毛脂	4
苯并三氮唑	0.1	失水山梨醇单油酸酯	0.2

制备方法　将机械油加入高温反应釜中加热至 60～80℃，加入石油磺酸钡和苯并三氮唑，升温至 120℃，使各物料充分均匀混合，随后降温至 80℃后，加入十二烯基丁二酸和羊毛脂，降温至 60℃后加入失水山梨醇单油酸酯，不断搅拌均匀后降至 40～50℃，过滤杂质后即可。

原料配方　本配方各组分质量分数的比例范围为：机械油加至 100，十二烯基丁二酸 0.8～2，石油磺酸钡 5～10，羊毛脂 3～10，苯并三氮唑 0.1～0.2，失水山梨醇单油酸酯 0.2～0.4。

5.3.5.6　多功能固态金属防锈剂

多功能固态金属防锈剂原料主要为甲基纤维素、乙基纤维素、醋酸纤维素、聚乙烯醇、甲醛、氢氧化钠、植酸钠、苯并三氮唑、抗氧剂、抗闪锈剂、增塑剂、抗静电剂、环氧树脂和机械油等。主要用于各种精密零部件的工序间防锈和长期封存防锈，具有耐酸碱、耐老化、耐腐蚀、抗静电、防碰撞、防划伤和环保性好等特点。多功能固态金属防锈剂的原料配方见表 5-33。

表 5-33　多功能固态金属防锈剂的原料配方（质量分数）

组分	含量/%	组分	含量/%
甲基纤维素	6	抗氧剂 1010	1
乙基纤维素	5	抗氧剂 168	2

组分	含量/%	组分	含量/%
醋酸纤维素	5	抗闪锈剂	3
聚乙烯醇	8	增塑剂	3
甲醛	5	抗静电剂	2
氢氧化钠	3	环氧树脂 EP44	7
植酸钠	1.5	机械油	46.5
苯并三氮唑	2		

制备方法 将甲基纤维素、乙基纤维素、醋酸纤维素、聚乙烯醇加入反应釜中，在 80～140℃温度下，加入甲醛，在甲醛催化剂作用下生成乳白色黏料，再复合形成透明胶液；透明胶液用氢氧化钠（浓度 30%）中和后，加入植酸钠、苯并三氮唑、抗氧剂、抗闪锈剂、增塑剂、抗静电剂搅拌均匀；将混合液加热到160～180℃，加入环氧树脂 EP44、机械油混合均匀，在 120～160℃的高温真空下脱水、除泡。

5.3.5.7 黑色金属防腐防锈剂

黑色金属防腐防锈剂原料主要为热固性酚醛树脂、环烷酸、氧化铝、黏土、石膏粉或滑石粉、环烷酸铝、铝银粉和添加剂，其主要用于黑色金属物的防腐和防锈处理。黑色金属防腐防锈剂的原料配方见表 5-34。

表 5-34 黑色金属防腐防锈剂的原料配方（质量分数）

组分	含量/%	组分	含量/%
热固性酚醛树脂	30	石膏粉或滑石粉	5
环烷酸	15	环烷酸铝	11
氧化铝	10	铝银粉	18
黏土	10	添加剂	7

制备方法 先将氧化铝粉、石膏粉或滑石粉、黏土等用雷磨机研成 350～400 目的超细粉末；将环烷酸、添加剂、环烷酸铝、黏土、石膏粉或滑石粉等在不断搅拌中逐渐逐项分别配入反应釜中，充分搅拌混合反应 10min 后，反应形成络合物；将混合物配入反应釜中，不断搅拌的情况下逐渐将热固性酚醛树脂滴配进去，充分搅拌，使其反应 20min 后，将混合液移到三辊球磨机上，连续球磨 2～3 遍后即可。

原料配方 本配方各组分质量分数的比例范围为：热固性酚醛树脂 30～40，环烷酸 10～15，氧化铝 7～10，黏土 8～10，石膏粉或滑石粉 10～15，环烷酸铝 10～12，铝银粉 15～18，添加剂（组分组成：一氯醋酸 57，碳酸钠 26，氯化铵 17）5～10。

5.4 溶剂稀释型防锈油

溶剂稀释型防锈油涂覆于金属表面后，溶剂便自然挥发掉，形成一层均匀保护薄膜。使用溶剂大都为石油溶剂如汽油、煤油等。有机溶剂如苯、二甲苯、香蕉水、丙酮、氯化烃等由于有毒性，并易引起火灾，不便使用。

溶剂稀释型防锈油包含多种组分，主要有石油溶剂、成膜材料、油溶性缓蚀剂等。成膜材料为不挥发性组分，当溶剂挥发后留下的成膜剂将完整、均匀地附着在被保护的金属表面，起到暂时性保护防腐蚀的效能，膜的厚度主要取决于成膜材料在油品组分中占的比例，若成膜材料为沥青、油溶性合成树脂（如烷基酚氨基树脂、叔丁基酚甲醛树脂-石油树脂等），则溶剂挥发后形成的膜为硬膜，一般不粘手，不粘尘埃杂质，是抹、擦不掉的透明或不透明薄膜，但又不同于漆，在石油溶剂如汽油中很易清洗掉；若成膜材料为油脂，如羊毛脂及其衍生物、蜡、凡士林、氧化石油脂及其钡皂，则溶剂挥发后形成的膜为软膜，即油膜比较软，能擦抹掉。当前在朝着薄层油的方向发展，即以适当的树脂为成膜剂，使之成为薄层、透明、高效的软膜防锈油。表 5-35 中 5 个品种中，最薄的 L-REE-2 为 $15\mu m$，最厚的 L-RG 为 $100\mu m$。

表 5-35　溶剂稀释型防锈油技术要求（SH/T 0692 之表 3）

项　目		质 量 指 标					试验方法
		L-RG	L-RE	L-REE-1	L-REE-2	L-RF	
闪点/℃	不低于	38	38	38	70	38	GB/T 261
干燥性		不黏着状态	柔软状态	柔软状态	柔软或油状态	指触干燥(4h)不黏着(24h)	SH/T 0063
流下点/℃	不低于	80				80	SH/T 0082
低温附着性		合格					SH/T 0211
水置换性		合格					SH/T 0036
喷雾性		膜连续					SH/T 0216
分离安定性		无相变,不分离					SH/T 0214
除膜性	耐候性后	除膜(30 次)	—	—		—	SH/T 0212[①]
	包装储存后		除膜(15 次)	除膜(6 次)		除膜(15 次)	
透明性		—				能看到印记	SH/T 0212 附录 B
腐蚀性(质量变化)/(mg/cm²)		钢±0.2;黄铜 ±1.0;锌±7.5;铝±0.2;镁±0.5;镉±5.0;铬不失去光泽					SH/T 0080[②]
膜厚/μm	不大于	100	50	25	15	50	SH/T 0105

续表

项　目		质　量　指　标					试验方法
		L-RG	L-RE	L-REE-1	L-REE-2	L-RF	
防锈性	湿热（A级）/h　不小于	—	720[①]	720[①]	480	720[①]	GB/T 2361
	盐雾（A级）/h　不小于	336	168	—	—	336	SH/T 0081
	耐候（A级）/h　不小于	600	—	—	—	—	SH/T 0083
	包装储存（A级）/d 不小于	—	360	180	90	360	SH/T 0584[①]

①为保证项目，定期测定。
②试验片种类可与用户协商。

在国内 GB/T 4879—2016 表附录 B2 中，溶剂稀释型防锈油分成四类：1 号为硬膜（即 L-RG），主要用在重负荷机械管、轴等，适用于室内和室外的长期封存；2 号为软膜（即 L-RE），适用于室内长期封存。3 号为水置换型软膜，即溶剂挥发后，在金属表面留下的是脂状或油状膜（即 L-REE-1 和 L-REE-2），目前多选用蜡、润滑油作成膜材料，亦可引入某些碱性的高分子材料，适用于室内金属制品的防锈；4 号为透明、不黏性膜（即 L-RF），有 4h 指触干燥，24h 不黏着，膜厚只有 50μm，4 号选用能被石油溶剂很好溶解的树脂作为成膜材料，并有透明性质量要求。RF 产品多可用于五金、工具类产品。使用时，一般都不需要将油膜去除。

溶剂稀释型防锈油既要有良好的渗透性，又要具有相当的防锈性并兼顾对各种金属的腐蚀性。

防锈性从表 5-36 中包括湿热、盐雾、耐候及包装储存四种，1 号由于用于室外暴露状态，所以未有包装储存试验。而 2、3、4 号则是用于包装后室内储存用，根据油膜膜厚 50μm、25μm、15μm 其储存期分别为 360d、180d、90d。

表 5-36　美军冷涂溶剂稀释型防腐组合物（MIL-C-16173E—1993）

项　目 　　　　　牌　号	1 号	2 号	3 号	4 号	5 号	试验方法
膜性能	硬膜	软膜	水置换型软膜	透明非黏性膜	低压蒸汽除膜	ASTM D 1748
闪点/℃　　　　≥			38			ASTM D 93 或 D3278
不挥发组分锥入度/(1/10mm)　　　　≥	—	200	—	—	—	D 937

续表

项　目 \ 牌　号	1号	2号	3号	4号	5号	试验方法
分离安定性	无相变或分离					4.6.6 条
与润滑油混溶性	—	完全	—	—	—	4.6.9 条
干燥性	合格					4.6.13 条
低温黏附性	−18℃黏附于金属表面	−40℃黏附于金属表面	—	−40℃黏附于金属表面		4.6.12 条
水置换和水稳定性	—	—	能置换水	—	能置换水	4.6.14 条
喷雾性(5℃)	合格					4.6.7 条
除膜性(暴露后)循环次数　≤	30	15	6	15	—	4.6.10.1 条
流动点/℃　≥	80	—	—	80	—	4.6.15 条
残留物热水去除性/(g/ft^2)　≤	—	—	—	—	0.45	4.6.10.2.1 条
残留物低压蒸汽去除性/(g/ft^2)　≤	—	—	—	—	0.15	4.6.10.2.2 条
腐蚀性/(mg/cm^2)　≤	黄铜 1.0，铝 0.2，镉 5.0，钢 0.2，锌 7.5，镁 0.5，铅-钙合金 5.0(仅用于 2 号)					4.6.8 和 4.6.5.2 条
膜厚/μm　≤	100	50	25	50	25	4.6.11.2 条
湿热试验/h　≥	—	30	30	30	30	ASTM D1748
透明性	—	—	—	透明	—	4.6.16 条
盐雾试验/d　≥	14	7	—	14	—	ASTM/B 117
加速风化试验/h　≥	600					4.6.11.5 条
大气暴露试验/h　≥	1200					ASTM D 822 或 ASTM G 23
百叶箱储存试验/年　≥	—	1	1/2	1	1/2	4.6.11.6 条
硫酸盐残渣　规定值为 0～0.5%时　规定值为 0.51%以上时	±0.05%　规定值的±10%					ASTM D 874

　　注：1ft=0.3048m，下同。

　　作为室内包装储存是最切合实际的状态，但却时间不长，365d 即为一年。从表 5-36 可见，多选用湿热试验和盐雾试验，从市场上典型防锈油品看，湿热试验一般可以通过，但盐雾试验是比较难通过的，这不但取决于抗盐雾良好的缓蚀剂，还与成膜剂相关。至于耐候性试验，是适合室外有效的 1 号。

溶剂稀释型防锈油品闪点是一个重要指标，4 个品种闪点要求为不低于38℃，这大致相当于普通煤油的组分，闪点低虽有相对容易干燥之好处，但却带来了极大的安全隐患。现有市场商品中，有不少用 120 号溶剂汽油作为石油溶剂，是不符合 SH/T 0692 要求的。相反，在 L-REE-2 中却规定了闪点低于70℃，即为了安全。由于 L-REE-2 类油品膜厚只有 15μm 以下，一般认为是以滑润油为成膜材料，其膜可以是油状态，所以即使溶剂还有相当部分残留，由于油膜滚动、渗透性好，所以也不会影响防护效果。这是软膜溶剂防锈油品的优点。

溶剂挥发后，防锈油膜的可去除性能即除膜性也是一实用指标，从指标中也可看出综合防锈性能与膜可去除性之间的矛盾。其中 REE 类最容易去除，但油膜亦最薄，而且没有盐雾试验要求。由于去除方便，多适用于有良好包装条件的精密产品，因为这类产品不允许有残留，否则影响整个产品的清洁度。

在实际使用中，另有一类溶剂稀释型软膜防锈油品，其膜厚在 7~8μm，其另一特征是半软膜，外观呈蜡状，在使用前一般亦可以不用清洗去除。

对照美军 MIL-C-16173E（1993）冷涂溶剂稀释型防腐组合物见表 5-36。对照表 5-2 可见与 SH0692、JIS K 2246 虽同样是五个品种规格，却少一个 L-REE-2，多一个美军低压蒸气除膜。这类产品的特点是膜厚仅 25μm，并且有低压蒸汽去除及热水去除性指标，这类产品国内市场还未见到。

产品在溶剂挥发后留下容易去除的沉积膜，按其挥发组分含量分为两类；按成膜性能分为 5 个牌号；产品主要性能见表 5-36。

5.4.1 硬膜油

溶剂稀释型防锈硬膜油是加入沥青、油溶性合成树脂、101 聚丙烯酸树脂、失水苹果酸酐树脂、石油树脂、萜烯树脂、叔丁基酚甲醛树脂、石油树脂等成膜剂，当溶剂挥发之后，在制件的表面上形成的硬膜防锈油，具有涂层美观、油膜稳定性好和防锈期长等特点，硬膜类的溶剂稀释型防锈油的优点是不黏着，尤其是 RF 类，外观透明、光滑，若在五金、工具上选用，一般都不需要将油膜去除。但硬膜油品的缺点也在此，因为必须当溶剂挥发至尽时，才不会黏着，在半干燥时，五金、工具就会黏着在一起。所以对一般中、小型产品讲，必须在工艺上确保干燥温度和干燥时间。但也存在几个问题：①油膜干燥速度慢（有的要24h 以上）；②油膜厚而且颜色较深，有时不能满足出口商品要求；③前处理要求苛刻。现正朝向油膜薄（小于 5μm）、干燥快和防锈性好的方向发展。广泛用于机床、工具等机械产品，尤其是出口商品的封存与防护。溶剂稀释防锈硬膜油的配方、性能及用途见表 5-37。

表 5-37 溶剂稀释型防锈油（硬膜油）

序号	名 称	配方(质量分数)/%		使 用 说 明
1	1 号透明硬膜防锈油	101 聚丙烯酸树脂 失水苹果酸酐树脂 萜烯树脂 苯三唑 油酸三环己胺 2,6-二叔丁基对甲酚 香蕉水	5.65 0.60 5.66 0.18 4.24 0.18 74.49	适用于工具、小五金类单件包装防锈。干燥快(1h)，油膜透明
2	石 47-1	石油树脂 精制 743 钡皂 二壬基萘磺酸钡 苯并三唑 环烷酸锌 120 号汽油	10 20 7 0.4 2 余量	适用于黑色金属和铜合金制品长期防锈
3	溶剂稀释型防锈油(硬膜 C)	石油树脂 植物油 阳离子表面活性剂 乙醇 石油溶剂	17.5 17.5 5 4 56	一般室内较长期防锈
4	硬-2(99)号	叔丁基酚醛树脂 醇酸树脂 三聚氰胺甲醛树脂 环烷酸铅 十二烯基丁二酸咪唑啉 石油磺酸钡 苯并三唑 邻苯二甲酸二丁酯 200 号溶剂汽油	70 份 24 份 6 份 8 份 3 份 3 份 0.3 份 2 份 200 份	适用于枪炮 2~4 年防锈封存代替原来厚脂封存

5.4.2 软膜油

溶剂稀释型防锈软膜油的成膜材料为油脂（如羊毛脂及其衍生物、蜡、凡士林、氧化石油脂及其钡皂、磺化羊毛脂钙等），溶剂挥发后形成的膜为软膜，能擦抹掉。可形成薄层、透明、高效的软膜防锈油。

溶剂稀释防锈软膜油尽管油膜薄，但防锈性能却很好，主要原因是有多种防锈缓蚀剂的合成协调作用和以一定数量的成膜剂所形成的膜层具有隔离保护作用，还具有加强油膜强度，防止防锈油在盐雾和湿热环境中被黏结露水冲刷而流失的作用，例如，氧化石油脂钡皂、磺化羊毛脂钙、石蜡、凡士林等都是软膜的成膜剂，具体的配方、性能及用途见表5-38。

表 5-38　溶剂稀释型防锈油（软膜油）

序号	名称	配方(质量分数)/%		使用说明
1	204-1 （苏州）	磺化羊毛脂钙 磺化蓖麻油 苯并三氮唑 乙醇 高速机油	30 5 0.2 2 余量	用于轴承、机械工具、金属材料等工业制品的长期封存,对黑色金属的防锈效果特别显著,用时以溶剂稀释
2	112-5 薄层油	石油磺酸钡 氧化石油脂钡皂 硬脂酸铝 司本-80 十六烯基丁二酸 2,6-二叔丁基对甲酚 苯并三氮唑 20号或30号机油 工业煤油	15 7 5 2 2～3 0.1 0.2 12 余量	适用于汽车零备件的长期封存
3	33号	30号机油 聚甲基丙烯酸酯 743钡皂 石油磺酸钡 N-油酰肌氨酸十八胺 苯并三氮唑 2,6-二叔丁基对甲酚 200号溶剂汽油	15份 6.5份 45.7份 32份 2份 0.5份 0.1份 150份	适用于多种金属长期封存,目前多用于军械

按照国军标 GJB 3459—1998《军用溶剂稀释型防护渗透油规范》的规定，我国将多种防锈添加剂、成膜剂和石油溶剂等调制而成的溶剂稀释型防锈油定义为溶剂稀释型防护渗透油，表达了这种防锈油具有较好渗透性的特点，在我国的市场上已经有这类商品，例如"金卫士"QD系列溶剂稀释型防护渗透油。

要研究出具有良好防锈性能的防护渗透油，尤其是在薄膜或超薄膜的情况下，盐雾试验要能通过168h，甚至336h，而且还是环境友好型的防护渗透油，首先要选择好极性很强，又在油中能良好溶解的油溶性缓蚀剂，一般选用碳链较长、相对分子质量较大的缓蚀剂（烃基越长，极性分子在金属表面上吸附力越强，缓蚀效果愈好），例如，十八烷基甲基苯磺酸钡、C_{12}～C_{16}烯基丁二酸、司本-80。石油磺酸盐（钡盐最好）在1930年便作为油溶性缓蚀剂使用，而且缓蚀效果也较好，用量较大，可是现在有人认为石油磺酸钡不属于环境友好型，用量受到了限制。

但是分子量越大，在矿物油中的溶解性越差，选用它时，要增加它的溶解度，还要加入助溶剂和分散剂，例如，环烷酸锌、正丁醇等。

此外，还适当加入抗氧化剂、降凝剂、抗磨剂等，其次，根据膜层的特性，还要加入成膜材料。

若加入沥青、油溶性合成树脂（如叔丁基酚甲醛树脂、石油树脂），则溶剂挥发后，形成的膜为硬膜；若加入的是羊毛脂及其衍生物、蜡、凡士林、氧化石油脂及其钡皂，则溶剂挥发后，形成的膜为软膜。基础油也是防护渗透油的重要组成部分，基础油料因其种类、精制程度、与含烃基的结构不同而对防锈效果有不同的影响，一般，矿物油作为基础油时，防锈性能最好。最后加入的溶剂主要考虑三个方面：溶解力、挥发度和闪点。从溶解力出发，选择直馏汽油、煤油、溶剂油等，它们都能溶解成膜物质，但直馏汽油的闪点太低，溶剂油的闪点在38℃，挥发度适中，煤油的闪点高于 38℃，但挥发慢，油膜干燥时间长，影响成膜速度。

5.5 乳化型防锈油

乳化油是由基础油、表面活性剂、防锈剂、消泡剂、稳定剂、防霉剂（有的还加有抗磨剂）等组成。应用时可考虑基础油的黏度，再参考以上添加剂而作选择。乳化型防锈油应用面广，可用于机械加工、短期封存防锈与工序间防锈等。乳化油的技术标准为 SH 0365—1992。

5.5.1 防锈润滑切削油

常用的防锈润滑切削油（液）是兼有防锈、润滑功能的乳化油（液）。其配方及使用说明见表 5-39 和表 5-40。按国标 GB/T 6144 合成切削乳化液的技术标准包括：Ⅰ普通型；Ⅱ防锈型；Ⅲ极压型；Ⅳ多效型。

表 5-39　防锈切削乳化液配方及使用说明

序号	名称	配方(质量分数)/%		使用说明
1	防锈乳化油	环烷酸锌 石油磺酸钡 磺化油(DAH) 油酸三乙醇胺皂(7:10) 10 号机械油	11.5 11.5 12.7 3.5～5 余量	配成 2%～3%的水溶液使用。适用于一般加工。防锈性好，使用时间：铸铁 2d，属Ⅰ类
2	防锈乳化油	石油磺酸钡 石油磺酸钠 环烷酸钠 三乙醇胺 10 号机械油	1 12 16 1.5 余量	2%～3%乳化液，用于一般加工，属Ⅰ类

续表

序号	名称	配方(质量分数)/%		使用说明
3	防锈乳化油	石油磺酸钡	12	配成3%~5%乳化液,用于磨、车、钻等工序,清洗防锈性良好,属Ⅰ类
		十二烯基丁二酸	2	
		油酸	11.5	
		三乙醇胺	6.5	
		20号或30号机械油	余量	
4	防锈切削乳化油	高碳酸钾皂	3~4	防锈性很好,清洗性差一些。2%乳化液用于磨床,5%用于车、钻、刨等,属Ⅰ类
		油酸钾皂	12	
		油酸三乙醇胺	5	
		石油磺酸钠	10	
		10号机械油	余量	
5	F-28防锈切削乳化油	高碳酸	5	防锈性很好,清洗性差一些。2%乳化液用于磨床,5%用于车、钻等,属Ⅰ类
		石油磺酸钠	15	
		三乙醇胺	3~4	
		5号机械油	余量	
		(每100mL乳化油中加水与乙醇混合溶液3~4mL,水与乙醇的比例为4∶1)		
6	D~15防锈防霉乳化油	油酸	12	防霉、防锈性好,使用时间长,属Ⅰ类
		三乙醇胺	4	
		二环己胺	2	
		磺酸钡甲苯溶液(1∶2)	10	
		苯酚	2	
		10~40号机械油	70	
7	73-8乳化油	石油磺酸钠	12	属Ⅰ类
		油酸三乙醇胺皂	5	
		OP-10	2	
		水	1	
		5号机械油	80	
8	904乳化油	石油磺酸钠	20	属Ⅰ类
		高碳酸	2	
		三乙醇胺	2	
		磷辛-10	0.4	
		10号机械油	余量	

表 5-40　常用防锈润滑切削油配方

序号	配方(质量分数)/%		使　用　说　明
1	油酸 5 号高速机油 灯用煤油	2 49 49	用于超精加工,防锈性低,加工后需进行清洗防锈
2	石油磺酸钡 机油(按黏度要求选用)	2~5 余量	用于一般车、钻加工,有短期防锈能力
3	硫化鲸鱼油 10 号机油	2 余量	用于一般切削加工,极压润滑性较差,加工后要用煤油清洗并进行防锈处理
4	661 置换型防锈油 煤油	10~20 余量	用于镗床衍磨内孔,防锈性能好
5	环烷酸铅 氯化石蜡 7 号机械油 石油磺酸钡 20 号机械油	6 10 10 0.53 余量	可代替硫化切削油和植物油,加入铅皂以防止活化氯的腐蚀
6	硫化棉籽油 氯化石蜡 磷酸三乙酯 20 号机械油	38 11 0.5~1 余量	用于难加工材料的攻丝、钻孔、铰孔等
7	硫化切削油 氯化石蜡 磷酸三乙酯 烷基硫代磷酸锌 二壬基萘磺酸钡 2 号主轴油	37 10 0.5~1 0.5~1 0.5~1 余量	用于难加工材料磨削用(难加工材料通常指不锈钢、耐热钢、高温合金、钛合金和高强度钢等)
8	石油磺酸钡 OP-10 氯化石蜡 环烷酸铅 油酸三乙醇胺 10 号变压器油	13 6.5 10~30 5 2.5 余量	用于挤压、车、铣、钻等工序,可代替植物油

5.5.2　防锈切削液

（1）配制乳化油和乳化液时应注意的事项

① 配制乳化油时,一般先将油溶性缓蚀剂溶于油中。对于一些难溶的缓蚀剂如石油磺酸钡等,为了帮助溶解,需要加温和搅拌。温度高低、加温时间和搅

拌等应视其溶解度难易而定。总之，要保证完全溶解、均匀一致，以免影响乳化性。

② 当皂类作乳化剂时，发生皂化反应的条件（温度、时间、搅拌等）是配制好乳化液的关键，必须严格控制，否则影响乳化效果。譬如，按一定比例的油酸与三乙醇胺要在 $60\sim70℃$ 和不断搅拌下反应半小时，皂化才较完全，而松香皂化时温度就低一些，即首先将松香放在油中加热到 $100\sim120℃$ 下使其溶解，然后，冷至 $40℃$ 时，再加氢氧化钠进行皂化即可。

③ 用乳化油配制乳化液时，水的硬度和温度等对乳化作用很有影响。因为，硬水中含有碳酸氢钙、碳酸氢镁、硫酸钙、硫酸镁等盐类，若用这种水配制乳化液时，水中所含盐类就与钠皂、钾皂发生破乳化反应，生成不溶于水的皂类，降低乳化剂的浓度和性能，容易产生析油现象，同时影响乳化液的清洗性和防锈性。因此，对某些乳化剂，如油酸钠皂或钾皂、松香钠或钾皂等，在配制乳化液前最好先将水软化，即加入碳酸钠 $0.2\%\sim0.3\%$ 以防止硬水的破乳化现象。

热水的表面张力小，溶解能力强，黏度小，有利于乳化剂的分散，因而易乳化；而冷水则易引起乳化剂凝聚。所以，在配制乳化液时，最好先用热水或蒸汽把乳化油充分乳化，然后再用冷水冲稀，乳化效果较好。

④ 为了提高防锈性，在乳化液中还可加入水溶性缓蚀剂，但要在配制成乳化液之后加入，夏天可加入 0.15% 的三乙醇胺和 0.3% 的亚硝酸钠，冬天可加入 0.25% 碳酸钠和 0.25% 的亚硝酸钠。

⑤ 按使用浓度配成乳化液后，需调整 pH 值约为 $8\sim9$，pH 值过高，对铝合金等有色金属有腐蚀性，pH 值过低，则易引起钢件锈蚀。若 pH 值过低时，可用碳酸钠的水溶液来调整，pH 值过高时，可用油酸来调整。

⑥ 乳化液配制方法　根据容器（必须保持清洁）的大小计算出乳化油、碳酸钠、亚硝酸钠等成分的重量，把算好的乳化油放入容器内，加入全部水量的 1/2。开动搅拌机，然后加入碳酸钠和亚硝酸钠（用适量的水先行溶化）及其余水量，继续搅拌 5min，待全部均匀后，并经化验合格后送机台使用，或由总槽统一配制，管道输送。

（2）使用防锈切削液应注意的事项

① 冷却液起润滑、冷却、清洗、防锈作用，它的好坏对零件的加工和防锈有很大影响，各机床要合理使用。

② 冷却液的更换应根据机床开动时间和使用情况确定，通常单机循环的冷却液彻底更换期限为：一般车床及平面、无心磨床两周一次，其他磨床三周至一个月一次。夏天可相应缩短一些。每周应由化验室取样化验一次，根据化验结果及时调整更换处理。

③ 各机台冷却液必须保持足够的容量，但不允许直接添加清水，过滤装置要保持正常有效，每班应清理一次浮油、铁末和砂轮末等杂物。

④ 装冷却水的容器（机台冷却液槽、配制冷却液大铁槽或冷却液池）需保持干净，严禁在冷却水池内洗手或投放其他杂物。

⑤ 在使用中发现冷却液发黄、产生气泡、锈蚀等不正常现象，应及时通知化验室人员进行分析并采取改进措施。

⑥ 防锈性能要求 pH 值控制在 8～9，钢片室内暴露 4 天无锈，铸铁片单片 3h 无锈。

5.5.3　工业用防锈切削液配方

5.5.3.1　防锈金属切削液

防锈金属切削液原料主要为三乙醇胺、聚氯乙烯胶乳、聚醚多元醇、聚苯胺水性防腐剂和水，主要用于缓解油、气井的生产，管道运输及金属切削过程中的金属防锈，提高金属切削液的防锈蚀功能。同时该防锈切削液可以残留在金属表面，使金属加工阶段完成后的周转存放期内不发生锈蚀。防锈金属切削液的原料配方见表 5-41。

表 5-41　防锈金属切削液的原料配方（质量分数）

组分	含量/%	组分	含量/%
三乙醇胺	20	聚苯胺水性防腐剂	30
聚氯乙烯胶乳	55	水	40
聚醚多元醇	3		

制备方法　将上述原料按配方均匀混合即可。

原料配方　本配方各组分质量分数的比例范围为：聚苯胺水性防腐剂 25～30，三乙醇胺 15～20，聚氯乙烯胶乳 45～55，聚醚多元醇 23，水 15～40。

5.5.3.2　高性能金属切削冷却防锈液

高性能金属切削冷却防锈液原料主要为工业煤油、七号机油、氯化石蜡、OP-10、土耳其油、聚乙烯醇、过硼酸钠、亚硝酸钠、三乙醇胺和纯水，主要用于金属切削冷却的防锈液，具有切削冷却性能好，防锈时间长等特点。高性能金属切削冷却防锈液的原料配方见表 5-42。

表 5-42　高性能金属切削冷却防锈液的原料配方（质量分数）

组分	含量/%	组分	含量/%
工业煤油	2.1	聚乙烯醇	4.2
七号机油	1.8	过硼酸钠	0.6
氯化石蜡	2.3	亚硝酸钠	15
OP-10	4.1	三乙醇胺	3.3
土耳其油	5.1	纯水	56

制备方法 将工业煤油、七号机油、氯化石蜡、OP-10、土耳其油、聚乙烯醇加入反应釜中加热至 25～35℃，搅拌均匀，再将过硼酸钠、亚硝酸钠、三乙醇胺和纯水加入反应釜中搅拌均匀即可。

原料配方 本配方各组分质量分数的比例范围为：工业煤油 2～4，七号机油 1.8～2.2，氯化石蜡 2～3，OP-10 4～5，土耳其油 5～8，聚乙烯醇 4～5，过硼酸钠 0.5～1.5，亚硝酸钠 15～17，三乙醇胺 5～8，纯水 55～60。

5.5.3.3 切削冷却防锈液

切削冷却防锈液原料主要为油酸、三乙醇胺、机油、煤油和乳化剂-OP，主要用于切削冷却液，具有防锈性能好，生产使用方便，生产成本低等特点。切削冷却防锈液的原料配方见表 5-43。

表 5-43　切削冷却防锈液的原料配方（质量分数）

组分	含量/%	组分	含量/%
油酸	10	煤油	25
三乙醇胺	25	乳化剂-OP	5
机油	35		

制备方法 将上述原料按配方比例均匀混合即可。

原料配方 本配方各组分质量分数的比例范围为：油酸 10～20，三乙醇胺 20～30，机油 30～50，煤油 10～30，乳化剂-OP 2～5。

5.6　防锈润滑油脂

防锈润滑油脂是具有防锈和润滑双重性能的所谓两用油品。可用于机器工作时的润滑，又可用于封存防锈。通常启封后，因与润滑油能很好混溶，故可不必清除而直接安装使用，或试车后，不必另换油料，即以试车油封存产品。一般用于需要润滑或密封的系统。两用油的品种很多，根据用途可分为防锈润滑油、防锈润滑脂、防锈液压油和防锈内燃机油。两用油脂在我国国标 GB 4879 和国军标 GJB 145 中均已列入，用时可查。防锈润滑油脂的配方、性能与用途见表 5-44。

表 5-44　防锈润滑油脂配方

序号	名　称	配　　方		使 用 说 明
1	液压设备封存防锈油	22 号透平油	70 份	用于机床液压系统及液压筒封存防锈
		25 号变压器油	30 份	
		2,6-二叔丁基对甲酚	0.4 份	
		高分子聚异丁烯	0.4 份	
		石油磺酸钡	3.0 份	
		环烷酸锌	3.7 份	
		硅油	$5×10^{-6}$ 份	

续表

序号	名 称	配 方		使 用 说 明
2	防锈试车油	20 号机械油 氧化石油脂 石油磺酸钡	90% 7% 3%	用于一般机床床头箱、齿轮箱、变速传动部位试车及防锈封存
3	内燃机防锈油	10 号车用机油 二壬基萘磺酸钡 烷基硫代磷酸锌 抗凝剂 甲基硅油	余量 5% 0.5% 0.3% 1×10^{-5} 份	内燃机防锈润滑用
4	中 65-51-1 防锈仪表油	二壬基萘磺酸钡 司本-80 环烷酸锌 苯并三唑 2,6-二叔丁基对甲酚 仪表油	3.91% 3.12% 1.56% 0.15% 0.2% 余量	用于仪表及零件的封存
5	4 号防锈脂 (217脂)	氧化石油脂锂皂 天然橡胶 烷基酚钡 变压器油 航空清油 HH-20	1.5% 1% 2.5% 20% 余量	适用于航空内燃发动机封存。也用于钢、铜等零组件、工具材料的长期封存
6	1 号防锈脂	硬脂酸铝 油酸 三乙醇胺 正丁醇 冬用枪油	10% 6% 6% 8% 余量	适用于航空内燃发动机封存。也用于钢、铜等零组件、工具材料的长期封存,对铸铁很有效

5.7 防锈脂

防锈脂在常温为凡士林状膏体，一般以矿物脂（凡士林）或机油为基体，以皂类或蜡类稠化，或再加入油溶性缓蚀剂、辅助剂配制而成。

防锈脂涂成膜后，其膜层为蜡状或膏状厚膜，按其针入度大小，防锈脂可分为几个等级。针入度为 30～80 者最硬，90～150 为中等，200～325 为最软。使用时加热熔融、成流体状时，浸、刷、喷均可。最软的防锈脂或冷涂脂不加热熔融亦可刷涂或抹涂。

国内防锈脂品种较多，大多属于加热浸涂或刷涂一类。其特点是油膜厚，防锈期比较长，适用于大型设备的封存，有流失少、油膜强度好、防锈期长等优点。缺点是油封、启封都需要加热，并要求有较好的热安定性和氧化安定性。目前已制出冷涂脂，可克服这些缺点，可常温涂覆，使用较方便。防锈脂的配方、性能与用途见表 5-45。

表 5-45　防锈脂

序号	名　称	配方(质量分数)/%		使用说明
1	2 号石油脂型防锈脂	精制南充蜡膏 二壬基萘磺酸钡 40 号机油	72 3 25	热涂型,机器、设备、零件封存 5 年不锈
2	3 号石油脂型防锈脂	精制南充蜡膏 二壬基萘磺酸钡 40 号机油 67 号机油	72 3 20 5	冷涂型,机器、设备、零件封存 5 年不锈
3	50 号防锈脂	工业凡士林 黄地蜡 硬脂酸铝 10 号车用油	77 10 3 10	热涂型,适用于黑色金属
4	钢丝绳防锈脂	聚丙烯无规物 聚异丁烯 聚正丁烯乙烯基醚 叔丁基酚醛树脂 石油磺酸钡 50 号机油	6 2 1 6 5 80	热涂或冷涂,钢丝绳储存及使用时的防锈
5	量具防锈脂	石蜡 硬脂酸铝 工业凡士林 锭子油	10 2～3 50 37～38	热涂型,适用于量具、刃具室内长期封存

5.8　气相防锈剂

在常温下能升华并有防锈效果的化学物或以该化学物为主要成分的混合物叫做气相缓蚀剂。这是一种不须与金属直接接触，在常温常压下具有一定的蒸气压，能自动挥发缓蚀气氛（如同樟脑丸一样）充满包装内部空间，并在金属表面形成一层连续的缓蚀薄膜，抑制大气的腐蚀，从而起保护作用的防锈材料。通常，以缓蚀剂为主体涂覆或浸渍在载体上形成气相防锈材料，载体可以是纸、油、塑料，从而形成气相防锈纸、气相防锈油、气相防锈塑料；也可以气相缓蚀剂粉末撒在被防护物体上，或装入纸袋、纱布袋中，或压成丸子分置于被防护物体周围。常见的气相防锈材料有：气相防锈纸；气相防锈油；气相防锈塑料薄膜等。

5.8.1 气相防锈剂的特点

气相缓蚀剂（缩写为 VPI）亦称挥发性缓蚀剂（缩写为 VCI）或气相防锈剂。这种缓蚀剂对于金属制品的封存包装、运输、储存和保管都具有重大意义。

（1）气相防锈剂的特点

① 由于气相缓蚀剂无孔不入，所以对于那些形状复杂、有凹凸镶缝（如边缝、空隙、小孔）的产品特别适宜。

② 操作使用方便，不需特殊的工艺装备，还能减少生产占地面积和工序间的运输量，降低劳动强度，并提高劳动生产率。一般包装前不需要涂油，启封后也不需要清洗，并在很短时间内就可拆封使用。

③ 既可用于工序间的短期防锈，又可用于产品的长期封存。在密封较好的条件下使用，防锈期可达 3～10 年。

④ 可以使包装外观清洁美观、无油腻，改善了装潢，还可做到文明生产。

⑤ 成本一般比较低廉。

⑥ 容易提纯（与油相比），制造工艺稳定，使用方便，只要掌握其防锈规律，防锈效果是理想可靠的。但因其能挥发，操作现场应通风良好。

（2）有效气相缓蚀剂的必备条件

① 稳定性，即在使用条件下，不受光、热等影响而变质。

② 在水中和溶剂中应具有一定的溶解度。

③ 在常温（21℃左右）应有适宜的蒸气压，挥发速度不能过高也不能过低，一般以 0.013～0.133Pa 为好。

④ 气体状态应有足够的扩散性能。

⑤ 良好的防锈能力，但气相缓蚀剂对手汗无抑制作用（气相防锈油除外），且必须在密封较好的条件下使用，才能发挥出优良的防锈效果。

气相缓蚀剂利用不同载体和其他辅助剂可制成各种不同类型的气相防锈材料，如气相防锈纸、气相防锈液、气相防锈油、气相防锈塑料薄膜等。当然气相缓蚀剂本身就是无载体的气相防锈材料，它们之间的关系如同油溶性缓蚀剂与防锈油一样。重要的气相缓蚀剂的成分和性能见表 5-46。

表 5-46　重要的气相缓蚀剂的成分和性能

类别	名　称	化　学　式	使　用　说　明
无机化合物	氨水	$NH_3 \cdot H_2O$	无色,有极强刺激臭味,溶于水和乙醇,呈碱性,可作为黑色金属工序间气相缓蚀剂使用
	碳酸铵	$(NH_4)_2CO_3 \cdot H_2O$	无色立方晶体,分解温度 58℃,溶于水,不溶于乙醇,可作为钢的气相缓蚀剂

类别		名　称	化　学　式	使　用　说　明
无机化合物		磷酸氢二铵	$(NH_4)_2HPO_4$	钢的气相缓蚀剂,一般不单独使用,与碳酸氢钠、亚硝酸钠配合成混合型,多以溶液或涂纸等形式使用,涂布量约 $20\sim30g/m^2$,粉末约 $300g/m^3$
		铬酸铵	$(NH_4)_2CrO_4$	黑色与有色金属的气相缓蚀剂
		重铬酸铵	$(NH_4)_2Cr_2O_7$	黑色与有色金属的气相缓蚀剂
有机化合物	有机胺的无机酸盐	亚硝酸环己胺	$C_6H_{11}NH_2 \cdot HNO_2$	黑色金属的气相缓蚀剂,蒸气压(Pa)21℃时为 0.357Pa,在温度 65℃和相对湿度 100%时,保护率为 100%
		亚硝酸二环己胺(DICHAN)	$(C_6H_{11})_2NH \cdot HNO_2$	白色结晶状物质,熔点为 $178\sim180℃$,能溶于水,水溶液的 pH 值为 7,能溶于有机溶剂中,容易被酸、碱和日光所分解。蒸气压较低,21℃时为 0.0159Pa,防锈能力随着温度降低而降低,单位体积或面积中含量增加而加强,纸的涂布量为 $11\sim22g/m^2$,固体粉末 $35/m^3$。对钢铁、钢发蓝、钢磷化、铝、镍、铬、钴等缓蚀。对铜、铜合金、锌、镉、锡、银、镁及其合金不保护或引起腐蚀
		亚硝酸二异丙胺(DIPAN)	$(C_3H_7)_2NH \cdot HNO_2$	气相缓蚀剂,蒸气压在 15.6℃时为 0.645Pa,22.5℃时为 0.704Pa,对钢、铬、锡等缓蚀;对铝、黄铜、青铜、镁、锌、银等有浸蚀;对橡胶、皮革、塑料、油漆涂层(硝基清漆除外)、木材以及里衬材料等无作用
		亚硝酸二异丁胺	$(C_4H_9)_2NH \cdot HNO_2$	黑色金属的气相缓蚀剂,保护性质类似于亚硝酸二环己胺,使用形式:溶液防锈材料,也可用作油脂与涂料的添加剂
		铬酸环己胺	$(C_6H_{11}NH_2)_2H_2CrO_4$	气相缓蚀剂,对钢、铁、铜及其合金、锌、镍、锡、铝及氧化的镁等有效,使用形式:气相纸、气相粉末、溶液等
		苯并三氮唑	$C_6H_5N_3$	用作金属(知银、铜、铅、镍、锌等)的防锈剂与缓蚀剂,广泛用于防锈油(脂)类产品中,多用于铜及铜合金的气相缓蚀剂

5.8.2　气相防锈纸

　　将气相缓蚀剂溶于蒸馏水或有机溶剂如乙醇等中,制成溶液。然后浸涂、刷涂或滚涂在防锈原纸的表面,干燥或稍干后成为气相防锈纸,纸上含气相缓蚀剂一般为 $5\sim30g/m^2$。

　　气相防锈纸的原纸以前大都使用牛皮纸,因它具有一定的强度,对金属的腐蚀性较低，但为了提高防水、耐油等其他特性，最近已采用石蜡牛皮纸、聚乙烯复合纸、铝箔黏合纸、沥青夹层防水纸等。

在防锈包装方面使用气相防锈材料时，气相防锈纸层是使用最广泛的。使用气相防锈纸包装金属制品时，涂覆气相缓蚀剂的一面（称为防锈面）朝内，让它与工件表面接触或接近，外层再用石蜡纸、塑料薄膜包，或装入塑料袋、金属箔复合纸袋中以增强防锈包装效果，如有必要，需用气相纸和防锈油一并使用时，要用防油材料包在气相纸上面，但气相纸具有耐油性时可不必如此。在形状复杂的大制品场合，需使用两层或三层气相纸包装。若包装物内金属面与气相纸的间距超过 30cm，则需以气相防锈纸小片或兼用粉末，以加强防锈能力。

目前市场上供应的气相防锈纸按使用对象大体可分为钢用气相防锈纸、铸铁件用气相防锈纸、铜与铜合金用气相防锈纸、铝与铝合金用气相防锈纸、铜铁合用和其他多效气相防锈纸等。具体配方见表 5-47。气相缓蚀剂使用注意事项如下。

表 5-47　常用的气相防锈纸的配方

序号	名　称	主要组成及配比		技术要求	适用对象及效果
1	0 号或 653 号气相纸	亚硝酸钠 尿素 苯甲酸钠 蒸馏水	30 份 30 份 20 份 160 份	涂布量：缓蚀剂，7～9g/m²；防潮蜡，10～12g/m²	钢铁及其发蓝件、铝合金的防锈封存
2	1 号气相纸	亚硝酸二环己胺 聚乙二醇 蒸馏水	56～72 份 23～28 份 400～800 份	涂布量：缓蚀剂，12～15g/m²，防潮蜡 15～20g/m²；气相纸背面分为：涂防潮蜡、不涂防潮蜡以及复合塑料三种类型	钢铁及其发蓝件、铝合金的防锈封存
3	新 2 号气相纸	单甲醇胺 苯甲酸 乌洛托品 明胶 蒸馏水	660mL 7900g 6000g 500g 3300mL	涂布量：缓蚀剂10g/m²	钢铁及其发蓝件、铝合金的防锈封存
4	新 3 号气相纸	乌洛托品 苯甲酸单乙醇胺 苯甲酸钠 蒸馏水	6 份 10 份 3 份 60 份	涂布量：缓蚀剂，15～20g/m²	钢铁及其发蓝、铝合金的防锈封存

续表

序号	名　称	主要组成及配比		技术要求	适用对象及效果
5	06号气相纸	5%亚硝酸二环己胺 4%苯并三氮唑 5%乌洛托品	2.5mL 150mL 75mL	涂布量：缓蚀剂，10g/m²	钢铁及其发蓝、铜及铜合金、镀镉、镀锌的防锈封存
6	9号气相纸	苯并三氮唑 乌洛托品 苯甲酸钠 蒸馏水	50份 33份 17份 300份	涂布量：缓蚀剂，7～10g/m²	钢铁及其发蓝、铜及铜合金、镀镉、镀锌的防锈封存
7	W12气相纸	亚硝酸二环己胺 尿素 亚硝酸钠 乌洛托品 明胶 蒸馏水	260g 390g 390g 520g 104g 1140mL	涂布量：缓蚀剂，25g/m²	钢铁、发蓝、铝合金的防锈封存
8	15号气相纸	三乙醇胺 苯甲酸钠 二氧化碳 蒸馏水	45%～47% 16%～20% 1.5%～2% 35%～37%	涂布量：缓蚀剂，60～80g/m²	钢铁、发蓝的防锈封存，用于轴承防锈包装
9	16号气相纸	2,4-二硝基酚 二环己胺 亚硝酸二环己胺 磷硝基酚钠	适量 50% 20% 30%	涂布量：缓蚀剂，10～15g/m²	钢铁及其发蓝、铜及铜合金、铝合金的防锈封存
10	19号气相纸	苯并三氮唑 苯甲酸钠 亚硝酸钠 明胶 蒸馏水	1200g 400g 400g 500g 15kg	涂布量：缓蚀剂，7～10g/m²	钢铁及其发蓝、铜及铜合金、镀镉、镀锌的防锈封存
11	W25号气相纸	苯并三氮唑 亚硝酸二环己胺 十八烷胺 乙醇	150份 150份 300份 10500份	涂布量：缓蚀剂，7～10g/m²	钢铁及其发蓝、铜及铜合金、镀镉、镀锌的防锈封存

续表

序号	名　称	主要组成及配比		技术要求	适用对象及效果
12	W41 号气相纸	苯并三氮唑 亚硝酸二环己胺 十八烷胺 乙醇	87.5 份 87.5 份 700 份 10500 份	涂布量：缓蚀剂，8～10g/m²	钢铁及其发蓝、铜及铜合金、镀镉、镀锌的防锈封存
13	7005 号气相纸	苯甲酸三乙醇胺 甘油 蒸馏水	43.7% 12.5% 65.6%		

注：曾经使用过的 0 号、2 号、11 号、W12、19 号、651 号、652 号、753 号、6901 号气相纸，由于内含亚硝酸钠（致癌物）而不受欢迎。

（1）气相缓蚀剂的适应性，如亚硝酸二环己胺和碳酸环己胺仅对黑色金属有效，不适用于有色金属如铜及其他合金的防锈，也不能用在防霉、防雾及光学仪器上。

（2）包装人员在包装操作过程中，应戴手套，目的有两个，其一有利于工作人员身体健康，其二是为了保证包装质量，严防手汗接触产品。因碳酸环己胺和亚硝酸己胺等气相缓蚀剂对皮肤有刺激性，且气相缓蚀剂大都缺乏置换手汗的能力，若在气相缓蚀剂作用前或后，金属沾上手汗，金属都会生锈腐蚀。

气相缓蚀剂是一种挥发性物质，虽毒性较低，但接触时间长，也会影响健康，故操作现场应通风良好。

（3）要注意有效作用半径，如碳酸环己胺的有效作用半径为 46cm，亚硝酸二环己胺的作用半径为 30cm，在实际使用中要注意这一点，以确保气相缓蚀剂的作用发挥于包装箱内的任何部位。

（4）包装要密封，使用气相缓蚀剂时，若使大量的空气进入放置被保护制品的密封空间，则一方面会降低大气中缓蚀剂的浓度，另一方面会使缓蚀剂迅速地消耗。为延长封存包装时间，必须尽可能地密封。通常在使用中，如轴承、螺帽等小零件可用聚乙烯等塑料袋进行封存，大制件一般要在包装木箱上采取严格的密封措施，封口可用钉子钉紧，或用"反鼻"的方法将它夹紧，就可以达到预期的密封效果。

另外，要注意气相缓蚀剂的用量对密闭空间容积的比例，如用亚硝酸二环己胺，则最低需 30g/m³，并要注意气相缓蚀剂对包装材料的透过性，例如，碳酸环己胺（CHC）因易分解而生成环己胺和二氧化碳，故对低密度的聚乙烯薄膜极容易透过。

（5）要注意诱导期，缩短气相缓蚀剂饱和包装空间所需时间。

蒸气压大的气相缓蚀剂的诱导期短，亚硝酸二异丙胺（DIPAN）和亚硝酸二环己胺（DICHAN）相比，前者的诱导期为 3～4h，后者却为 20～24h，尿素和亚硝酸钠的混合物诱导期很短，约 15min 就能造成密闭空间的保护气氛，但用像亚硝酸二环己胺这样的气相缓蚀剂，在包装环境内形成保护气氛前，钢铁表面上有湿气凝结就有产生锈蚀的可能。为了防止因诱导期长而造成生锈，除可采用防湿衬垫材料以防湿气浸入和加热包装的产品促进气化等手段外，最简单的方法是预先与没有不利影响的却有高蒸气压的气相缓蚀剂如 CHC 混合使用。

在采用气相缓蚀剂袋或丸等形式时，一定要配合撒布一些粉剂（特别是产品的"死角"处），或者在 DICHAN 用量不变情况下，再增大 CHC 的用量，在湿度较大的雨季尤其要注意。

为了缩短气相缓蚀剂饱和包装空间，采用气相防锈纸是行之有效的简便方法。保存工件时，最好使缓蚀剂在出现冷凝之前吸附在金属表面上。为此可预先把工件放在饱和状态挥发性缓蚀剂的气氛中，为了节省时间，可以适当提高温度，以保证较高的蒸气压力。

对于大型机械设备，采用气相防锈材料封存时，一般在工件清洗溶剂中加 5％左右的置换型防锈油，这样既可除去工件上的汗、污物等。溶剂挥发后，留在工件上的极薄层防锈油膜又可暂时防锈，可弥补 VCI 对手汗无抑制性和因诱导期长而生锈。

（6）制件表面要清洗干净，制件包装前的清洗工作是很重要的一环，包装质量的好坏在很大程度上取决于清洗。因为产品表面如存在若干沾污物质或存有残酸、残碱或锈蚀未除净就进行包装，会因腐蚀活化中心的存在，使锈点在一定范围内扩大，因已腐蚀的中心周围必然有一部分非常容易腐蚀。经验证明，金属表面的锈迹和沾污物需完全清除，气相缓蚀剂才能对它进行很好的保护。

从表 5-47 可见，最多选用的化合物是亚硝酸二环己胺、尿素 $[(NH_2)_2CO]$、乌洛托品 $[(CH_2)_6N_4]$、苯甲酸铵、苯甲酸单乙醇胺等含有能分解 NH_3 或醇胺的碱性化合物。缓缓分解出 NH_3 和低分子有机胺，如二环己胺、环己胺、三丁胺是常用的气相防锈剂。

苯并三氮唑是最常用的铜及铜合金的气相防锈剂，苯并三氮唑（BTA）挥发性比亚硝酸二环己胺大，一般认为其 30℃的蒸气压为 $4×10^{-2}$ mmHg。

5.8.3　气相防锈薄膜和气相防锈油

气相防锈薄膜有两种，一种是将气相防锈剂的胶涂覆至塑料薄膜单面，另一种是直接将气相防锈剂与塑料薄膜混炼融合再挤压成薄膜。即 GJB 2748—96 中 Ⅱ型和Ⅰ型。

（1）涂覆型气相防锈膜　气相防锈剂是先用合成胶液将其调配成散体，这其中需添加如聚乙烯醇缩丁醛、阿拉伯树胶等作为粘接剂，以使气相防锈剂黏合到塑料薄膜上。

（2）混炼型的气相防锈膜　气相防锈剂量一般为 2%～3%，因为量偏高时，会影响与塑料薄膜的融合，若在调配、加工上调整，其用量也可达 4%～5%。

气相防锈膜可以热压封口，也可采用凹凸槽封口，为了使混炼型气相防锈薄膜中气相剂单向释放，可在薄膜单面再复合一层高阻隔的尼龙层，同时亦加强了薄膜的撕裂度、抗张强度。复合高阻隔尼龙层的气相薄膜可选用无齿拉链密封条封口。

气相防锈薄膜和气相防锈油的配方见表 5-48。

表 5-48　气相防锈薄膜和气相防锈油的配方

名称		配　方		性能及用途
气相防锈薄膜	CF-4	阿拉伯树胶 月桂酸环己胺 苯甲酸二乙醇胺 辛酸二环己胺 苯并三氮唑 乙醇 蒸馏水	5～8g 10～15g 1～2g 0.5～1.0g 0.03～0.04g 10～15mL 80～90mL	以高压聚乙烯薄膜作为基体材料，在其表面涂覆含有气相缓蚀剂的阿拉伯树胶溶胶，经脱溶剂后固化而制成。甲醛作为阿拉伯树胶的坚膜剂及防霉剂，月桂酸环己胺是缓蚀剂，又是表面活性剂，对聚乙烯薄膜有润湿性，并能降低阿拉伯树溶胶的表面张力，增加树胶与聚乙烯薄膜的黏着性，月桂酸环己胺与油脂状缓蚀剂苯甲酸二乙醇胺配合应用，能防止结晶析出，形成均匀涂层，对钢、铝及其合金、铜有良好的防锈能力
	BF-7	辛酸二环己胺 癸酸二环己胺 磷酸环己胺 邻苯二甲酸二丁酯(辛酯) 高压聚乙烯 抗氧剂	1.0～1.4g 1.0～1.4g 0.5～1.5g 0.2～0.3g 100g 0.1～0.2g	高压聚乙烯熔融指数 4～7g/10min，BF-7 是在高压聚乙烯中掺有预定气相缓蚀剂后，投料于挤压机中，混合塑料受热，在压力差作用下，流态塑料通过口模而制成管坯，由压缩空气吹塑成管中空薄膜，经对流空气冷却定型而制成，对钢、铝及其合金有良好的防锈能力，对镀铬、镀锌钝化有一定的适应性
气相防锈油	1 号	辛酸三丁胺 苯三唑三丁胺 石油磺酸钠 石油磺酸钡 司本-80 20 号机油	1% 1% 0.5% 0.5% 1% 余量	具有接触防锈和气相防锈性能，能适用于多种金属。主要用于与油接触且密封的体系，如齿轮箱等，应注意油品对橡胶等非金属件的适应性。适用于钢、黄铜、紫铜、铝
	2 号	癸酸三丁胺 苯三唑三丁胺 石油磺酸钠 司本-80 20 号机油	1% 1% 0.5% 2% 余量	对钢、黄铜、铝青铜、紫铜、铝均有一定气相防锈性和接触防锈性能

5.8.4　工业用气相防锈剂配方

5.8.4.1　气相防锈粉剂

气相防锈粉剂原料主要为苯并三氮唑、1-羟基苯并三氮唑、苯甲酸钠、o-硝基苯甲酸钠、硬脂酸镁和复合憎水剂。其不含对人体有害的亚硝酸盐，毒性低。在常温密闭条件下，对铸铁、钢、黄铜、铝等多种金属材料具有保护作用，启封后不需要清洗而可直接使用被封存的产品，特别适用于精密机械和仪器的防锈封存。气相防锈粉剂的原料配方见表5-49。

表 5-49　气相防锈粉剂的原料配方（质量分数）

组分	含量/%	组分	含量/%
苯并三氮唑	10～40	o-硝基苯甲酸钠	5～20
1-羟基苯并三氮唑	5～15	硬脂酸镁	1～10
苯甲酸钠	10～30	复合憎水剂	1～8

制备方法　在室温下将上述原料按比例混合搅拌均匀即可。

原料配方　本配方各组分质量分数的比例范围为：苯并三氮唑或1-羟基苯并三氮唑20～40，苯甲酸钠25～30，硬脂酸镁5～10，复合憎水剂1～8，o-硝基苯甲酸钠1～10。

5.8.4.2　气相防锈片剂

气相防锈片剂原料主要为苯并三氮唑、硬脂酸镁、苯甲酸胺、复合憎水剂、苯甲酸钠、羧甲基纤维素、o-硝基苯甲酸钠、钛白粉和滑石粉等。在常温密闭条件下，对铸铁、钢、黄铜、铝等多种金属材料具有防锈保护作用，适用于精密机械和仪器的防锈封存。气相防锈片剂的原料配方见表5-50。

表 5-50　气相防锈片剂的原料配方（质量分数）

组分	含量/%	组分	含量/%
苯并三氮唑	8～20	硬脂酸镁	1～5
苯甲酸胺	3～8	复合憎水剂	1～3
苯甲酸钠	8～15	羧甲基纤维素	3～15
o-硝基苯甲酸钠	3～10	滑石粉	5～20
钛白粉	20～35		

制备方法　在室温下将上述原料按比例混合搅拌均匀即可。

5.8.4.3　抗静电气相防锈纸

抗静电气相防锈剂原料主要为聚烯烃树脂、苯甲酸单乙醇胺、钼酸钠、2-乙基咪唑啉、铝酸酯偶联剂、抗氧剂、光稳定剂6922、紫外线吸收剂、抗静电剂等。可以用于各种钢铁材料、铜、铝、镀铬件等多种金属的防锈，对其他非金属材料不会产生不良影响，相容性良好。且可以用于各种电子设备的防锈包装，包装纸的表面电阻率可以达到 $10^{10}\Omega/M$，对内部的电子设备具有优异的防静电特性。抗静电气相防锈剂的原料配方见表 5-51。

表 5-51　抗静电气相防锈剂的原料配方（质量分数）

组分	含量/%	组分	含量/%
聚烯烃树脂	90	抗氧剂	1
苯甲酸单乙醇胺	52	光稳定剂 6922	1
钼酸钠	16	紫外线吸收剂	1
2-乙基咪唑啉	31	抗静电剂	2.5
铝酸酯偶联剂	1		

制备方法　在室温下将上述原料按比例混合搅拌均匀即可。

原料配方　本配方各组分质量分数的比例范围为：聚烯烃树脂 80～90，抗静电剂 2～4，苯甲酸单乙醇胺 24～52，钼酸钠 16～28，2-乙基咪唑啉 22～33，铝酸酯偶联剂 1～2，抗氧剂 1～2，光稳定剂 0.5～2。抗静电剂由 30% 的 N,N-双（2-羟乙基）脂肪酰胺、50% 的乙氧基烷基胺和 20% 的羟乙基烷基胺混合而成。

5.8.4.4　银质材料气相防锈剂

银质材料气相防锈剂原料主要为苯甲酸钠、糊精、苯并三氮唑、甲苯并三氮唑、钼酸钠、氧化锌、低密度聚乙烯、羟乙基纤维素、硬脂酸锌、聚乙烯蜡、含氧生物降解添加剂、茂金属石蜡聚合体，主要用作银产品的气相防锈。银质材料气相防锈剂的原料配方见表 5-52。

表 5-52　银质材料气相防锈剂的原料配方（质量分数）

组分	含量/%	组分	含量/%
苯甲酸钠	6	低密度聚乙烯	5000
糊精	2	羟乙基纤维素	5
苯并三氮唑	6	硬脂酸锌	7
甲苯并三氮唑	8	聚乙烯蜡	7
钼酸钠	4	含氧生物降解添加剂	100
氧化锌	2	茂金属石蜡聚合体	500

制备方法　在室温下将苯甲酸钠、糊精、苯并三氮唑、甲苯并三氮唑、钼酸钠、氧化锌均匀混合后，加入羟乙基纤维素、硬脂酸锌、聚乙烯蜡后搅拌均匀，在 85℃ 下向混合物中再加入低密度聚乙烯、含氧生物降解添加剂和茂金属石蜡聚合体，上述原料混合搅拌均匀即可。

原料配方　本配方各组分质量分数的比例范围为：苯甲酸钠 5～7，糊精 1～

3，苯并三氮唑 5～7，甲苯并三氮唑 7～9，钼酸钠 3～5，氧化锌 1～3，低密度聚乙烯 4000～6000，羟乙基纤维素 4～6，硬脂酸锌 6～8，聚乙烯蜡 6～8，含氧生物降解添加剂 90～110，茂金属石蜡聚合体 450～550。

5.8.4.5　多功能气相防锈油

多功能气相防锈油原料主要为十八烷基丁二酸、2-乙氨基十七烯基咪唑啉、羊毛脂、环烷酸锌、铬酸叔丁酯、二烷基二硫代磷酸锌、邻苯二甲酸二丁酯、二正辛基-4-异噻唑啉-3-酮、聚二甲基硅氧烷、变压器油等，主要用作多种金属的防锈油。多功能气相防锈油的原料配方见表 5-53。

表 5-53　多功能气相防锈油的原料配方（质量分数）

组分	含量/%	组分	含量/%
十八烷基丁二酸	30	2-乙氨基十七烯基咪唑啉	20
羊毛脂	12	环烷酸锌	14
铬酸叔丁酯	23	二烷基二硫代磷酸锌	1
邻苯二甲酸二丁酯	2	二正辛基-4-异噻唑啉-3-酮	0.5
聚二甲基硅氧烷	0.5	变压器油	91

制备方法　在室温下将上述原料按比例混合搅拌均匀即可。

原料配方　本配方各组分质量分数的比例范围为：十八烷基丁二酸 10～40，2-乙氨基十七烯基咪唑啉 10～30，羊毛脂 2～20，环烷酸锌 5～20，铬酸叔丁酯 15～30，二烷基二硫代磷酸锌 1～5，邻苯二甲酸二丁酯 1～5，二正辛基-4-异噻唑啉-3-酮 0.5～1，聚二甲基硅氧烷 0.5～1，变压器油 80～91。

5.8.4.6　机械封存气相防锈油

机械封存气相防锈油原料主要为二壬基萘磺酸钡、乙醇、亚硝酸二环己胺、十二烯基丁二酸、石油磺酸钠、碳氢溶剂等，其主要用于黑色金属及有色金属的防锈，可有效防止氯化物、硫化物的腐蚀，且耐高湿性能和热稳定性能良好，能与润滑油、液压油或冲压油混合使用。机械封存气相防锈油的原料配方见表 5-54。

表 5-54　机械封存气相防锈油的原料配方（质量分数）

组分	含量/%	组分	含量/%
二壬基萘磺酸钡	5	乙醇	0.5
亚硝酸二环己胺	0.8	十二烯基丁二酸	1.6
石油磺酸钠	5	碳氢溶剂	87.6

制备方法　将碳氢溶剂放入反应釜中加热至 45℃，将二壬基萘磺酸钡、石油磺酸钠、十二烯基丁二酸按比例依次加入到反应釜中搅拌，再将亚硝酸二环己胺和乙醇相混合后加入反应釜中搅拌均匀即可。

原料配方　本配方各组分质量分数的比例范围为：二壬基萘磺酸钡 3～15，乙醇 0～5，亚硝酸二环己胺 0～5，十二烯基丁二酸 1～15，石油磺酸钠 3～15，碳氢溶剂 5～88。

参 考 文 献

[1]　张康夫等主编. 机电产品防锈、包装手册. 北京：航空工业出版社，1990.

[2]　李金桂，肖定全编著. 现代表面工程设计手册. 北京：国防工业出版社，2000.

[3]　李金桂主编. 腐蚀控制设计手册. 北京：化学工业出版社，2006.

[4]　涂湘缃主编. 实用防腐蚀工程施工手册. 北京：化学工业出版社，2000.

[5]　李国英主编. 表面工程手册，北京：化学工业出版社，1998.

[6]　李金桂，赵闺彦主编. 腐蚀和腐蚀控制手册. 北京：国防工业出版社，1988.

[7]　周静好编. 防锈技术. 北京：化学工业出版社，1988.

[8]　陈红星等. 防锈油的研究开发和应用. 表面技术，2005，34（2）：75-77.

[9]　武玉玲. 防锈油脂发展现状. 石油商技，2001，19（6）：1-5.

[10]　谭胜等. 软膜薄层防锈油的研制. 河北化工，2004，（3）：36-38.

[11]　刘宇辉等. 多功能防护渗透油防锈性能的研究//第十四届全国缓蚀剂学术会议论文集，2005.

[12]　江建卫等. 溶解稀释型硬膜防锈油的研制. 炼油设计，2002，32（5）：37-40.

[13]　李东光. 150 种防锈剂配方与制作. 北京：化学工业出版社，2011.

第6章
防锈包装

6.1 概述

金属材料的腐蚀，非金属材料的老化，已经制造成为产品的各种材料所以发生腐蚀主要是由于自然环境条件下的氧、水分、环境污染物二氧化硫、氧化碳、紫外线照射等，进行防锈封存包装目的就是排除这些可能给各种制品带来腐蚀的介质，防止制品锈蚀，便于储存、运输和经销。实际上，工业制品的防锈包装需要经受环境的侵蚀，不生锈；经受机械冲击，不损伤；遭遇生物破坏，不受损。

封存包装根据其主要目的，有防潮包装、防霉包装、防锈包装、保鲜包装和装潢礼品包装之分，防潮包装主要控制相对湿度，用于对湿度敏感、易生锈、易长霉、易变质的产品，以及贵重、精密的产品；防霉包装主要是控制相对湿度和温度，用于易生长霉菌、贵重、精密产品；装潢礼品包装主要是表现华贵、美观、大方，同时控制相对湿度（有时还去除氧分），以确保内部包装的馈赠礼品不变味、不变质、不发霉、不长虫；防锈包装则要求复杂得多，既要防止金属材料制件生锈腐蚀、防止金属镀层变色、腐蚀损伤，还要防止非金属材料变质、老化、开裂；还要避免非金属材料挥发腐蚀性气氛加速金属的腐蚀；也要防止某些非金属生虫、长霉，所以，防锈包装较为苛刻，采用包装技术时需要更为全面地分析与设计。

按国家标准 GB/T 4879—2016《防锈包装》，包装的防锈等级应根据产品的抗锈蚀能力、流通环境、包装容器的结构、包装材料的性能等因素确定，可分为一级、二级和三级包装，可见表 6-1。按国家标准 GB/T 4879—2016《防锈包装》，将防锈包装方法分为九类，见表 6-2。

表 6-1　防锈包装等级

级别	防锈期限	适 用 范 围
一级包装	3～5 年内	水蒸气很难进入,微量进入能被干燥剂吸收,产品经防锈包装的清洗、干燥后,产品表面完全无油污、水痕。严格按本标准规定工艺执行
二级包装	2～3 年内	仅少量水蒸气可透入,产品经防锈包装的清洗、干燥后,产品表面完全无油污、汗迹及水痕。严格按本标准规定工艺执行

续表

级别	防锈期限	适 用 范 围
三级包装	2 年内	仅有部分水蒸气可透入,产品经防锈包装的清洗、干燥后,产品表面无污物及油迹。严格按本标准规定工艺执行

表 6-2　按国标防锈包装方法的分类

代号	名　　称	方　　法	适用等级
B1	一般防湿、防水包装	制品经清洗、干燥后直接采用防潮防水包装材料进行包装	三级包装
B2	防锈油脂包装		
B2-1	涂敷防锈油脂(涂敷硬膜)	制品直接涂敷硬膜防锈油,不需进行内包装	三级包装
B2-2	涂敷防锈油脂,包覆防锈纸	制品涂敷防锈油脂后,采用耐油性、无腐蚀内包装材料包装	三级包装
B2-3	涂敷防锈油脂,塑料袋包装	制品涂敷防锈油脂后,装入塑料薄膜制作的袋中,根据需要用黏胶带密封或热压焊封	一、二级包装
B2-4	涂敷防锈油脂,铝塑薄膜包装	制品涂敷防锈油脂后,装入铝塑薄膜制作的容器中,热压焊缝	一、二级包装
B3	气相防锈材料包装		
B3-1	气相缓蚀剂包装	使用粉剂、片剂、丸剂的气相缓蚀剂,散布或装入干净的布袋散布于产品内	一、二、三级包装
B3-2	气相缓蚀纸包装	形状比较简单而容易包扎的产品,可用气相缓蚀剂纸包封,包封时要求接触或接近金属表面	
B3-3	气相塑料薄膜包装	产品要求外观透明时采用气相防锈塑料薄膜袋热压焊封	
B4	密封容器包装		
B4-1	刚性金属容器密封包装	制品涂敷防锈油脂后,用防锈耐油脂包装材料包扎和装填缓冲材料,装入金属刚性容器密封,需要时可作减压处理	一、二级包装
B4-2	非金属刚性容器密封包装	采用防潮包装材料制作的容器将防锈后的制品装入,用热压焊封或其他方法密封	
B4-3	刚性容器中防锈油浸泡包装	制品装入刚性容器(金属或非金属)中,用防锈油完全浸渍,然后进行密封	

续表

代号	名　称	方　法	适用等级
B5	密封系统的防锈包装	制品内腔密封系统刷涂、喷涂或注入气相防锈油。气相防锈油的用量通常按内腔空间计算，以 $6kg/m^3$ 为宜	三级包装
B6	可剥性塑料包装		
B6-1	涂敷热浸型可剥性塑料包装	制品长期封存或防止机械碰伤采用热浸型可剥性塑料包装，需要时，在制品外按其形状包扎无腐蚀的纤维织物(布)或铝箔后，再涂敷热浸型可剥性塑料包装	一、二级包装
B6-2	涂敷溶剂型可剥性塑料包装	制品的空穴处充填无腐蚀性材料后，在室温下涂敷溶剂型可剥性塑料包装。多次涂敷时，每次涂敷后必须待溶剂挥发后，再涂敷	
B7	贴体包装	制品进行防锈后，使用硝基纤维、醋酸纤维、乙基丁基纤维或其他塑料膜片做透明包装，真空成形	二级包装
B8	充氮封存包装	制品装入密封性良好的金属容器或非金属容器或透湿度小、气密性好、无腐蚀性的包装材料制作的袋中，充氮密封包装。制品可密封内腔，经清洗、干燥后，直接充氮密封	一、二级包装
B9	干燥空气封包		
B9-1	刚性容器干燥空气封存包装	制品进行防锈后，放入防潮包装材料制作的容器中，并在容器中放入干燥剂，然后，密封金属刚性容器按 B4-1 方法进行，非金属容器按 B4-2 方法进行	一级包装
B9-2	套封包装	制品进行防锈后，需要时进行包扎和缓冲，与干燥剂一并放入铝箔复合材料等包装容器中密封，必要时可施行减压和充氮	

　　有些工业部门早期进行过长期封存的防锈包装试验研究，几十年的研究结果表明，许多产品在经过了十年，甚至十五年的封存之后，还能达到原设计的使用性能，在更换了某些零器件，还能达到原设计的使用寿命，同时也暴露出了许多问题，例如①磁性元件失磁问题；②电器元件绝缘性能下降，甚至电器失灵问题；③弹性元件失弹问题；④夜光粉原色变淡问题；⑤橡胶的老化问

题；⑥油膏干涸问题；⑦聚氯乙烯管、聚氯乙烯导线老化开裂问题；⑧黄蜡绸、黄蜡布等非金属材料散发出挥发性腐蚀气氛问题等，以及电接触元件污染腐蚀问题、液体电门变质问题、导线发黏发脆问题、镀银层变色、锌镉镀层长"白霜"问题等，这些问题反映出一系列的设计结构水平、材料水平与材料使用耐久性、元器件的封装水平，所以，防锈封存期长短的问题，首先是结构设计师的设计问题、材料耐久性的问题和防护水平问题，最后是防锈包装的水平与质量问题。

6.2　防锈包装的一般技术要求

（1）机械制品进行防锈包装时，包括前处理（清洁、干燥等），操作应连续进行，如果中断，必须采取暂时性的防锈处理。

（2）前处理及防锈封存包装作业应在清洁的环境中进行，周围无腐蚀性气氛，湿度愈低愈好。

（3）制品的零件、部件组装前应清洗，清洗后应防止污染。精加工面应避免用裸手接触，如果必须用裸手接触时，应戴干净细纱手套或应采取其他防止手汗污染的措施。

（4）制品所使用的防锈剂和防锈包装材料，其质量必须符合有关标准规定，并经质量检验部门认可。

（5）需进行防锈处理的制品，如处于热状态时，为了避免防锈剂受热流失或分解，应冷却到接近室温后再进行处理。

（6）涂覆防锈剂的制品，如需要包贴内包装材料时，应使用中性、干燥、清洁的包装材料。不进行防锈处理的制品，直接包装时，应注意防止接触腐蚀和气氛腐蚀。

（7）凡采用防锈剂防锈的制品，在启封使用时，原则上应除去防锈剂。但如防锈剂具有润滑性能时，不除去亦可。如有的制品在涂覆或除去防锈剂会影响制品的性能时，应不使用防锈剂。

（8）为防止制品在运输或搬运时产生移动，应采取缓冲和止动措施，若制品有突起或棱角部位会损伤防锈包装时，应另行包扎或衬垫，减震材料应是中性，氯根、硫酸根含量均应在规定范围内，使用时应尽可能干燥。

（9）应尽可能地减少包装材料或容器的重量、体积，包装规格应标准化。包装材料的选择可参照国家标准 GB/T 12339—2008《防护用内包装材料》。

6.3　防锈包装方法实施要点

金属制品在储运过程中为防止锈蚀而进行的防锈包装，包括清洗、干燥、防锈和包装。其实施要点如下。

6.3.1 清洗

制品在防锈包装前，除了不允许有锈蚀外，应选用下列方法进行清洗，除去表面的尘埃、油脂残留物、汗迹及其他异物。

（1）溶剂清洗法　在室温下，将制品全浸、半浸在符合 GB 1922—2006《油漆及清洗用溶剂油》、SH 0114—92（2007）《航空洗涤汽油》、GB 252—2000《轻柴油》等规格的溶剂中，用刷洗、擦洗等方式进行清洗。大件制品可采用喷洗或蘸有石油溶剂的器具刷洗。洗涤时应注意防止制品表面凝露，且应注意安全。

（2）清除汗迹法　在符合 SH/T 0367—1992《置换型防锈油》4 号品种中，或在石油溶剂中加入适量符合 SH/T 0367—1992 的 1～3 号品种置换型防锈油中进行浸洗、摆洗或刷洗。高精密小件制品可在适当的装置中采用甲醇浸洗，或用其他方法清洗。

（3）蒸气脱脂清洗法　选用卤代烃清洗剂，在蒸气清洗机或其他装置中对制品进行蒸气脱脂。使用此类清洗剂时，应注意调整缓蚀剂和稳定剂含量，控制溶剂质量，并要求对金属不产生腐蚀。此法适用于除去油脂状的污染物，不适用于除去无机盐及在清洗时能与蒸气发生反应的制品和复杂的精密制品。

（4）碱液清洗法　制品在碱液中浸洗、煮洗或压力喷洗。

（5）乳剂清洗法　制品在乳剂清洗液中浸洗或喷淋冲洗。

（6）表面活性剂清洗法　制品在离子表面活性剂（包括阴离子、阳离子和两性离子型）或非离子型表面活性剂的水溶液中浸洗、刷洗或压力喷洗。

（7）电解清洗法　将制品浸渍在电解液中进行电解清洗。

（8）超声波清洗法　将制品浸渍在各种清洗溶液中，使用超声波进行清洗。适用于中、小精密件制品清洗。

6.3.2 干燥

制品进行清洗后，选用下列方法立即进行干燥。

（1）压缩空气吹干法　用经过干燥、清洁的压缩空气吹干。

（2）烘干法　在烘箱或烘房内进行干燥。

（3）红外线干燥法　用红外线灯或红外线装置直接进行干燥。

（4）擦干法　用清洁、干燥的布擦干，不允许有纤维物残留在制品上。

（5）滴干、晾干法　用溶剂清洗、表面活性剂清洗或置换型防锈油清洗的制品，在不会造成锈蚀时，用滴干、晾干法干燥。

（6）脱水法　用水基清洗剂清洗的制品，清洗完毕后立即采用脱水油进行脱水干燥。

6.3.3 防锈

制品进行清洗、干燥后，应立即进行防锈。

（1）防锈油脂的使用 使用防锈油脂时，按制品的形状及防锈要求选用下列方法。

① 浸涂法 将制品完全浸渍在防锈油脂中，涂覆防锈油膜。

② 刷涂法 在制品表面刷涂防锈油脂。

③ 充填法 在制品内腔充填防锈油脂。充填时应注意内腔表面全部涂覆，多余的防锈油脂应放出，如不放出时，应留有能容纳因受热而膨胀的油脂所需的空隙。制品的开口处应密封，不允许有泄漏现象。

④ 喷雾法 将防锈油喷在制品表面上。

（2）气相防锈材料的使用 使用气相防锈材料时，按制品的形状、材质选用下列方法，参照国家标准 GB/T 14188—2008《气相防锈包装材料选用通则》。

① 气相缓蚀剂法 按制品的防锈要求，采用粉剂、片剂或丸剂型气相缓蚀剂，散布或装入干净的布袋或盒内。气相缓蚀剂的用量每立方米包装空间不少于 30g，其离制品的防锈面不超过 300mm。

② 气相防锈纸法 制品的形状比较简单而容易包扎时，用符合 QB/T 1319—2010《气相防锈纸》包封后，套塑料袋或容器密封。气相防锈纸包封制品时，要求接触或接近金属表面。离金属表面超过 300mm 的部位，应与气相缓蚀剂并用。

气相防锈纸和气相缓蚀剂并用时，根据需要在气相缓蚀剂溶剂或悬浊液刷涂或喷涂后，再用气相防锈纸等材料包封。

③ 气相防锈塑料薄膜法 制品要求包装外观透明时，采用气相防锈塑料薄膜袋焊封。

6.4 封存包装材料

包装一般包括单元包装、内包装和外包装。单元包装，就是将制品，按其大小、可拆卸状况、可运输情况，大至飞机、坦克、汽车，中至飞机部件如机翼、机身，小至螺丝刀，需要按照实际情况进行单元包装，目的是确保整机性能的情况下，能顺利地运输、储存（例如三个月～半年才可能送达）、送往用户。内包装，就是制品的内层包装，以避免水分、潮气、光、热、机械冲击等对制品的损伤；外包装，就是制品的外部包装，例如袋子、罐、箱等，以防止冲击损伤、进行标记、适当装潢等，便于储运、管理和经销。根据产品的特点和用户的要求，内、外包装材料必须认真安排。

6.4.1 包装纸、膜

包装纸、膜用于对物品进行遮盖包装，也称屏蔽材料。它包括两种类型。

（1）起隔离作用的包装纸、膜，它必须具有耐油、耐水和防潮功能，它的作用：①对涂有防锈油的物品表面，包装纸、膜起保护防锈油膜的作用；②对涂有防锈油的物品表面实施包装，以避免油膜污染制件的其他部分。

（2）起缓冲包裹作用的包装纸、膜，将物品中有突出部分或尖锐部分实施包裹作为缓冲，以免物品被损或刺伤包裹层。有些纸膜如气相防锈纸膜，本身具有防锈特性，直接包裹物品做防锈用。注意，因为是直接与物品接触，所以，这些纸、膜对金属应该没有腐蚀性。

常用包装纸、膜可参见表 6-3。

表 6-3 常用包装纸、膜

序号	名 称	性能与用途
1	中性原纸	金属制品内包装纸，又可作为加工各种防锈纸的原纸，要求对金属无腐蚀性，不含酸、碱和氯离子
2	石蜡纸	用无腐蚀性的石蜡涂敷中性原纸而成，耐油、耐水
3	电容器纸	质薄柔软、耐折、中性、无腐蚀性，适用于忌油的电器件、不油封的电镀件和制氧设备等作内包装
4	羊皮纸	是棉纤维制成的纸，致密、耐油、耐水，适用于含非金属的组合件的内包装
5	苯甲酸钠纸	中性原纸一面涂敷苯甲酸钠水剂而成，另一面涂敷石蜡，前者朝内对钢铜件防锈，石蜡面朝外，防水作用
6	气相防锈纸、膜	是含有气相缓蚀剂的包装纸、膜，适用于直接包装金属制品
7	塑料薄膜	包括各种塑料薄膜，具有韧性、耐油、耐酸、耐碱、耐火、可热封的特点，透湿度与厚度有关，主要用于内包装，最常用的是聚乙烯和聚氯乙烯薄膜
8	防湿玻璃纸	在玻璃纸上涂敷防湿膜，做防湿用，防湿性能一般，透气性小，耐油、易燃，作内包装
9	塑料复合纸	是塑料膜与防锈纸复合制成的，具有防锈纸的防锈性和塑料薄膜的防水、防潮性，可作内包装
10	铝箔	耐油、防水、防湿、耐紫外线，但不耐折、强度不大，作内包装
11	铝塑薄膜	塑料膜和铝箔复合而成，兼具铝箔和塑料膜的优点
12	铝塑薄膜纸、铝塑薄膜布	由塑料膜、铝箔和纸或布复合而成，兼具三层的优点，耐油、防水、防湿、耐紫外线，但不耐折、强度高，容易粘封。多用于作封套材料，作干燥空气封存用
13	浸胶纸	由两层白细布用丁基橡胶黏合而成，具有强度高、弹性和低温柔性韧好、吸水性好等特点，如果胶液中加入铝粉，可增加抗紫外线的能力

续表

序号	名　称	性能与用途
14	增强纸	将中性原纸作成皱纹纸提高强度,也可在塑料复合纸中加入纤维或丝绳增强,可作内、外包装用
15	沥青纸	用沥青将两层牛皮纸黏合而成。防水性强。主要用于外包装

6.4.2　包装容器

　　包装容器除了防水、防湿、防雨、防腐蚀等基本要求外,要根据所包装的内容,进行认真的、符合实际的设计和制造,尽可能地回避华而不实的结构设计,具体可参阅表 6-4。

表 6-4　包装容器类型

序号	名　称	性能与用途
1	纸板盒	用于小件产品的包装,纸板含水量小于 8% 以下,为了防水,可在纸箱外表面涂敷无腐蚀性的石蜡。注意:纸盒强度要与箱内容物的重量相适应。可作内、外包装用
2	瓦楞纸板盒或箱	有一定缓冲减震性,可作重量不很大的物品的内或外包装
3	木盒	木材含水量要求在 15% 以下,木盒内衬垫绒布、丝绒或泡沫塑料,外部涂硝基清漆,多用以包装量具、块规、标准硬度块等,内包装
4	塑料容器	聚苯乙烯、聚乙烯、酚醛树脂、尼龙等材料热压制成的各种容器,例如,管、罐、盒等,具有一定强度,抗湿性好。可作内、外包装用
5	金属容器	用薄金属板制成的容器,例如马口铁罐头盒、铝盒等,具有强度高、防潮防水好、可按制品形状任意设计的特点,可作长期封存包装用
6	封套	用各种纸、膜做成的可密封的袋子,用于防水或防湿包装
7	木箱	用于各种类型产品的外包装,以松木为主,其他以桦木、杨木为辅,一般不用能挥发出甲酸、乙酸或其他有机酸等有腐蚀性气氛的木材,注意:①大型包装木箱应有枕木固定设备,应有滑木,以便搬运;②外包装木箱应有防雨结构,一般用沥青纸作内衬

6.4.3　衬垫材料

　　为了避免储运过程中所有可能出现的震动、冲击、碰撞等所可能带来的对包装内物品的损伤,造成不必要的损失,包装内的物品要作衬垫和填充缓冲材料,物品的突出或尖角要进行包裹，易脆部分要另加保护措施。

缓冲材料的填充应该具有分散外来力、吸收震动、减少碰撞影响、避免摩擦、尤其保护易脆和精密物品的作用。衬垫材料类型见表6-5。

表6-5 衬垫材料类型

序号	名　称	性能与用途
1	绒布、丝绒	可作包装精密工、量具的盒子中的衬垫
2	羊毛毡	包装大件仪器时作为防震衬垫
3	泡沫塑料	可按物品形状做成模子衬垫物品，质量轻、防震效果好，目前使用的有聚苯乙烯、聚氨酯或过氯乙烯泡沫塑料
4	海绵橡胶	作为衬垫材料，弹性很好
5	充气塑料膜袋	塑料薄膜做的袋子，内部充气，作衬垫用
6	丝材、碎片	木丝、纸丝、碎海绵塑料片等，作为缓冲材料
7	各种纤维	各种动植物纤维、合成纤维以弹性材料黏合成型，作为衬垫，富有弹性，可消震

6.4.4 黏胶材料

各种纸板箱盒，不能热封的纸、膜做成的袋子，封套、塑料容器等的封缄，标签、标记的粘贴等都需要黏胶材料，包括黏胶剂、黏胶带（多为压敏黏胶剂及其制成的黏胶带）。

值得注意的是，不要使用过期的黏胶剂，否则，可能造成封口不严，不能达到防水、防湿的作用；引起标签变色或字迹不清；甚至变质的黏胶剂渗入包装内污染腐蚀物品。

6.4.5 干燥剂

干燥剂必须满足下列要求：

（1）具有较高的吸潮能力，以便包装容器内使用的干燥剂数量不致太多；

（2）最好具有较大的表面积，易于吸潮，又不易破碎、粉化；

（3）在吸潮过程中不会产生腐蚀性物质或引发温度显著升高；

（4）在所处的温度范围内，吸潮能力不会发生大的变化，更不能温度升高吐出潮气；

（5）本身无腐蚀性、不产生有害气体、吸潮过程中不污染物品；

（6）便于回收、重复使用。

目前较为广泛使用的干燥剂可见表6-6。

表 6-6 干燥剂的种类和特点

序号	名 称	性能与用途
1	硅胶	又称防潮砂,是一种硅凝胶($SiO_2 \cdot xH_2O$),坚硬多孔,表面有许多羟基,亲水性强,因此对水有很好的吸附能力。可分为粗孔型、细孔型和混合型。硅胶的吸潮是一个物理过程,在一定的相对湿度下只能吸附一定量的水蒸气;而在加热时($150\sim170℃$)又能将吸附的水排放出来;进入包装容器前,干燥好的硅胶尽可能短地在包装容器外停留
2	铝凝胶	又称活性氧化铝,是一种良好的干燥剂,表面为白色的不规则颗粒,有 $1\sim4mm$、$3\sim7mm$、$6\sim10mm$ 三种规格,结构疏松、多孔,具有较大的比表面积($240\sim280m^2/g$),吸水后不膨胀、不粉碎。具有强烈的吸水性,吸水含量在 20℃、湿度 90% 时达到 14% 以上,在 $180\sim320℃$ 烘干 4h 可再生,重复使用
3	分子筛	是一种人工合成的泡沸石(硅铝酸盐),在其结构中密布着网络状连续细孔,表面积很大($1000m^2/g$),常用的有 4A 型(铝硅酸钠)、5A(铝硅酸钙),分子筛具有选择吸附性,对于极性强的、不饱和性大的分子有优先吸附能力,尤其对水有极强的吸附能力,是一种高效能的干燥剂,它还可作脱氧剂、气体及液体分离和提纯剂、离子交换剂、水软化剂以及气相色谱用吸附剂
4	湿度指示剂	用来显示封存包装容器内的相对湿度是否超标,以便在不开封的情况下判断是否需要更换干燥剂。目前使用变色硅胶判断,它是利用氯化钴在干燥时为蓝色、吸湿后为粉红色的变化而设计的:将氯化钴溶液浸在硅胶上作成硅胶指示剂,RH 为 25% 时开始变色,38% 时全部变为粉红色。也可加热烘干再生;用定性滤纸浸以不同含量的氯化钴溶液后烘干而成,以所浸浓度不同,变成粉红色的相对湿度也不同

6.4.6 常用干燥剂——硅胶的用量计算

由于硅胶作为干燥剂使用时间长、价格便宜,获得了最为广泛的使用。干燥剂的使用量与已包装物品的表面积、已包装物品搁置的温度和湿度、搁置的期间、使用防湿隔断材料的透湿度以及所使用缓冲材料的种类和数量有关,按下式计算:

$$W = K_1 ARM + K_2 D$$

式中　W——使用干燥剂的质量,kg;

A——防湿隔断材料的湿气透过面积,m^2;

R——防湿隔断材料的透湿度,$g/(m^2 \cdot 24h)$;

M——期间,月;

D——使用缓冲材料的质量,kg;

K_1——温湿度相关系数(可查表);

K_2——缓冲材料种类的相关系数(可查表)。

（1）一般干燥剂的简单计算　选择用量按式（6-1）进行

$$W=\frac{1}{2K}V \tag{6-1}$$

当采用细孔硅胶时，按下述公式进行计算。

（2）使用机械方法密封的金属罐容器

$$W=20+V+0.5D \tag{6-2}$$

（3）使用铝塑复合薄膜制成的封装袋

$$W=100AY+0.5D \tag{6-3}$$

（4）使用聚乙烯等塑料薄膜制成的封装袋

$$W=300AR_1Y+0.5D \tag{6-4}$$

（5）密封胶带封口罐

$$W=300R_2Y+0.5D \tag{6-5}$$

上述式中，W 为干燥剂（硅胶等）用量，g；K 为干燥剂的吸湿率关系系数 $[K=\frac{K_b}{K_a}$，K_a 为细孔硅胶在温度 25℃、相对湿度 60％时的吸湿率，30％；K_b 为其他干燥剂（例如分子筛、氧化铝、活性黏土等）在同样温度、湿度条件时的吸湿率；采用细孔硅胶时，$K=1$]；V 为包装容器容积（取量值），dm^2；D 为包装容器内含湿材料的质量（包装纸、衬垫、缓冲材料等），g；A 为包装材料的总面积（取量值），m^2；R_1 为温度 40℃、相对湿度 90％条件下包装薄膜材料的水蒸气透过量，$g/(m^2 \cdot 24h)$；R_2 为温度 40℃、相对湿度 90％条件下密封胶带封口罐、塑料罐的水蒸气透过量，$g/(m^2 \cdot 24h)$；Y 为预定的储存时间，即下次更换干燥剂的时间，a。

（6）实际储存地点允许储存时间的计算　按 6.4.6 节公式（6-3）～式（6-5）计算的干燥剂用量所给出的储存时间，可按实际储存地点的温度和湿度查出储存时间的修正系数 k 值，以确定实际储存地点的储存时间。

其计算公式如下：

$$S=kY \tag{6-6}$$

式中　S——产品发往地点储存时间，a；

　　　Y——计算干燥剂用量时预定封存时间，a；

　　　k——储存时间修正系数。

【例】　某产品预定储存时间为 2 年，现发往北京地区储存，计算北京地区储存时间。

据查北京地区年平均温度为 12℃，年平均相对湿度为 59％，由图 6-1 得 k 值 5.8，计算得：

$$S=kY=5.8\times2=11.6a$$

计算结果表明：该产品可以在北京地区储存 11.6 年，即该产品的包装在北

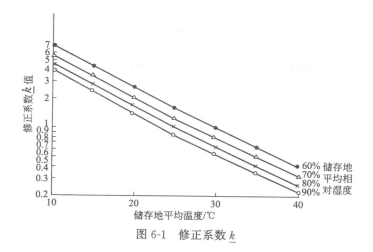

图 6-1　修正系数 k

京存放 11.6 年后才需要重新更换干燥剂。

（7）硅胶封存包装的工艺过程

① 检查封存容器或封套的质量，计算硅胶的用量，对硅胶和硅胶指示剂及含湿性包装材料进行干燥，制成硅胶袋，保存备用。

② 按产品专用技术条件和图纸要求，进行内部油封和局部包装，必要时，还包括外部油封和局部包装。

③ 采用薄膜材料包装时，应选用工业羊皮纸（对涂油部分）或电容器纸（对精密电器产品）或石蜡纸（不涂油部分），并将产品尖锐突出部位进行衬垫和包扎，必要时还用包装纸包装，以免损伤、磨损包装薄膜。

④ 在封存容器内按计算的量加入硅胶和硅胶指示剂，两者不能混装，硅胶指示剂安放于有透明窗口位置，以便于经常检查其变色情况、进行硅胶的烘干再生，以保证容器内部始终处于干燥状态。

⑤ 采用薄膜材料包装时，封口前应将袋内空气挤出，或抽气到薄膜轻贴在产品表面上为止，不能太过，否则会损伤薄膜。

⑥ 包装力求迅速连续进行，快速封口。

铝塑薄膜可热焊，其工艺参数如下。

温度：175～230℃；压力：大于 1.5kgf/cm^2（1kgf＝9.80665N，下同）；时间：10～15s；

焊缝种类和宽度：对焊为 0.5～3cm；搭焊为 3cm 以上；对搭焊为 0.5～3cm。

具体焊接形式示意图见图 6-2。

聚乙烯薄膜采用热焊或高频焊接时需衬垫聚氯乙烯薄膜或黄蜡绸。

⑦ 进行气密性检查，在工艺尚未稳定的情况下，100％进行检查，工艺稳定之后，定期抽查 3％～5％（但不能少于三个），若发现漏气，则重新 100％检查。

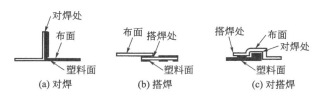

图 6-2 铝塑薄膜焊接形式示意图

⑧ 产品完成防锈包装,进入包装箱时,可用泡沫塑料和经过干燥的波纹纸作衬垫进行固定,不能松动。

⑨ 在封存容器外打上标志:产品名称、型号、件号、数量、封存期、封存日期和出厂日期等,产品有关的技术文件(合格证、说明书和履历本等)应放入包装箱内。

⑩ 按工艺进行封存的防锈包装成品经静置达到平衡(已封口存放至少七天),金属罐内部相对湿度不超过 20%;铝塑薄膜封套、聚乙烯薄膜封套、密封胶带封口罐和塑料罐等包装内部相对湿度不超过 35%;出厂时硅胶指示剂或指示纸应呈蓝色。

6.5 对包装环境的要求

以干燥空气封存为例,提出如下具体的包装环境要求。

(1)产品的包装应在干燥、清洁的房间内进行,房间内温度不应有剧烈变化。

(2)工作间严禁存放酸、碱等腐蚀性物质,也不允许腐蚀性气体进入包装间。

(3)地面不应有灰尘,禁止洒水和干扫。

(4)工作人员不允许赤手接触产品,以防手汗对金属的腐蚀。

(5)封存包装材料的选择和干燥

① 封存期为 3～5 年的长封产品,选用铝塑薄膜或罐式容器包装。

② 封存期为 2～3 年的长封产品,选用 0.2mm 或更厚的聚乙烯薄膜一层或两层包装。

③ 干燥空气封存应采用细空型硅胶作干燥剂,不采用低相对湿度下吸湿能力差的粗空型硅胶。

④ 烘干时间 硅胶在 150～170℃下烘烤 3～4h(硅胶层厚小于 30mm,定时搅拌);硅胶指示剂在 120℃±3℃下干燥 1.5～2h;纸类应在 70～80℃烘干 3～4h。

(6)烘干后的硅胶和纸类很容易吸潮,故烘干后应在烘箱(或有盖的金属容器内)冷却至 60～70℃后,立即转移到密闭容器内保存待用。

（7）硅胶应装在无纺布或内衬能吸水而强度较好的软纸的布制硅胶袋内，以防止硅胶碎末掉出；硅胶袋还不宜直接与产品接触，应采用石蜡纸（或电容器纸等）与产品隔开。

（8）包装时，动作迅速，防止它们再吸潮，硅胶封口前含水量应小于 4%，纸类小于 8%。

6.6　国内相关的内包装材料标准

在国标 GB 12339 中，作为内包装材料，具有耐油性、非耐油性、特种用途的内包装材料的第一项技术要求的接触腐蚀性都应不大于一级。但现行的国家标准、行业标准中都未列入这一指标。在纸质内包装材料中，虽然对水溶性抽水物 pH 值和氯化物量作了规定，也仅为间接指标，不如接触腐蚀试验直接。关于国内现有的内包装材料标准见表 6-7。

表 6-7　国内现有的内包装材料标准

名称、标准号	指 标 说 明	对应 GB 12339 种、级
包装用聚乙烯吹塑薄膜 GB/T 4456—2008	采用一般商品包装用，并无接触腐蚀要求，但多年使用情况尚好，应另制定机械产品包装用薄膜	属 1 种 C 级中 C_2
包装用聚氯乙烯薄膜 GB 3380	亦并非专用于机械产品的包装薄膜应另制定相关标准。聚氯乙烯薄膜柔软性好，可高频热合，虽然其耐透湿性不如聚乙烯薄膜,但透空气中氧气性相对低	属 1 种 C 级中 C_3
中性石蜡纸原纸 QB/T 2235—96	分为 $30g/m^2$、$35g/m^2$、$40g/m^2$、$60g/m^2$ 四种，水溶性氯化物含量不大于 $50mg/kg$，水抽出物 pH 为 7.0 ± 0.7	属 2 种 B 级中 b_2
中性石蜡纸 QB/T 2236—1996（2009）	分为 $40g/m^2$、$52g/m^2$、$60g/m^2$、$85g/m^2$ 四种，水溶性氯化物含量不大于 $50mg/kg$，水抽出物 pH 为 $6.0\sim8.0$	属 1 种 D 级中 d_2
条纹牛皮纸 QB/T 1706—2006	根据耐破指数、撕裂指数分 A、B、C，其中 A 为最好。再分级从 $30g/m^2$ 至 $100g/m^2$，共九级	属 2 种 C 级中 C_3
工业羊毛纸 QB/T 1709—2006	分 $75g/m^2$、$60g/m^2$、$45g/m^2$ 即 A、B、C 三等，水抽提液 pH 为 7.0 ± 1.0，透油度不大于 4 个/$100cm^2$	属 2 种 C 级
防锈原纸 GB/T 22814—2008	根据抗张指数、耐破指数分为 A 等、B 等。A 等稍好。水抽提液 pH 为 $6.5\sim8.0$,水溶性氯化物、水溶性硫酸盐含量均不大于 $150mg/kg$	属 2 种 B 级

名称、标准号	指 标 说 明	对应 GB 12339 种、级
中性包装纸 QB 1313—2010	按质量分 B 等、C 等。水提取液 pH 值为 6.5～8.0,水溶性氯化物不大于 30mg/kg	属 2 种 B 级
特细羊毛纸 QB/T 1711—93	按质量分 A、B、C 等,水抽出物 pH 分别为 7.0±0.8、7.0±1.0、7.0±1.3	属 2 种 C 级
电器纸 GB/T 12913—2008	按质量分为 A、B、C 三等,按紧度分 Ⅰ 型、Ⅱ 型。水抽出物酸度不大于 0.0070%,水抽出物电导率不大于 3.0mS/m(A 级),不大于 4.0mS/m(B、C 级),水抽出物氯含量按 GB 2678.2 不大于 50mg/kg	属 2 种 A 级
精制铝箔 GB 10570—89	分为压花铝箔、贴合铝箔(包括纸铝箔和塑铝箔)、印刷铝箔、涂层铝箔、复合铝箔	
普通用途双向拉伸聚丙烯(BOPP)薄膜 GB/T 10003—2008	分为平膜法、管膜法双向拉伸两种,用于普通包装。透湿率不大于 2g/(m² · 24h · 0.1mm)	对应 JIS K 6782
包装用塑料复合膜、袋干法复合、挤出复合 GB/T 10004—2008	分为 A 类:PA/CPP、PET/CPP;B 类:PA/AL/CPP、PET/AL/CPP;C 类:PET/PA/AL/CPP、PET/AL/PA/CPP、聚酯 PET、聚丙烯 CPP、铝箔 AL、尼龙 PA 用于普通包装用,包括用于食品及日化产品	对应 JIS Z 1707

参 考 文 献

[1] 张康夫等主编. 机电产品防锈、包装手册. 北京:航空工业出版社,1990.

[2] 肖开学编. 滚动轴承防锈. 北京:机械工业出版社,1985.

[3] 防锈工作手册编写组. 防锈工作手册:增订本. 北京:机械工业出版社,1975.

[4] 曾兆民编著. 实用金属防锈. 北京:新时代出版社,1989.

[5] GB/T 4879—2016 防锈包装.

[6] GB/T 5048—2017 防潮包装.

[7] GJB 145A—1993（G1）防护包装规范修改单 1-99.

附　录

附录一　防锈领域名词术语（GB 11327—89）

一、一般术语

1.锈：钢铁在大气中因腐蚀而产生的以铁的氢氧化物和氧化物为主的腐蚀产物。

2.暂时性防锈（简称防锈）：防止金属制品在储运过程中锈蚀的技术或措施。

3.暂时性防锈材料：为防止金属制品在储运过程中锈蚀而使用的对金属起防锈作用的材料。在制品投入使用时，此种材料是需要去除的。

4.工序间防锈：金属制品在制造过程，包括加工、运送、检查、保管、装配等过程的防锈。

5.中间库防锈：金属制品在加工过程中，在制品储存时的防锈。

6.油封防锈：涂防锈油脂对金属制品防锈。

7.封存包装（防锈包装）：应用适当保护方法，防止包装品锈蚀损坏，包括使用适当的防锈材料，包覆、裸包材料，衬垫材料，内容器，完整统一的标记等，只是不包括运输用外部容器。

8.防锈材料的适用期：防锈材料在一定储存条件下，保持其有效防锈能力的期限。

9.防锈期：在一定储运条件下，防锈包装或防锈材料对金属制品有效防锈的保证期。

10.封存期：在一定储运条件下，防锈包装件的有效防锈的保证期。

11.人工海洋：在实验室配制的、与海水具有相似作用的盐水，用于模拟天然海水腐蚀的试验。

12.人工汗液：在实验室配制的、与人汗成分近似的液体。用于模拟人汗腐蚀的试验。

13.油斑腐蚀：金属表面的油层，受光、热和潮湿的作用劣变而对金属表面产生的腐蚀。通风或日光照射条件下，在金属表面常呈光滑花纹状腐蚀，称为干性油斑腐蚀。潮湿大气中常呈光滑彩虹状腐蚀，称为湿性油斑腐蚀。

14.防锈剂的载体：用作防锈剂的附着体的基材，如防锈原纸、塑料薄膜、矿油等。

15.缓蚀剂：防锈材料的防锈性能。

16.亲水表面：易被水湿润的表面，在防锈技术中系指金属用水系材料加工、清洗、防锈的金属表面。

17.憎水表面：不被水润湿的表面，在防锈技术中系指金属用油材料加工、清洗、防锈的表面，或被油脂污染的金属表面。

18.防锈油脂中的机械杂质：防锈油脂或添加剂中的固体微粒和不溶于溶剂中的物质。此物质会使机械润滑部位受阻或损伤。

19.气相防锈性：物质不直接涂覆于金属表面，而其挥发性气体对金属表面能起防锈作用的性能。

20.气相防锈材料的诱导期：在气相防锈材料防锈的密闭空间内，气相缓蚀剂开始挥发至起防锈作用所需的时间。

21.启封：开启封存包装，使金属制品投入使用，包括拆去包装器材、去除防锈材料等。

二、防锈用材料

1.防锈用缓蚀剂（防锈剂、缓蚀剂）：在基本材料中添加少量即能减缓或抑制金属腐蚀的添加剂。

2.防锈材料中的添加剂：在防锈材料中少量添加以获得所需要的性能或技术指标的物质。

3.油溶性缓蚀剂：能溶于油的防锈缓蚀剂。

4.水溶性缓蚀剂：能溶于水的防锈缓蚀剂。

5.气相缓蚀剂（气相防锈剂、挥发性缓蚀剂）：在常温下具有挥发性，且挥发出的气体能抑制或减缓金属大气腐蚀的物质。

6.防锈材料：用于防锈的材料，常常是使用某种载体加有防锈作用的缓蚀剂制成，有时直接使用缓蚀剂。

7.防锈水：具有防锈作用的水液。

8.防锈油：用于金属制品防锈或封存的油品。

9.防锈脂：以矿物脂为基本的防锈油料。

10.热涂型防锈脂：以矿物脂为基本的防锈油料，需加热使用。

11.溶剂稀释型防锈油：用溶剂稀释以便于涂覆的防锈油料。

12.乳化型防锈油：用于防锈的水乳化液。

13.置换型防锈油：防止因手汗而使金属防锈的油料。

14. 脱水防锈油：能置换脱除金属表面的水的防锈油。

15. 硬膜防锈油：涂覆在金属表面后形成硬膜的防锈油料。

16. 软膜防锈油：涂覆在金属表面后形成软膜的防锈油料。

17. 油膜防锈油：涂覆在金属表面后形成油膜的防锈油料。

18. 防锈润滑油：具有防锈性的润滑油。

19. 防锈润滑脂：具有防锈性的润滑脂。

20. 防锈切削液：具有防锈性的切削液体。

21. 防锈切削乳化液：具有防锈性的乳化切削液。

22. 防锈切削水：具用防锈性的切削水溶液。

23. 防锈切削油：具用防锈性的切削油。

24. 防锈极压乳化液：具有防锈性的极压乳化液。

25. 防锈极压切削液：具有防锈性的极压切削液。

26. 可剥性塑料：在金属制品表面涂覆形成的塑料膜，具有防锈及防机械损伤的性能，启封时简易，剥下即可。

27. 热溶型可剥性塑料：需热溶、热浸涂覆的可剥性塑料。

28. 溶剂型可剥性塑料：含溶剂的可剥性塑料，冷涂后待溶剂挥发即成膜。

29. 气相防锈材料：具有气相防锈性能的防锈材料。

30. 气相防锈粉剂：粉状的气相防锈材料，常常即是气相缓蚀剂本身。

31. 气相防锈片剂：以气相缓蚀剂为主的配料压制成片状的一种气相防锈材料。

32. 气相防锈水剂：具有气相防锈性的水溶液。

33. 气相防锈油：具有气相防锈性的防锈油。

34. 气相防锈纸：含浸或涂覆气相缓蚀剂的纸。

35. 气相防锈透明膜：含有气相缓蚀剂的塑料薄膜，透明，并可热焊封。

36. 气相防锈压敏胶带：具有气相防锈性的压敏胶带。

37. 气相防锈干燥剂：吸附了气相防锈剂的干燥剂。

38. 防锈包装用包装材料：金属制品防锈包装用的各种材料，包括黏胶剂、袋子、容器、封套、屏蔽材料、裸包材料、衬垫材料、干燥剂、湿度指示剂等。

39. 防锈包装用屏蔽材料：防锈包装中用于裸包、屏蔽的材料。

40. 防锈原纸：无腐蚀的牛皮纸，用于包装或用以制作防锈纸。

41. 中性蜡纸：无腐蚀性的，一面涂有蜡以防水的纸。

42. 苯甲酸钠纸：含浸或涂有苯甲酸钠的防锈纸

43. 防锈包装用复合薄膜：数种屏蔽材料叠合的纸膜。如聚乙烯薄膜纸、铝塑薄膜等。

44. 防锈包装用缓冲材料：防锈包装时用于衬垫以防震的材料。

45. 防锈包装用干燥剂：防锈包装中用以吸潮的物质。

46.防锈包装用胶黏剂：防锈包装中用于胶黏封口或粘贴标记的物质。

47.变色硅胶：干燥时与吸湿后显示不同颜色的硅胶。

48.湿度指示剂：安放在包装空间内指示临界湿度的物质。

49.湿度指示卡：安放在包装空间内指示临界湿度的卡片。

三、防锈处理

1.清洗：除去金属制品表面污染，包括油脂、机械杂质、锈、氧化皮等的过程。是防锈处理的第一道工序。

2.涂抹：用手工涂敷防锈油脂。

3.浸涂防锈：制品在防锈油或防锈液中浸入后取出。

4.浸泡防锈：制品浸泡在防锈油或防锈水中以防锈。

5.热涂防锈：在加热熔融的防锈脂中进行浸涂。

6.冷涂防锈：将制品在室温下直接浸涂防锈油或防锈液。

7.喷涂防锈：将具有流动性的防锈材料喷涂到金属制品需防锈的面上。

8.喷淋防锈：将防锈水喷淋到金属制品上以防锈，一般用于大量工件中间库防锈。

9.内包装：直接或间接接触产品的内层包装，在流通过程中主要起保护产品、方便使用、促进销售的作用。

10.外包装：产品的外包装，在流通过程中主要起保护产品、方便运输的作用。

11.单元包装：将若干个产品包装在一起，作为一个销售单元的包装。

12.茧式包装：在整台产品周围作网喷塑料似茧以封存防锈。

13.泡状包装：用透明膜作成与物品相似的坚固泡状膜，边缘作成法兰，封入物品后，将法兰固紧在底板上。

14.贴体包装：包装的透明膜紧贴在物品周围，通过抽真空，将膜似皮肤一样紧贴在制品表面，形成保护层。

15.防水包装：使用防水材料制作的袋子、封套或容器包装制品，然后封口。金属制品需要时使用防锈材料防锈。

16.防湿包装：使用防湿材料制作的袋子、封套或容器包装制品，然后封口。包装内一般使用计算数量的干燥剂，以保持包装内有低的相对湿度。

17.环境封存：除去包装空间内致锈的因素，以保证金属制品不锈蚀。

18.干燥空气封存：用降低包装空间内相对湿度的方法，以保护金属制品。

19.充氮封存：用干燥纯净的氮气充于包装空间内，以保护金属制品。

20.收缩包装：物品用透明膜包裹，通过加热使膜收缩而紧贴于物品上的包装。

四、试验方法

1. 防锈性能试验：评价防锈材料防锈性能的试验。

2. 人汗防止性试验：考察置换型防锈油涂覆金属制品上后，能抑制因裸手持取制品而致锈蚀的能力的试验。

3. 人汗置换性试验：考察置换型防锈油置换金属制品上手汗因而防止手汗锈蚀的性能的试验。

4. 人汗洗净性试验：考察置换型防锈油对金属制品上所粘手汗的清洗能力的试验。

5. 防锈材料的湿热试验：在实验室用加速方法评价防锈材料在湿热条件下防锈性的试验。

6. 防锈材料的盐雾试验：在实验室用喷盐水的方法模拟海洋环境评价防锈材料防锈性能的试验。

7. 防锈材料的老化试验：在实验室用人工光源及淋水模拟日晒雨淋，强化气候老化作用，以评价防锈材料防锈及耐候性能的试验。

8. 防锈材料的百叶箱试验：防锈试样或防锈包装试样在百叶箱中较长时间放置，以评价其耐锈蚀破坏性能的试验。

9. 防锈材料的现场暴露试验：防锈试样置于使用现场，以评价防锈材料在使用条件下耐锈蚀破坏性能的试验。

10. 防锈材料的室外暴露试验：防锈试样置于一定条件的大气暴露站暴露，以评价防锈材料的耐锈蚀破坏性能的试验。一般只用于防锈性很强的材料。

11. 加速凝露试验：使防锈试样与环境温度保持较大温差，试样表面凝露加强，而使腐蚀加速进行的湿热试验。

12. 防锈材料的间浸式试验：将试样在腐蚀溶液中浸渍，经规定的时间后，取出晾干，反复进行到规定的周期，考察试样腐蚀、生锈、变化等情况的试验。

13. 防锈材料的盐水浸渍试验：防锈试样浸泡在氯化钠溶液中，考察防锈膜层抗盐水腐蚀能力的试验。

14. 静力水滴试验：检测防锈油品抗静力水滴腐蚀性的试验，常用于油溶性缓蚀剂的筛选。

15. 水置换性试验：考察防锈油料置换金属表面上附着水分，以防止锈蚀的试验。

16. 防锈脂的低温附着性试验：考察防锈脂在低温时在金属表面附着性能的试验。

17. 防锈脂的流失性试验：考察防锈脂在立面上涂覆时，在高温下是否流失的试验。

18. 防锈材料的腐蚀性试验：考察防锈材料对金属材料侵蚀性的试验。

19.气相防锈能力试验：考察气相防锈材料的气相防锈效果的试验。

20.气相防锈材料与有色金属的适应性试验：考察气相防锈材料对有色金属适应性的试验。

21.气相防锈材料与包装材料的适应性试验：考察气相防锈材料与包装材料（一般指塑料膜）的适应性的试验。

22.防锈材料的筛选试验：从大量的防锈材料中粗选较好的材料所使用的简单的试验。

23.热焊封试验：对于可热焊封的包装材料，热焊封后检验在一定负荷下焊缝是否分离的试验。

24.防锈材料的储存稳定性试验：防锈材料在规定的条件下储存后，考察其质量性能变化的试验。

25.防锈油脂的氧化安定性试验：防锈油脂试样在规定氧气压力和温度的氧弹中氧化，在规定的时间间隔，评定其氧化后稳定性的试验。

26.防锈油脂的叠片腐蚀试验：考察涂有防锈油脂的试片重叠面的防护性能的试验。

27.防锈试验中的锈蚀评级：对于防锈试验中试验样品锈蚀情况的评价分级。

28.漏泄试验：考察防锈包装件密封性的试验。

29.防锈包装件的循环暴露试验：考察防锈包装件经过热、冷、水淋等周期循环暴露试验后，其中的制品是否受保护、不腐蚀的试验。

附录二 防锈油品的主要试验方法

附表 防锈油品的主要试验方法

试验方法名称	试验目的	试验方法概要	判定标准
（1）湿热试验 GB/T 2361—1992	评定油溶性缓蚀剂、防锈油脂在高温高湿下，对金属的防护能力	将涂油的试片挂在潮湿箱内旋转的支架上，支架以 1/3r/min 的速度旋转，箱内底部保持一定高度的蒸馏水层，蒸馏水的 pH 值在 5.5～7.5 范围，往水中以每小时 3 倍试验箱体积的速度通入空气，通入的空气应经过过滤器，以除去污物及油脂，再经过箱部水深为 200mm 的水层进入暴露区。暴露区的温度为(49±1)℃，相对湿度为 95%以上，试片悬挂间隔为 30～35mm，环境温度 20℃以上，每天连续运转 8h，停止 16h 算一周期	在规定的试验周期后，检查试片有效面积内颜色变化及锈点的数量和大小

试验方法名称	试验目的	试验方法概要	判定标准
（2）盐雾试验 SY 2757—76S	评定在盐雾存在情况下油溶性缓蚀剂和防锈油脂对金属的防护性能	暴露区温度（35±2）℃,相对湿度＞95％,盐雾沉降量为在 80cm² 面积上连续喷雾 8h 的平均收集量为 0.5～3.0mL/h。盐水浓度（质量分数）5％～6％,pH 值 6.5～7.2。相对密度（33～35℃）为 1.0268～1.0413。盐雾不得直接喷射至试片表面上,以连续喷雾 8h,停止 16h 算一周期	在规定的试验周期后,检查试片有效面积内颜色变化及锈点的数量和大小
（3）腐蚀试验 SY 2752—74	评定在规定温度、时间下,防锈油脂及添加剂对金属的腐蚀性能	试油 300mL,称重后的试片按紫铜、黄铜、镉、锌、镁、铝、钢顺序挂在试片架上,各试片相互不得接触,试片浸在油脂中,油脂要高出试片顶部 10mm。油类试验温度为（55±1）℃,脂类温度为（80±1）℃,以连续加温 24h 为一周期	在规定的试验周期后,检查试片有效面积内颜色变化及锈点的数量和大小
（4）汗液洗净性试验 SY 2758—76S	评定置换型防锈油对人汗的洗净性能	按规定的方法在试片上印上人工汗印,然后在油中摆洗 2min,取出沥干 15min,再置于（25±5）℃ 的静态潮湿槽中,放置 24h	检查汗印处腐蚀情况,并在同样条件下在沸腾甲醇中及在橡胶溶剂油中清洗 2min,分别为洗净性 100％ 与洗净性为零的作为对比
（5）汗液防止性试验 SY 2753—74	评定置换型防锈油涂在试片上防止人汗引起金属腐蚀的性能	试片在（25±5）℃下,浸入置换型防锈油中 1min,然后吊挂沥干 30min,在平放条件下,按规定方法打上汗印,在空气中放置 16h 后,再在（25±5）℃ 的潮湿槽中放置 24h	检查汗印处腐蚀情况并以 10 号机械油为空白试验,即印汗处应明显腐蚀
（6）汗液置换性试验 SY 2754—74	评定置换型防锈油对已印有汗印试片的人汗置换性能	试片在按规定印上汗印后,再在印汗处滴上 1～2 滴试油,以使油完全覆盖印汗面,在（25±5）℃下,放置 16h 后,再在（25±5）℃的潮湿槽中放置 24h	检查汗印处腐蚀情况并以 10 号机油作空白对比,即 10 号机油的汗印处应当明显地腐蚀
（7）防锈油脂重叠试验 SY 1575—77S(附录Ⅲ)	评定防锈油脂具有抗金属在重叠过程中由于油膜不均匀引起金属腐蚀的能力	按规定方法将涂油的试片五块重叠在一起,放在湿热箱中进行［温度(49±1)℃,相对湿度＞35％］,加温 8h,停 16h 算一周期,进行七个周期某一金属的重叠性,即用同样一种金属五块	检查重叠面颜色变化及锈蚀情况,若仅一个重叠面有锈,应重做

试验方法名称	试验目的	试验方法概要	判定标准
(8)盐水浸渍试验 FS 307—64	评定防锈油在盐水全浸条件下对金属的防护性能	将试片在(25±1)℃的试油中,摆动 1min,然后以 100mm/min 的速度从油中取出,室温下淌油 2h,再浸入 25℃的人工海水中	检查有效面积表面颜色及锈蚀情况
(9)酸中和试验 GB/T 4879—2016 B2.6	评定防锈油对酸的中和性能,用于内燃机防锈油的评定	将试片浸入(0.1±0.001)% HBr 溶液中不超过 1s,立即在试油中浸 1s,在 25℃下,60min 内,在试油中浸 12 次,然后取出,在室温下放置 4h 后评定,用钢片做试样	按 SY 2751—77S 在 1 级以上者为不合格
(10)静水滴试验	评定在水滴作用下,油溶性缓蚀剂与防锈油的防护性能,也适用于评定其他非水介质同在上述条件下的防护性能	以高为 41.3mm 的正三角形钢试片,中间压有一深度为 2.8mm、R 为 19mm 的凹坑,并将三只角弯曲,使之与三角平面垂直,方向朝坑底,将上述试片放在 100mL 烧杯中,并盛有 20mL 试油,放 60℃烘箱 1h,然后向坑内滴入 0.2mL 的蒸馏水或其他腐蚀介质,在 60℃条件下试验	以上水滴与试片接触处的腐蚀面积计算:总面积以 10 计,50% 锈蚀为 5,5% 锈蚀为 1/2
(11)水膜置换性试验 GB/T 4879—2016 B2.2	评定缓蚀剂及防锈油对水的置换能力	将用氧化镁彻底除油的试片用水冲去氧化镁,在室温浸入蒸馏水中 5s 取出,再立即浸在含 10%水的试油中 2min,然后放在(25±5)℃的潮湿槽中 1h。以钢为试片	无锈蚀斑点为合格
(12)钢球发锈试验 FS 326—64	评定在有水的试油中油的防护能力	将钢球装入试瓶中,瓶中加试油及水,温度为(60±1)℃	钢球表面应无黑斑、黄锈为合格
(13)百叶箱试验 FS 306—64	评定防锈油脂在不经日晒、雨淋条件下的防护性能	将涂油脂的试片放在百叶箱中	检查试片有效面积内变色和锈蚀情况
(14)室外暴露试验	评定防锈油脂在直接受雨淋、风吹、日晒条件下的防护能力	将涂油的试片放在室外暴晒架上,试验面面向正南,且与水平成 45°角	检查试片有效面积内变色和锈蚀情况
(15)人工风化试验(人工气候试验)	模拟自然条件加速测定防锈油脂的耐气候耐老化性能	将涂油脂的试片放在人工气候箱内	检查试片有效面积内变色和锈蚀情况

续表

试验方法名称	试验目的	试验方法概要	判定标准
(16)二氧化硫加速腐蚀试验	模仿工业大气,评定防锈油脂的防护性能	密闭容器下部盛有水,温度48℃,上部装有冷却设备,使温度为36℃,试片悬于容器上部,水槽中定期每日两次加入亚硫酸溶液,使槽内 SO₂ 浓度在 0.005%～0.025%	检查试片有效面积内变色和锈蚀情况
(17)快速冷凝试验	模仿在水不断凝缩下防锈油脂的防护性能	在加速凝缩箱中进行,暴露区温度(49±1)℃,循环冷却水温度(30±1)℃,循环量 221mL/min,空气通入量为每小时三倍箱中体积,将50mm×50mm×3mm 的方形试片贴放在试片架上	检查试片有效面积内变色和锈蚀情况
(18)储存安定性 FS 323—65	评定防锈油经过一定条件的储存或运输以后,各种性能的安定性	用体积约能盛 2.5kg 防锈油的可密闭镀锡金属容器盛满试油,按规定进行密闭。存放在不受阳光作用及远离热源的地方 6 个月后,取样进行人汗洗净、人汗置换及防锈性试验	各种性能应完全合格
(19)防锈性试验 FS 320—65	评定试油的防锈性能	试片在(25±1)℃的试油中摆动1min,涂油,室温吊置 16h 使油滴去。按 FS 303—65 进行湿热试验 168h	三块试片中至少一块无锈,其余两块不超过"痕迹腐蚀"为合格
(20)抗氧化腐蚀 FS 225—65	评定特殊防锈油的抗氧化性能	在一定温度下通过定量的空气氧化后测定防锈油的黏度、酸值变化与金属的失重情况	20 倍放大镜观察是否有腐蚀。测失重、黏度及酸值
(21)油膜滑落试验 SY 1575—77S 附表 1	观察防锈油脂受热后油膜是否滑落	按规定方法将试片涂油,油膜厚为 0.04mm。把涂好油膜的试片移入烘箱垂直吊挂,试片下部铺张无油迹的白纸。55℃恒温 4h	油膜无开裂或析油现象。试片下面铺的纸上无油迹
(22)磨削物测定方法 SY 1575—77S 附录 2	观察防锈油脂是否有磨削物	称取试油 10mL(取样 5g)放入100mL 有塞容量筒,加入四氯化碳至 100mL,待油全部溶解后移入离心管中。以速度为 1500～3000r/min 离心 15～20min,取沉淀 2～3 滴,滴于干净 45 号钢片上,并将铜片平放在钢片的液滴上,用试片牵引机牵引黄铜片,在钢片上匀速移动 50mm。另取离心后的煤油作空白对比	铜片划痕不多于两道为无磨削物存在

试验方法名称	试验目的	试验方法概要	判定标准
（23）耐寒性试验 SY 1575—77S 附表 3	评定油膜的耐寒性能	试片按规定涂油，油膜厚 0.04mm，将悬挂试片及划痕器于（−40±2）℃保持 1h，取出立即用划痕器按刀口与试片表面成 45°角，以平均 52mm/s 速度在油膜上划痕 25mm 长，然后与此划痕成垂直方向划痕 25mm 长，形成方格划痕	划痕两侧出现碎裂为不合格
（24）油基稳定性	观察油脂经高低温交替处理后的稳定性	将约 15g 试油在 80℃溶化倒入试管中，在 105～110℃恒温 1.5h，前半小时观察是否起泡。在室温 20～25℃静置 1h，在 −38～−40℃下冷却 1h，再在 105～110℃加热 1h，冷却至室温观察	不得有起泡与离析现象
（25）透平油腐蚀试验即 D655 SY 2674—66	评定在水、油混合时，油的防护能力，用于透平油、液压油防护性评定	将试油与水以 10∶1 混合，再将转动轴即试棒轴在其中以（1000±50）r/min 转动，温度 60℃，时间 48h。腐蚀介质也可以是人工海水或 0.1mol/L HCl	试棒上用肉眼看到锈蚀即为不合格
（26）喷雾性试验方法 GB/T 4879—2016B2.1	观察涂层的连续性	在喷枪中装 1/2～1/3 试品，在（5±1）℃保持 24h，将喷雾阀门调至最大，把喷好的烧杯放在喷轮口前，以 2.4kgf/cm² 的压力喷雾，称重，计算出每秒喷出的试油（g）。将清洁玻璃片放在喷枪口前 300mm 处，将上述试品喷涂在玻璃片上，喷涂后的玻璃片在（50±1）℃下干燥 24h	如每秒喷射量为 1.0g，且涂膜层是连续的，则认为该油在（5±1）℃以上的温度是能喷雾的
（27）油膜干燥性试验方法 GB/T 4879—2016 B2.3	评定油膜干燥后的牢固性	油膜在室温 [（25±5）℃] 下经 4h 干燥后，用手接触和持取	油膜不损坏为合格
（28）沉淀值测定法 GB/T 4879—2016 B2.4	观察油品中有无沉淀物	在两个分刻度为 0.1mL 的离心管中，量取试油 10mL（脂取样 5g）。加入四氯化碳至 100mL，用软木塞塞紧后摇匀。将离心管放入转速为 1500r/min 的离心机中旋转 15～20min，取出观察底部有无沉淀，记录沉淀物的体积	如沉淀物超过规定值时，则认为试油沉淀物不合格

续表

试验方法名称	试验目的	试验方法概要	判定标准
（29）橡胶膨胀试验方法 GB/T 4879—2016 B2.5	评定试油对橡胶的体积变化	将三块耐油橡胶片用无水乙醇洗净吸干，分别在空气中称量，然后在蒸馏水中称量，称后再用无水乙醇浸洗、吸干。将橡胶片分别放入带冷凝器的 $\phi30mm$ 的玻璃管中，每支加入 100mL 的试油。在 $(70\pm1)℃$ 恒温 168h，取出。试样用无水乙醇除油清洗两次，吸干，按下式计算： $$V=\frac{(W_2-W_4)-(W_1-W_3)}{W_1-W_3}\times100\%$$ 式中　V——橡胶试验后体积的变化，%； 　　　W_1——试验前橡胶在空气中重量，g； 　　　W_2——试验后橡胶在空气中重量，g； 　　　W_3——试验前橡胶在水中重量，g； 　　　W_4——试验后橡胶在水中重量，g	取三个试样的平均值为试验结果，结果应符合标准要求
（30）气相防锈能力试验方法 GB/T 4879—2016 B2.7	评定试油的气相防锈能力	在室温下称取试油 3g（Ⅱ类油 4g）于直径为 5～6.5cm 的表面皿中，并放入 $\phi9cm\times10cm$ 磨口标样瓶中，加 50mL 蒸馏水，盖紧瓶塞，摇匀，取钢片和黄铜片各三片，用不锈钢钩挂瓶中，试片下端离液面 10～20mm，放置 10～15min 后再移至恒温箱内，于 $(55\pm1)℃$ 下保持 8h，自然升温降温 16h 为 1 周期，连续 2 周期后，取出评级	钢片不超过 1 级为合格，黄铜片不大于 1 级为合格
（31）消耗后的气相防锈能力试验方法 GB/T 4879—2016 B2.8	评定试油消耗后的气相防锈能力	在内径 6.5cm 的培养皿中，称取 15g 试油，将称好的试油放入 $(100\pm1)℃$ 下自然暴露 6h 后，盖好培养皿盖，冷却至室温，然后称取 4g 暴露后的试油（Ⅱ类油称取 5g），按 B2.7 进行试验	按 B2.7 进行评定

附录三　相关标准

1. 美国军用标准 MIL-PRE-16173E 溶剂稀释型防腐蚀剂——低温应用
2. 美国军用标准 MIL-C-81309E 水置换防锈剂——超薄膜
3. 中石化集团公司行业标准 SH/T 0692—2000 防锈油
4. 国际标准化组织 ISO 6743/8—1987 润滑油、工业润滑油和有关产品（L类）的分类第八部分 R 组（暂时保护防腐蚀）
5. 国际标准化组织 ISO/DTR 12928—1996 润滑油、工业润滑油和有关产品（L 类）的分类第八部分 R 组（暂时保护防腐蚀）——产品规格制定导则
6. GB 7631.6—89 防腐蚀产品分类标准 等效 ISO 6743/8—1987
7. SH/T 0366—92 石油脂型防锈油
8. SH/T 0367—92 置换型防锈油
9. SH/T 0602—94 L-RA 水置换型防锈油
10. SH/T 0096—91 L-RA 脂型防锈油
11. 日本标准 JIS K2246—1994 防锈油
12. HB 5225—82 金属腐蚀与防护常用名词术语
13. HB 5226—82 金属材料与零件用水基清洗剂技术条件
14. HB 8227—82 金属材料与零件用水基清洗剂试验方法
15. HB 5256—82 金属材料与非有机覆盖层大气腐蚀试验方法
16. HB 5257—83 腐蚀试验结果的重量损失测定和腐蚀产物的清除
17. HB 5477—91 非金属与金属材料接触腐蚀快速试验方法
18. HB 5194—81 周期浸润腐蚀试验方法
19. GB/T 10455—89 包装用硅胶干燥剂
20. GB/T 12339—2008 防护用内包装材料
21. GJB 145A—1993（G1）防护包装规范修改单 1-99
22. GJB 756—89 铝塑布挤出复合材料
23. HB 5200—82 包装材料透湿率试验方法
24. HB 5205—82 铝塑布复合薄膜
25. HB 5206—82 包装材料对金属的接触腐蚀快速试验方法
26. HB/Z 65—81 飞机副油箱干燥空气封存工艺
27. HB/Z 67—81 航空轴承封存工艺
28. HB/Z 68—81 工序间防锈
29. HB 109—86 气相缓蚀材料应用说明书
30. JB/T 6071—92 气相防锈剂技术条件
31. MIL-I-23310 结晶状气相防锈剂

32. JIS Z 1519—1994 气相防锈剂

33. JIS Z 0320—1997 铜及铜合金气相缓蚀剂

34. GB/T 4955—1997 金属覆盖层厚度测量 阳极溶解库仑方法

35. GB/T 4956—2003 磁性金属基体上非磁性覆盖层厚度测量 磁性方法

36. GB/T 4957—2003 非磁性金属基体上非导电覆盖层厚度测量 涡流方法

37. JB 4051.1—1999 气相防锈纸技术条件

38. QB/T 1319—2010 气相防锈纸

39. GJB 611 航空气相防锈纸

40. WJ 1597 亚硝酸二环己胺气相防锈纸技术条件

41. QB 1319 气相防锈纸技术条件

42. GJB 2726—96 气相缓蚀剂处理的不透明包装材料规范

43. MIL-P-3420D 不透明气相防锈包装材料

44. JIS Z 1535—97 气相防锈纸

45. JIS Z 0321—97 铜及铜合金气相腐蚀抑制纸

46. JB 4051.1—1999 气相防锈纸技术条件

47. 兵器工业的行业标准 WJ 1597

48. 轻工业标准 QB 868

49. 国军标 GJB 611

50. SY 1708—77S 701 防锈添加剂（油溶性石油磺酸钡）

51. SY 1708—77S 702 防锈剂（石油磺酸钠）

52. SY 1708—77S 703 防锈剂（十七烯基咪唑啉的十二烯基丁二酸盐）

53. SY 1707—75S 704 防锈剂（环磺酸锌）

54. Q/SY 9005—77 705 防锈剂（二壬基萘磺酸钡）

55. Q/RSH201—78S 706 防锈剂（苯并三氮唑）

56. Q/SY18—77 743 防锈剂（氧化石油脂钡皂）

57. SY 1708—77S 746 防锈剂（烯基壬二酸）

58. SY 1708—77S 747 防锈剂（烯基壬二酸酯）